智能科学技术著作丛书

自然人机交互技术及应用

吴亚东　张晓蓉　王赋攀　陈华容　王　松　编著

科学出版社

北　京

内 容 简 介

如何更好地将自然人机交互技术应用到具体领域是目前的热点研究问题。本书对人机交互技术及应用进行较为全面的介绍，内容包括：人机交互技术发展历史与研究方法，人机交互系统的评估方法，自然人机交互关键技术，即多点触控技术、手势交互技术、人体动作识别技术、裸眼 3D技术、移动增强现实技术，以及人机交互在数据可视化中的应用。本书的主要内容源于作者的研究工作，部分内容取材于参考文献。

本书可作为高等院校计算机及相关专业研究生人机交互课程的教材，也可作为高等院校本科生或者从事人机交互研究工作的开发人员的参考书。

图书在版编目(CIP)数据

自然人机交互技术及应用 / 吴亚东等编著. —北京：科学出版社，2020.4
（智能科学技术著作丛书）
ISBN 978-7-03-063597-6

Ⅰ. ①自… Ⅱ. ①吴… Ⅲ. ①人机界面-程序设计 Ⅳ. ①TP311.1

中国版本图书馆CIP数据核字(2019)第273270号

责任编辑：张海娜 赵微微 / 责任校对：王萌萌
责任印制：吴兆东 / 封面设计：陈 敬

科 学 出 版 社 出版
北京东黄城根北街 16 号
邮政编码：100717
http://www.sciencep.com

北京凌奇印刷有限责任公司 印刷
科学出版社发行 各地新华书店经销
*

2020 年 4 月第 一 版 开本：720 × 1000 B5
2023 年 2 月第三次印刷 印张：20 1/2
字数：413 000
定价：128.00 元
（如有印装质量问题，我社负责调换）

《智能科学技术著作丛书》序

"智能"是"信息"的精彩结晶，"智能科学技术"是"信息科学技术"的辉煌篇章，"智能化"是"信息化"发展的新动向、新阶段。

"智能科学技术"(intelligence science & technology，IST)是关于"广义智能"的理论方法和应用技术的综合性科学技术领域，其研究对象包括：

• "自然智能"(natural intelligence，NI)，包括"人的智能"(human intelligence，HI)及其他"生物智能"(biological intelligence，BI)。

• "人工智能"(artificial intelligence，AI)，包括"机器智能"(machine intelligence，MI)与"智能机器"(intelligent machine，IM)。

• "集成智能"(integrated intelligence，II)，即"人的智能"与"机器智能"人机互补的集成智能。

• "协同智能"(cooperative intelligence，CI)，指"个体智能"相互协调共生的群体协同智能。

• "分布智能"(distributed intelligence，DI)，如广域信息网、分散大系统的分布式智能。

"人工智能"学科自 1956 年诞生以来，在起伏、曲折的科学征途上不断前进、发展，从狭义人工智能走向广义人工智能，从个体人工智能到群体人工智能，从集中式人工智能到分布式人工智能，在理论方法研究和应用技术开发方面都取得了重大进展。如果说当年"人工智能"学科的诞生是生物科学技术与信息科学技术、系统科学技术的一次成功的结合，那么可以认为，现在"智能科学技术"领域的兴起是在信息化、网络化时代又一次新的多学科交融。

1981 年，中国人工智能学会(Chinese Association for Artificial Intelligence，CAAI)正式成立，25 年来，从艰苦创业到成长壮大，从学习跟踪到自主研发，团结我国广大学者，在"人工智能"的研究开发及应用方面取得了显著的进展，促进了"智能科学技术"的发展。在华夏文化与东方哲学影响下，我国智能科学技术的研究、开发及应用，在学术思想与科学方法上，具有综合性、整体性、协调性的特色，在理论方法研究与应用技术开发方面，取得了具有创新性、开拓性的成果。"智能化"已成为当前新技术、新产品的发展方向和显著标志。

为了适时总结、交流、宣传我国学者在"智能科学技术"领域的研究开发及应用成果，中国人工智能学会与科学出版社合作编辑出版《智能科学技术著作丛书》。需要强调的是，这套丛书将优先出版那些有助于将科学技术转化为生产力以及对社会和国民经济建设有重大作用和应用前景的著作。

我们相信，有广大智能科学技术工作者的积极参与和大力支持，以及编委们的共同努力，《智能科学技术著作丛书》将为繁荣我国智能科学技术事业、增强自主创新能力、建设创新型国家做出应有的贡献。

祝《智能科学技术著作丛书》出版，特赋贺诗一首：

智能科技领域广
人机集成智能强
群体智能协同好
智能创新更辉煌

涂序彦

中国人工智能学会荣誉理事长

2005 年 12 月 18 日

前 言

人机交互(human computer interaction，HCI)是研究人与计算机之间的信息交换以及相互影响的技术，ACM SIGCHI 将人机交互定义为"关于设计、评估和实现供人们使用的交互式计算机系统并围绕相关的主要现象进行研究的学科"。随着人与计算机关系的日趋密切，人机交互问题也具有了更高的泛用性，其技术研究的意义不仅体现在提供直观、便捷、高效的交互方式上，还促成了一系列新兴产业的发展与壮大，这对信息技术的发展产生了深刻的影响，成为计算机相关科学研究的一个重要方向。

目前人机交互在技术方法与领域应用上取得了长足发展，但交互的自然性和智能化始终是人机交互研究追求的目标。在交互模式上，利用人体的多种感觉和动作通道(视觉、听觉、肢体、手势等)，在三维、沉浸式用户界面下以并行、多样化的方式与计算机环境进行更加直观的交互，可以有效提高人机交互的自然性和高效性；在交互理念上，从人机界面(interface)到人机交互(interaction)，人机交互的研究重点放在了智能化交互、多模态交互、人机协同等方面，正在完成从以机器为中心到以人为中心的自然人机交互的转变，并将提升用户的个人体验作为新一代人机交互设计的重要目标。各种新型交互设备的涌现及虚拟现实、人工智能的快速发展也为人机交互研究带来新的挑战和机遇。

人机交互研究是一个多学科交叉的广阔领域，本书以自然人机交互技术应用为主线，围绕人机交互领域的部分典型应用场景，讨论以三维多点触控、手势交互、体感交互技术等为代表的自然人机交互输入技术及基于裸眼 3D、增强现实技术的交互输出技术的研究与应用，并对交互技术在数据可视化中的应用进行探讨。本书是对作者所在研究团队的部分研究工作及成果，以及对人机交互相关技术及发展的总结与归纳。

全书共 8 章。第 1、2 章主要介绍人机交互技术的发展历程、研究内容，以及人机交互系统的评估目标、原则与方法等；第 3 章介绍多点触控技术，阐述基于计算机视觉的光学多点触控系统的设计与实现；第 4 章介绍手势交互技术，从基于视觉的手势交互和基于数据手套的手势交互两个方面探讨实时手势交互的设计与应用；第 5 章首先对人体动作识别的相关研究工作进行归纳，继而围绕着动作姿势特征描述、动作关键姿势帧提取、动作分类识别及应用展开讨论，并结合应用案例阐述人体动作识别应用系统的设计流程；第 6、7 章分别介绍面向个人体验的裸眼 3D 设计、评估方法和面向社交网络平台的移动增强现实系统的设计与实现；第 8 章分析数据可视化中的交互准则、交互分类和交互技术，并以网络安全可视化和多媒体数据可视化案例为基础，详细阐述可视化原型系统中的交互模型设计与应用方法。

本书由四川轻化工大学吴亚东教授统稿和定稿，吴亚东教授所带领的西南科技大学虚拟现实与可视化团队部分师生参与了书稿的撰写工作。各章的主要撰写人是：张晓蓉、吴亚东（第 1、2 章），王赋攀、吴亚东（第 3～5 章），陈华容、吴亚东（第 6、7 章），王松、吴亚东（第 8 章）。研究团队的严庆安、林水强、李秋生、杨文超、赵思蕊、冯鑫淼等研究生在资料整理、技术验证和开拓等方面进行了大量工作，在此谨向他们的辛勤工作表示衷心的感谢。

本书所涉及的多项研究工作得到国家自然科学基金项目（61872304、61802320）、四川省教育厅科技创新团队支持计划（18TD0020）等支持，在此表示衷心的感谢。

自然人机交互技术仍处于不断发展之中，研究和开发工作十分活跃。限于作者的能力和水平，书中难免存在疏漏和不足之处，热忱欢迎各位专家、学者和广大读者批评指正。

目　录

第1章 绪 论

1.1 人机交互的发展历程

人机交互是关于设计、评估和实现供人们使用的交互式计算机系统并围绕相关的主要现象进行研究的学科。经过多年的发展，人机交互已经成为一门重要的理论学科和工程学科。人机交互是研究人与计算机之间相互影响、相互理解与交流的技术，与认知心理学、人机工程学、虚拟现实(virtual reality，VR)、人工智能(artificial intelligence，AI)、模式识别等学科领域有着密切的联系[1]。

从第一台计算机诞生至今，如何有效地进行人机对话一直是计算机工业界及学术界研究的中心和热点。1946 年，第一台通用计算机 ENIAC 问世，当时通过人工操纵计算机内部开关的闭合和灯的指示来实现人与计算机的交互[2]。1956 年，美国麻省理工学院(MIT)开始研究使用键盘向计算机输入信息，利用打字机的键盘在纸带上打孔标记信息给计算机读取。1968 年，美国斯坦福(Stanford)大学的 Engelbart 博士发明了世界上第一个滑动鼠标[3]，开启了人机交互的第一次变革，此后基于鼠标和键盘交互的人机交互形式逐步成熟，并一直沿用至今。1972 年，Bushnell 发明了第一个交互电子游戏《Pong》，首次将操控技术运用到了人机交互系统中[4]。

随着虚拟现实技术的出现，自然人机交互技术开始萌芽，其最早的产品是称为 SayreGlove 的手套式传感器系统，由 DeFanti 和 Sandin 于 1977 年开发[5]。1983 年，Grimes 设计了可以让计算机获取手的位置以及手指伸展状况等信息的数据手套，并最早取得了"数据手套"专利[6]。1987 年，Foley 在文献[7]中讨论了下一代超级计算机对复杂人工现实和人机通信的支持，指出了数据手套作为人机交互工具的价值。1989 年，VPL 公司的 Lanier 创造性地提出"虚拟现实"这一术语，并为研究人员所普遍接受。数据手套交互方式精确度高、动作捕捉灵敏，但设备价格昂贵、使用复杂。之后，更简单的外部设备人机交互方式逐渐在游戏行业兴起。

2005 年，以色列 PrimeSense 公司启动研发能够让数字设备获得真实世界三维感知能力的技术，并于次年推出了基于 Light Coding 技术的三维传感器 PrimeSensor。2006 年，日本 Nintendo 公司发布了家用游戏机 Wii，该款体感游戏手柄内置了红外摄像头和三轴加速度传感器，使用了新颖的游戏控制方式"Wii 遥控器"。其后又推出了带有陀螺仪且能够实现六轴自由度体感游戏应用的 Wii 遥控器配件组合 Wii MotionPlus[8]。很多研究者基于该系列设备进行了延伸性的应用研究，主要应用于视频游戏、教育应用及科学研究等领域。

2007 年，美国苹果公司发布第一款触摸与显示同屏交互的 iPhone 手机，标志着人机交互的第二次变革开始。随着机器视觉、计算机图形学、人工智能、模式识别等领域的发展，学术界及工业界越来越重视基于计算机视觉的自然人机交互技术。日本索尼旗下的 SCE 公司推出了用于 PlayStation2 游戏主机的以人体动作代替手柄进行操作的动作感应控制装置 Eye Toy，通过光学传感器获取人体影像的肢体动作，应用于简易类型的体感互动游戏。

2009 年，美国 MIT 的 Mistry 和 Maes 研发了一款基于光学相机的自然人机交互设备 SixthSense[9]，该设备由一个佩戴在人体上的摄像头、一台投影仪、多种颜色的手部标签和一台计算机组成。SixthSense 通过佩戴在胸前的摄像头捕捉用户手势，计算机感知后，将手势语义进行分析并处理，然后执行相应的操作，最后将反馈效果投影到用户前方。

2010 年，美国微软公司推出 Kinect 体感交互设备，将基于深度传感器的自然人机交互带入消费群体的视野中。Kinect 基于深度相机原理，采用 Light Coding 技术，能够重建三维场景信息，获取人体深度数据，用户无须借助穿戴式设备，即可进行体感交互体验，能够应用于互动电视、数字标牌、外科治疗等与人生活密切相关的方面。微软公司随后又推出 Kinect V2，其最大的改变是采用了飞行时间(time of flight, TOF)技术，同时在彩色和深度摄像头分辨率、识别精度上有较大提高，能同时获取六人的骨骼数据。

2013 年，美国 Leap 公司发布 Leap Motion 体感控制器，该控制器是一款 USB 设备，通过红外发光二极管(LED)和两个在黑色玻璃下的摄像头来感知双手在空气中的自然移动，精确跟踪手和手指的运动，感应的精度可以达到百分之一毫米级别，以超过每秒 200 帧的速度追踪手部移动。2014 年，Leap 公司发布了 Leap Motion V2，提升了手势控制精准度。

人机交互从计算机诞生至今，作为计算机科学中的重要研究领域之一，已发展经历了机器语言阶段、字符界面阶段、图形用户界面阶段和自然人机交互阶段四个主要阶段[10]。表 1-1 描述了人机交互发展历程和各阶段的特点。

表 1-1　人机交互发展历程与特点

发展阶段	特点
机器语言阶段	由设计者本人(或本部门同事)来使用计算机，使用者采用手工操作和依赖机器(二进制机器代码)的方法去适应计算机
字符界面阶段	程序员可采用批处理作业语言或交互命令语言的方式和计算机交互，虽然要记忆许多命令和不断地敲击键盘，但已可用较方便的手段来调试程序、了解计算机执行情况
图形用户界面阶段	使用鼠标和图形显示器，有了所见即所得的用户体验，计算机操作的复杂性降低，简明易学，减少了敲击键盘，入门更容易，人机交互更加高效，促进了个人计算机的应用与普及
自然人机交互阶段	综合采用手势识别、姿态识别、语音识别等方式实现交互，摆脱了对鼠标及键盘等传统外设的依赖，用户以协作、并行的方式进行自然人机对话

人机交互技术已经从以计算机为中心逐步转移到以人为中心，在当前信息产业竞争中，人机交互技术作为焦点被世界各国加以重点研究。目前，人机交互技术的发展主要有高科技化、人性化和自然化三个趋势[11]：

(1) 高科技化。信息技术带来了计算机业的巨大变革，科技的发展有效促进了硬件设备的更新换代，在科幻世界中的高科技设备逐渐进入现实生活中，并且设备更加轻便和小巧，从巨型机到家用个人计算机，到笔记本电脑和平板电脑，再到智能手机、智能手表，随着多通道、多模态的交互方式的出现，人机交互技术功能越来越强大和完善，带给用户更直观的科技化感受。

(2) 人性化。传统的交互方式将人束缚在硬件设备上，用户需要花费较大成本学习和适应计算机等设备的输入方式，在很大程度上降低了用户体验度。设计符合人类生活习惯和生理特征的交互设备，建立自然化、人性化的人机界面，能够有效提升用户的能动性。人机交互正朝着从精确到模糊、从单通道到多通道、从二维到三维的方向转变，探索人性化交互设备和自然人机交互模式是未来重要研究方向之一。

(3) 自然化。在图形用户界面普及应用的基础上，进一步通过多通道感官信息，如听觉、视觉、触觉、手势、动作等更加符合人们日常生活习惯的交互方式，直接进行人机自然对话，从而传递给用户强烈的身临其境的体验感和沉浸感。

1.2 自然人机交互的研究内容

人机交互的研究内容十分广泛，主要涵盖了交互设计的建模、评估等理论和方法，以及在 Web、移动计算、虚拟现实等方面的应用研究。自然人机交互技术是人机交互技术的一个重要研究方向，主要研究人和计算机之间如何用自然的方式进行交互。自然人机交互主要研究多通道交互(multi-modal interaction，MMI)界面的表示模型、自然人机交互界面的评估方法及自然人机交互信息的融合等。在自然人机交互中，用户可以使用语音、手势、眼神、表情等自然的交互方式与计算机系统进行信息交流。其中自然人机交互信息整合是自然人机交互用户界面研究的重点和难点。

近年来，随着无线通信、机器视觉、人工智能、模式识别等计算机相关技术的研究和发展，以手势识别、动作识别、语音识别等为基础的自然人机交互设备和技术不断涌现。自然人机交互利用人的多种感觉通道和动作通道，通过并行、非精确的方式与计算机进行交互，摆脱了对键盘、鼠标等传统外设的依赖，用户与计算机之间的交流变得更加自然、和谐，更加符合人类自然的交流习惯。自然人机交互的研究内容可概括为以下几个方面[12]。

1. 多通道交互

多通道交互是近年来迅速发展的一种人机交互技术，它既适应"以人为中心"的自然交互准则，也推动了互联网时代信息产业(包括移动计算、移动通信、网络服务器等)的快速发展。多通道交互是指一种使用多种通道与计算机通信的人机交互方式。通道(modality)涵盖了用户表达意图、执行动作或感知反馈信息的各种通信方法，如言语、眼神、脸部表情、唇动、手动、手势、头动、肢体姿势、触觉、嗅觉或味觉等。采用这种方式的计算机用户界面称为"多通道用户界面"。目前，人们最常使用的多通道交互技术包括手写识别、笔式交互、语音识别、语音合成、数字墨水、视线跟踪技术、触觉通道的力反馈技术、生物特征识别技术和人脸表情识别技术等。

2. 情感计算

1985 年，人工智能创始人之一、图灵奖获得者美国 MIT 的 Minsky 教授提出应该让计算机具有情感能力。他指出，问题不在于机器能否拥有任何情感，而在于机器在缺少情感的情况下是否还是智能的。从此，赋予计算机情感能力使之能够理解和表达情感的研究、探讨引起了计算机界许多人士的兴趣。这方面的工作首推美国 MIT 媒体实验室 Picard 教授研究小组的工作。情感计算一词也首先由 Picard 教授于 1997 年出版的专著 *Affective Computing*(《情感计算》)中提出并给出了定义，即情感计算是关于情感、情感产生及影响情感方面的计算。情感计算的研究不仅具有重要的科学和学术价值，也存在着巨大的商机。

3. 虚拟现实

虚拟现实是以计算机技术为核心，结合相关科学技术，生成与一定范围真实环境在视、听、触感等方面高度近似的数字化环境，用户借助必要的装备与数字化环境中的对象进行交互作用、相互影响，可以产生亲临真实环境的感受和体验。虚拟现实技术是人类在探索自然、认识自然过程中创造产生、逐步形成的一种用于认识自然、模拟自然，进而更好地适应和利用自然的科学方法和科学技术。虚拟现实技术是人机交互内容和交互方式的革新，也是人机交互效果的革新。其高度的沉浸感、高度的实时性和交互性等特点使之与三维动画及传统多媒体图像技术等有着本质的区别。虚拟现实技术强调人在虚拟系统中的主导作用，在虚拟现实系统中，用户通过基于自然的特殊设备进行交互，得到逼真的视觉、听觉、触觉等感知效果，产生身临其境的感觉，如同置身于真实世界[13]。

4. 智能用户界面

智能用户界面(intelligent user interface,IUI)是致力于改善人机交互的效率、有效性和自然性的人机界面。它通过表达、推理,并按照用户模型、领域模型、任务模型、谈话模型和媒体模型来实现人机交互。智能用户界面主要使用人工智能技术去实现人机通信,提高了人机交互的可用性。例如,知识表示支持基于模型的用户界面生成;规划识别和生成支持用户界面的对话管理;语言、手势和图像理解支持多通道输入的分析;用户建模则实现了对自适应交互的支持等。当然,智能用户界面也离不开认知心理学、人机工程学的支持。

基于智能的 Agent 系统可以实现自适应用户系统、用户建模和自适应脑界面。自适应用户系统方面,例如,帮助用户获得信息、推荐产品、界面自适应、支持协同、接管例行工作、为用户裁剪信息、提供帮助、支持学习和管理引导对话等。用户建模方面,目前机器学习是主要的用户建模方法,例如,神经网络、Bayesian 学习以及在推荐系统中常使用的协同过滤算法。自适应脑界面方面,例如,神经分类器通过分析用户的脑电波识别出用户想要执行什么任务,该任务既可以是运动相关的任务,如移动手臂,也可以是认知活动,如做算术题。

5. 自然语言理解

自然语言理解(natural language understanding,NLU)是使用自然语言同计算机进行通信的技术,又称为自然语言处理(natural language processing,NLP)、计算语言学(computational linguistics)。自然语言理解既是语言信息处理的一个分支,也是人工智能的核心课题之一。近年来自然语言理解技术在搜索技术方面得到了广泛的应用,它以一定的策略在互联网中搜集、发现信息,对信息进行理解、提取、组织和处理,为用户提供基于自然语言的信息检索,从而为他们提供更方便、更确切的搜索服务。现在,已经有越来越多的搜索引擎宣布支持自然语言搜索特性,如 Google、百度、搜狗等。此外,自然语言理解技术在智能短信服务、情报检索、人机对话等方面也具有广阔的发展前景和极高的应用价值。

1.3 自然人机交互技术

自然人机交互强调使用多种通道与计算机通信的人机交互方式。交互通道涵盖了用户表达意图、执行动作或感知反馈信息的各种通信方法,如言语、眼神、脸部表情、唇动、手动、手势、头动、肢体姿势、触觉、嗅觉或味觉等。自然人机交互的各类通道(界面)技术中,有不少已经实用化、产品化、商品化。

1.3.1　多点触控技术

多点触控技术是当前人机交互领域的一项重要突破，以裸手作为交互控制的媒介，侧重于以自然化、生活化的手势定义来降低人对设备的操作陌生度。多点触控技术以触摸屏作为基本硬件触控平台，完成信号的采集。触摸屏作为一种特殊的计算机外设，提供了用户"所见即所得"的自然交互方式并已得到广泛应用。按照工作原理划分，触摸屏包括电阻式触摸屏、电容式触摸屏和基于光学原理的触摸屏三种类别。基于光学原理的多点触摸屏具有高扩展性、低成本和易搭建等优点，已成为目前最受关注的多点触摸平台之一。典型的基于光学原理的多点触摸屏技术包括受抑全内反射(frustrated total internal reflection，FTIR)多点触摸技术和散射光照明(diffused illumination，DI)多点触摸技术，其中 DI 又分为正面散射光照明(front-DI)和背面散射光照明(rear-DI)两种形式。多点触控技术在实现上通常包括触点检测和定位、手指触点跟踪、触摸手势的识别等环节。

当前多点触控技术的研究重点已从触摸屏底层的结构设计转移到如何增强用户体验的手势识别上，特别是对具有在时间上连续操作的滑动手势的研究。典型二维手势中，触点手势识别主要通过定位、跟踪，分析触点的轨迹，与预先定义的手势动作进行比对，识别出匹配的手势动作的含义，进而实现对移动终端图形界面的控制和操作。自然手势则期望能够通过表征性动作来表达想法和预期的命令，与使用者的思维习惯更加接近。三维多点触控技术结合了手势输入和计算机视觉技术，是一种基于动态和变形手势识别的非接触式多输入交互方式，从发挥多点触控的操控优势的角度来看，基于大屏的三维多点触控技术符合自然手势交互的应用需求，能够完成更加复杂的操作任务[14]。

1.3.2　手势交互技术

手势是一种符合人类日常习惯的交互手段，在日常生活中人与人之间的交流通常会辅以手势来传达一些信息或表达某种特定的意图。手势具有生动、形象和直观的特点，是一种自然的人机交流模式。手势识别是新一代自然人机交互中非常重要的一项关键技术。手势包括静态手势和动态手势两种类型，手势数据的获取可分为基于视觉的识别和基于可穿戴设备(数据手套)的识别两个基本类别。

最初的手势识别主要利用机器设备的直接检测来获取人手与各个关节的空间信息，其典型代表设备是数据手套。自 1983 年 Grimes 原创性地发明了最早的数据手套以来，数据手套经历了数十年的发展，目前已有较多成熟的产品和应用。基于数据手套的手势交互是利用传感器获取手部的三维空间位置和手指动作等参数信息，并利用这些信息内容进行手势的识别，进而实现交互。数据手套具有精确度高、实时性好等优点，但通常结构复杂、成本较高、应用不够灵活。

视觉手势识别是人机交互技术和机器视觉技术领域的结合，是涉及模式识别、人工智能、图像处理、计算机视觉等多个学科的交叉研究领域。采用摄像机捕获手势图像，通过图像处理技术进行手势分割、特征提取和建模、分析和识别，通常采用肤色训练、直方图匹配、运动信息与多模式定位等技术完成特征参数估计。典型的视觉手势识别设备包括微软公司的 Kinect 体感交互设备和 Leap 公司的 Leap Motion 体感控制器等。手势识别的方法主要有模板匹配法、统计分析法、神经网络法、隐马尔可夫模型法和动态时间规整法等，不需要高昂的设备费用，但计算过程相对复杂，识别准确率和实时性容易受到复杂背景等因素的影响。视觉手势交互由于具有学习成本较低、非接触式控制、交互动作丰富自然等优势，受到了广泛的关注，在理论及应用研究中均取得了很大的发展，代表了手势识别与交互技术的发展趋势。

1.3.3　人体动作识别技术

人体动作是人表达意愿的重要信号，包含了丰富的语义，在人机交互系统中发挥着重要的作用。人体动作识别技术是自然人机交互的重要支撑技术，通过特定的设备对人体进行动作跟踪、动作数据记录，对数据进行处理和分析，从而使计算机系统能够理解人的动作指令，理解人与周围环境的交互关系。

根据交互过程中人体动作控制信息的获取方式，人体动作识别交互可以划分为两大方式[15]：

(1)外设附着方式，即附着在人肢体上的感应设备对人体动作信息进行采集。该方式需要在人身体上附加额外感应设备，虽然响应速度快且识别精确度高，但增加了设备成本，降低了人机交互的自然性，不易于普及应用，更偏向应用于快速响应及精确控制的工业控制领域。

(2)计算机视觉方式，即视频捕捉设备对人体的运动信息进行检测，将获得的 RGB 彩色图像、红外图像等数据信息进行分析和处理，从而提取出人体动作信息。该方式对外设的要求相对简单，通常只需要摄像头或传感器，相对于穿戴式的方法，该方式具有轻便、无须佩戴、对设备要求低等优点，更易于该应用技术的推广与普及。

完整的人体动作分析过程主要包括动作捕捉、动作特征描述和动作分类识别三大部分。动作捕捉一般需要借助特定的传感器设备，如彩色摄像机、三维动作捕捉系统、深度传感器等对人体进行检测、跟踪和动作数据记录。动作特征描述根据不同动作设备捕获到的动作数据类型的不同，主要分为基于二维视频图像序列的动作特征描述、基于深度图像序列的动作特征描述及基于三维人体骨架序列的动作特征描述等类别。动作分类识别方法主要包括模板匹配识别方法、状态空间分类识别方法和基于语义的识别方法三类，典型的算法包括动态时间规整、隐马尔可夫模型、支持向量机、人工神经网络、姿势序列有限状态机[16]等。人体动作识别分析技术由于具有较大的应用价值和理论价值，吸引了众多科研机构、企业的广泛关注并得以持续发展，相关的研究工作及成果较为丰富。

1.3.4　裸眼 3D 显示技术

近年来裸眼 3D 显示技术成为人机交互的研究热点之一。裸眼 3D 显示技术是一种交互式输出方式，其特点是观看者在无须佩戴设备的前提下，以观看普通显示屏幕的方式就能看到立体的画面，是自然人机交互技术在输出和反馈层面的体现方式之一。从实现方式上，裸眼 3D 显示技术可分为光屏障方式和柱状透镜方式等[17, 18]，其中柱状透镜方式是较为广泛使用的技术方案。裸眼 3D 显示技术的实现基于人眼的立体视觉感知原理，即人眼能够感受到立体视觉主要是因为左、右眼图像的视差，而视差图像差异越大，裸眼立体效果越明显。因此，为了得到较好的 3D 显示效果，往往采用多幅视差图像合成立体图像为观看者提供运动视差[19]。裸眼 3D 显示技术的实现过程可概括为：摄像机组获取场景多视点图像，根据立体图像合成算法所描述的映射矩阵选取相应视点图像的 R、G、B 值复制到立体图像中，完成多视点图像的融合。多视点信息被柱状透镜阵列分离还原为多视点图像并投射到可视空间不同位置[20, 21]，观看者左、右眼分别看到相邻的视点图像，在大脑中还原深度感知，但观看者需要处在可视空间的合适位置。

裸眼 3D 显示技术凭借其所体现的立体视觉效果为显示技术带来了深刻的变革，在广告传媒和展览展示等领域已经得到广泛的应用。国内外各大企业也对裸眼 3D 显示技术的研发给予了极大的关注，飞利浦、夏普、LG 以及长虹等相继推出具有裸眼 3D 功能的智能手机、显示器等系列产品。其中透镜式裸眼 3D 显示因其不会降低画面亮度而受到广泛应用。透镜式裸眼 3D 显示器图像之间串扰严重及成像质量难以评估的问题是透镜式裸眼 3D 成像技术的研究重点之一。在成像质量的评估方面，传统方法依靠专业的光强度测量装置分别获得来自左、右眼的图像亮度之和，然后计算串扰度，专业设备复杂的使用方法和严苛的使用环境要求限制了其推广应用，其主要用于裸眼设备生产过程中评估产品还原裸眼图像的能力，而对于制作的裸眼展示内容没有舒适度方面的评估标准。近年来出现了更多便捷有效的裸眼内容评估方法，如计算视觉信息熵、分析图像重影宽度并量化等。

1.3.5　增强现实技术

增强现实(augment reality，AR)技术的目标是将计算机生成的虚拟物体、场景或系统提示信息等实时叠加到真实场景中，从而实现对现实场景的增强。Azuma将增强现实定义为虚实结合、实时交互、三维注册[22]。增强现实技术是虚拟与现实的接口，是虚拟世界和真实世界连接的桥梁。增强现实技术不仅提供了一种虚拟现实的方法，更代表了下一代人机界面的发展趋势，在工业设计、机械制造、建筑、教育和娱乐等诸多领域有着广阔的应用前景。

增强现实脱胎于虚拟现实技术，但和传统虚拟现实技术有很大的不同。虚拟现实技术通过模拟虚拟的世界，使用户能够沉浸其中。而增强现实技术更加注重真实世界，通过多种方式和设备将虚拟物体带入真实世界，通过虚拟世界与真实世界在同一空间的叠加来达到对真实世界的"增强"，并为用户提供多种形式的互动，有效提高用户对真实世界的感知和交互体验。增强现实的关键技术包括跟踪注册技术、显示技术及智能交互技术。除了基于传统的硬件设备之外，还将自然、直观的交流手段引入人机交互接口，更能体现增强现实技术交互性强的优点。例如，微软的 HoloLens 眼镜通过深度摄像头提取人手的三维坐标、手势来操作交互界面上显示的三维虚拟物体或场景，不但降低了交互的成本，而且符合人类的自然习惯[23]。

随着移动互联网时代的到来，增强现实技术及更多的传统技术逐步地转移到移动智能终端。移动智能终端的增强现实技术涵盖了三维注册、实时交互和虚实结合三大特点，具有较高的可移动性，同时设备平台对其具有良好的支持，因此增强现实技术的应用范围得到大大扩充，移动增强现实技术也成为近年来广受关注的热点。

1.3.6　其他技术

1. 笔式交互技术

笔式交互是人机交互技术的一类形式，将笔作为媒介来进行交互和沟通，具有便利性、连续性、自然性的特点。手写识别技术是笔式交互中的一种基本技术，目前已经得到广泛的应用。近年来联机手写体汉字识别技术已经逐渐完善，市场上也出现较多的联机手写体汉字识别产品。脱机手写体汉字识别技术从无到有，基本原理也较为清晰。脱机手写体汉字识别技术由于缺乏动态信息，在识别准确率、反应时间等方面仍不够完善。微软的数字墨水技术将用户在手写输入设备上书写的手写笔迹以墨水的形式保存，充分利用了书写的自然性和墨水丰富的表达能力，体现了以人为中心的思想，已作为产品结合在微软的 Tablet PC 系统。

随着自然人机交互在人性化、智能化理念上的日益普及，笔式用户界面的研究内容也越来越丰富，人们对于笔式用户界面的认识，不再是局限性地把数字笔作为鼠标的替代物或者把笔式交互等价于模式识别。笔式交互已经成为一种新的思维模式，一种新的问题处理方式。基于纸笔的隐喻，可以提供给人们自然高效的交互方式，帮助人们方便地捕捉想法、记录事件、进行抽象思考和形象的描述[24, 25]。

2. 语音交互技术

以语音合成和语音识别为基础的语音交互技术支持用户通过语音与计算机交流信息。利用语音实现对设备的控制，也逐渐成为智能设备所具备的标准交互入口之一。智能语音交互技术一般包括语音识别、自然语言理解和语音合成三个主要环节。语音识别把说话人的语音转换成文本，自然语言理解采用对话技术，生成应答文本，而语音合成通过计算机算法把文本转变成语音，播报给用户听，从而实现语音交互。语音交互技术所涉及的领域包括信号处理、模式识别、概率论和信息论、发声和听觉机理、人工智能等。在智能家居等自然人机交互应用场景中，声纹识别、远场语音交互及语音合成等技术也是研究的热点。

3. 情感交互技术

在人与计算机的交互中，人们也希望计算机具有情感能力，情感计算就是要赋予计算机类似于人的观察、理解和生成各种情感特征的能力，使计算机能像人一样进行自然、生动的交互。由于计算机无法直接运用表情、语音、眼神等人类交互方式，仿生代理(lifelike agent)是实现人与计算机自然交互的媒介[26]。表情识别是情感理解的基础，是人机情感交互的一个重要研究内容。计算机通过对人脸表情的识别，感知人的情感和意图，并可合成自身的表情，通过仿生代理与人进行智能和自然的交流。表情识别的过程可分为人脸图像的获取与预处理、表情特征提取和表情分类三部分，具体方法包括整体识别法、形变提取法和运动提取法、几何特征法和容貌特征法等。此外，人机情感交互研究还包括语音情感交互、肢体行为情感交互、生理信号情感识别和文本信息中的情感识别等内容。

1.4　自然人机交互技术的应用

新一代的自然人机交互系统可以看成一个将人的手势、动作、声音、表情等信息作为计算机的输入信息的多功能感知器，使用户与计算机的交互摆脱了键盘及鼠标的束缚。人机交互变得更加自然、直接，更符合人的交流使用习惯。目前，自然人机交互技术正不断渗透到人们的日常生产、生活中的各个领域，在工业、医学、军事、科教文娱等领域得到了广泛的发展和应用。同时，如何更好、更有效地将自然人机交互技术应用到具体领域是目前的热点问题之一，研究和开发自然人机交互系统更具有现实意义及广阔的应用前景[27, 28]。

1. 工业领域

在工业领域，人机交互技术多用于产品论证、设计、装配及人机工效、性能评价等，代表性的应用如模拟训练、虚拟装配及维护等已受到许多工业部门的重视。例如，20 世纪 90 年代美国国家航空航天局约翰逊航天中心使用虚拟现实技术对哈勃望远镜进行维护训练；波音公司利用虚拟现实技术辅助波音 777 客机的管线设计；法国标致雪铁龙集团(PSA)利用主动式立体 Barco I-Space5 CAVE 系统、Barco CAD Wall 被动式单通道立体投影系统及光学跟踪系统、力反馈系统等构造工业仿真系统平台，进行汽车设计的检视、虚拟装配与协同检测等。随着自然人机交互技术及设备的发展，在工业领域虚拟现实及交互技术的应用体现出一些新的特点。在虚拟装配应用中，传统的虚拟装配系统设计通常以功能和技术为中心，忽略了人的交互体验。当前的虚拟装配系统强调"以人为中心"的设计原则，在提高虚拟装配系统智能性的同时，降低用户在交互过程中的认知负荷和操作负担，自然交互行为和沉浸式界面逐渐成为虚拟装配的关键要素[29]。在汽车工业领域，汽车人机交互界面(human machine interface，HMI)和用户体验正在扮演着更加重要的角色。作为智能网联功能中可以直接影响用户体验的技术，汽车人机交互界面正成为多数车企和供应商关注的领域，国内车企对此尤为重视。目前传统的车内人机信息交互方式(如物理按钮、触控交互)给驾驶人带来较高的认知负荷，存在一定的安全局限性。抬头显示器(head-up display，HUD)、语音识别和增强现实等自然人机交互技术的引入，为汽车安全性和丰富的人机交互功能之间的平衡提供了可能[30]。百度人工智能交互设计院与湖南大学此前发布的《智能汽车人机交互设计趋势白皮书(2018)》中，总结了智能汽车人机交互设计的九个趋势，包括从运载工具到交通系统、连接与分离、共享服务、无处不在的显示、人机介入式控制、实体媒介交互、个性化、多通道融合交互和智能情感交互等[31]。

2. 医学领域

虚拟现实及交互技术在医学领域有着巨大的应用需求，在虚拟手术训练、远程会诊、手术规划及导航、远程协作手术等方面已经有一定程度的应用，某些应用已成为医疗过程中不可替代的重要手段和环节[32]。例如，在虚拟手术训练方面，典型的系统有瑞典 Mentice 公司研制的 Procedicus MIST 系统、瑞典 Surgical Science 公司开发的 LapSim 系统、德国卡尔斯鲁厄研究中心开发的 Select IT VEST 系统等[33]。而在手术仿真中，引入基于触觉反馈机制的专用数据手套和操纵手臂等装置，结合立体视觉的显示方式应用到虚拟手术场景，将手术仿真系统提升为真正的交互系统，有效地提高了仿真的真实感和沉浸性。在临床医学中，以体绘制为代表的医学图像三维可视化技术在诊断及治疗过程中具备极大的优势，增强了医生对病灶诊断的能力。三维医学图像的广泛应用大大降低了相关技术的应用和学习门槛，大幅提高了医疗水平。相对于传统的鼠标和键盘交互方法，以图形学技术为基础的三维可视化技术的快速发展对计算机人机交互技术提出了更高的要求。近些年随着以虚拟现实和增强现实等交互技术的发展，新型的三维图像交互技术研究越来越得到科研工作者的关注。如何为使用者提供高效、自然、直观的三维图像交互手段和便于操作的使用方法已经成为一个热门的研究问题。体感交互技术和虚拟现实技术的结合为三维医学可视化交互技术的发展提供了新的研究方向[34]。

3. 军事领域

在军事模拟训练上，虚拟现实模拟训练系统在传统计算机模拟训练系统的基础上，强调受训人员以"第一人称"高度沉浸在模拟环境中。模拟训练系统的仿真度与沉浸感是影响系统训练效果的重要因素。在战场空间仿真、战术动作仿真、装备操作仿真等应用中，通过将虚拟现实头盔、空间定位与动作捕捉、语音识别、体感设备、仿真装备等多种交互设备整合，为受训者提供综合视觉、听觉、触觉等多感知反馈的虚拟训练场景，可以提升虚拟现实军事模拟训练的沉浸感，从而提升模拟训练的效果[35]。

在军事作战指挥决策中，人机交互是信息化装备与指挥人员之间的一种双向信息交流，自然高效的人机交互技术是保证战场态势准确感知和作战指令精确操作的重要手段。为适应现代战争高度紧张复杂的战场环境，美国早在1998年就在未来指挥所(CPOF)研究计划中提出：未来新型指控系统应当是一个具有适应性、以决策为中心的可视化人机环境。在这样的一个系统中将逐渐重视信息表达的直观性及人机交互的自然性。结合肢体语言识别、语音识别、显示操控等技术的多通道交互方式可大大降低传统单交互方式输入单一、作业人员认知负担等造成的失误操作概率，是目前的军事指控系统发展的急需技术。目前，国内外已经广泛开展多通道人机交互技术在军事指控系统中的应用研究，在多通道融合、多人协作等方面取得了不少进展[36, 37]。

4. 科教文娱领域

在科教文娱领域，交互设备和交互技术与虚拟现实技术相结合，可为用户提供良好的交互体验。例如，在科教场馆、博物馆等应用场景中，运用虚拟现实人机交互设计进行陈列品的模拟造景展示，可以克服单一陈列方式的展示缺点，让观众在模拟造景中更好地进行参与式学习，还可体验陈列品在不同自然历史情境下的状态，让观众获得强烈的互动参与感，并激发观众的参与性[38]。在沉浸式虚拟教学实验系统中，采用虚拟现实技术和自然人机交互设备构建沉浸式虚拟实验场景，实验者通过自然交互设备，以自然和谐的人机方式参与实验活动，产生与真实实验同样的场景感，避免实验风险，节约实验成本。在游戏娱乐、体育训练等方面，体感交互技术已经得到广泛应用[39]。多模态交互是近年来迅速发展的一种人机交互技术，它既适应了"以人为中心"的自然交互准则，也推动了互联网时代信息产业的快速发展。在智能家居、智能电视的使用场景中，出现了越来越多的具备联网、交互、语音、视觉等能力的智能终端，硬件设备类型更加多元，同时也推动着人机交互技术不断更新迭代。结合声纹识别、语音合成、人体感知、自然语言理解和知识图谱等自然人机交互和人工智能领域关键技术，构建新一代多模态交互的智能家居体系，更好地为用户提供个性化服务，是信息产业的热点之一。

参 考 文 献

[1] 董建明, 傅利民, 饶培伦, 等. 人机交互: 以用户为中心的设计和评估[M]. 3 版. 北京: 清华大学出版社, 2010.

[2] Goldstine H H. The Computer from Pascal to von Neumann[M]. Princeton: Princeton University Press, 2008.

[3] Father of the Mouse[EB/OL]. [2020-4-1]. https://www.dougengelbart.org/content/view/162/000/.

[4] Perry T S. Tales of atari: New stories of a legendary company come to light[J]. IEEE Spectrum, 2016, 53(11): 24.

[5] DeFanti T A, Sandin D J. Final report to the national endowment of the arts[R]. Chicago: University of Illinois at Chicago Circle, 1977.

[6] 杨文姬. 面向家庭服务机器人的手势交互技术研究[D]. 秦皇岛: 燕山大学, 2015.

[7] Foley J D. Interface for advanced computing[J]. Scientific American, 1987, 257(4): 126-135.

[8] Schlömer T, Poppinga B, Henze N, et al. Gesture recognition with a Wii controller[C]. Proceedings of the 2nd International Conference on Tangible and Embedded Interaction, Bonn, 2008: 11-14.

[9] Mistry P, Maes P. SixthSense－A wearable gestural interface[C]. Proceedings of SIGGRAPH ASIA, Yokohama, 2009: 85.

[10] 廖赟. 基于裸手的自然人机交互关键算法研究[D]. 昆明: 云南大学, 2012.

[11] 周苏, 王文. 人机交互技术[M]. 北京: 清华大学出版社, 2016.

[12] 孟祥旭, 李学庆, 杨承磊. 人机交互基础教程[M]. 3 版. 北京: 清华大学出版社, 2016.

[13] 王寒, 卿伟龙, 王赵翔, 等. 虚拟现实: 引领未来的人机交互革命[M]. 北京: 机械工业出版社, 2016.

[14] 严庆安. 复杂视觉环境下的多点触控技术研究与实现[D]. 绵阳: 西南科技大学, 2012.

[15] Wang J, Xu Z J. STV-based video feature processing for action recognition[J]. Signal Processing, 2012, 92(8): 2151-2168.

[16] 林水强, 吴亚东, 余芳, 等. 姿势序列有限状态机动作识别方法[J]. 计算机辅助设计与图形学学报, 2014, 26(9): 1403-1411.

[17] 曹旺. 裸眼 3D 技术在数码相框中的应用[D]. 广州: 华南理工大学, 2013.

[18] Inoue N. Glasses-free 3D display systems being developed at NICT[C]. Proceedings of the 12th Workshop on Information Optics, Santorini, 2013: 1-3.

[19] 夏军. 多视点光栅自由立体显示方法研究[D]. 武汉: 华中科技大学, 2014.

[20] González C, Martínez Sotoca J, Pla F, et al. Synthetic content generation for auto stereoscopic displays[J]. Multimed Tools and Applications, 2014, 72 (1): 385-415.

[21] 冯浩梓, 陈宝霞, 张志成. 多视点裸眼 3D 显示效果与舒适度的研究[J]. 有线电视技术, 2016, 40 (11): 61-63.

[22] Azuma R T. A survey of augmented reality[J]. Teleoperators and Virtual Environments, 1997, 6 (4): 355-385.

[23] 侯颖, 许威威. 增强现实技术综述[J]. 计算机测量与控制, 2017, 25 (2): 1-7.

[24] 李杰, 田丰, 戴国忠. 笔式用户界面交互信息模型研究[J]. 软件学报, 2005, 16 (1): 50-57.

[25] 毕经科. Digital Ink 在笔式协同交互中的应用研究[D]. 济南: 山东师范大学, 2010.

[26] 毛峡, 薛雨丽. 人机情感交互[M]. 北京: 科学出版社, 2011.

[27] 徐光祐, 曹媛媛. 动作识别与行为理解综述[J]. 中国图象图形学报, 2009, 14 (2): 189-195.

[28] 赵沁平. 虚拟现实综述[J]. 中国科学, 2009, 1 (39): 2-46.

[29] 熊巍. 虚拟装配环境中面向用户体验的自然人机交互技术研究[D]. 广州: 华南理工大学, 2017.

[30] 圆桌论坛: 聚焦"汽车人机交互"话题多方面对面讨论[J]. 世界电子元器件, 2019, 6: 39-41.

[31] 百度, 湖南大学. 智能汽车人机交互设计趋势白皮书 (2018) [R/OL]. [2019-06-11]. http://ued.baidu.com/912.

[32] Preim B, Bartz D. Visualization in Medicine: Theory, Algorithms and Applications[M]. San Francisco: Morgan Kaufmann, 2007.

[33] Schijven M, Jakimowicz J. Virtual reality surgical laparoscopic simulators: How to choose[J]. Surgic Endosc, 2003, 17: 1943-1950.

[34] 黄普永. 三维医学可视化图像交互方法的研究与应用[D]. 杭州: 浙江工业大学, 2018.

[35] 石慧煊, 周耘芃. 浅谈基于虚拟现实体感交互技术的军事模拟训练应用[J]. 网络安全技术与应用, 2018, (12): 113-114.

[36] 陈建华, 罗荣, 肖玉杰, 等. 军事指控系统多通道人机交互技术研究[J/OL]. 指挥控制与仿真, 2019, 41 (4): 110-113.

[37] 廖虎雄, 老松杨, 凌云翔, 等. 一个面向指挥所的多通道交互框架[J]. 国防科技大学学报, 2013, 35 (1): 155-162.

[38] 吴炎华. 地质 (自然历史) 博物馆陈列布展的虚拟现实人机交互设计应用研究[J]. 艺术科技, 2019, (7): 99-105.

[39] 杨文超. 面向个人体验的人机交互技术研究与应用[D]. 绵阳: 西南科技大学, 2017.

第 2 章 人机交互系统的评估方法

评估是人机交互系统设计的重要环节，通过评估和测试系统，确保其表现能达到期望，并能满足用户的需求。

2.1 评估的目标和原则

2.1.1 评估的目标

评估主要有评估系统功能的方位和可达性、评估交互中的用户体验、确定系统可能存在的特定问题等三个主要目标[1]。

系统的功能性是非常重要的，所涉及系统必须与用户的需求保持一致。换句话说，系统设计要能帮助用户执行他们期望的任务。这不仅包括具有合适的功能，也包括使用户能清晰地意识到需要执行任务的一系列行为，还包括系统的应用与用户对任务的期望相匹配。例如，一名文档整理员能够通过普通的邮寄地址获得客户的文档，因此计算机文件系统至少应提供同样的能力。同时，为评估系统对任务的支持效率，这一层次上的评估也可能包括测试用户应用系统的能力。

除依照系统的功能评估系统设计外，评估用户的交互体验和系统对用户的影响也很重要。这包括系统是否容易学习、可用性及用户的满意程度等方面，也可能包括用户对系统的喜爱和情感回应，特别对休闲和娱乐系统而言，这一目标就更为重要。与此同时，对那些本身用户的负荷已经过重的任务领域，还应考察系统对用于记忆的要求是否过重。

评估的最终目标是确定设计中是否存在特定的问题。当设计应用在具体环境中时，可能出现不期望的结果或使用户工作产生混乱。当然，这与设计的功能性和可用性两个方面有关。因此，评估应特别关注问题产生的根本原因，然后对其进行更正。

交互式产品的种类繁多，需要评估的内容也各不相同。例如，Web 浏览器的开发人员希望了解自己的产品能否使用户更快地找到所需的信息；交通部门关注的是用计算机系统控制交通信号灯能否减少交通事故；玩具制造商想了解六岁儿童能否操作控制器，是否喜欢玩具的外观；生产手机外壳的公司关心的是青少年喜欢什么样形状、大小和颜色的手机外壳；新型网络公司想知道市场对自己主页设计的反应；等等。

2.1.2　评估的原则

根据软件可用性的定义，在对软件的交互性进行评估的过程中应该遵循如下原则：

(1)最具权威性的可用性交互测试与评估不应只依赖于专业人员，而应该主要依赖于产品的用户。因为无论这些专业技术人员水平有多高，不管他们使用的方法和技术有多先进，最后起决定作用的都是用户对产品的满意程度，所以对软件交互性能的评估，主要由用户来完成。

(2)软件的可用性交互测试与评估是一个过程，这个过程早在产品的初始阶段就开始了。因此，一个软件在设计时反复征求用户意见的过程应与交互测试和评估的过程结合起来进行。在设计阶段反复征求意见的过程是测试与评估的基础，不能取代真正的测试与评估。但是如果没有设计阶段反复征求意见的过程，仅靠用户对产品的一两次测试与评估，并不能全面反映出软件的可靠性。

(3)软件的可用性交互测试与评估必须在用户的实际工作任务和环境下进行。交互测试与评估不能靠发几张调查表，让用户填写完后，经过简单的统计分析就下结论，而必须在用户实际操作以后，根据其完成任务的结果，进行客观的分析和总结。

(4)要选择有广泛代表性的用户。因为对软件可用性的一条重要要求就是系统应该适合绝大多数人使用，并让绝大多数人都感到满意，所以参加测试的人必须具有代表性，应能代表最广大的用户。

2.2　人机交互系统的评估方法

在过去的几十年中，有很多的人机交互系统可用性评估方法被采用。Rosson与 Carroll 把可用性评估方法分为分析法(analytic method)和经验法(empirical method)两类[2]。分析法是指通过模型对用户界面设计的可用性进行系统的检查，如诉求分析(claims analysis)、可用性诊查(usability inspections)和运用一些心理数学模型(如 GOMS 模型)。经验法是指通过观察或其他手段从用户那里获得数据进行分析，典型的方法包括实验室可用性测试(laboratory usability testing)、发声思考(think aloud)、问卷(questionnaires)和访谈(interviews)等。

另外一种常见的分类来自 Avouris，他将可用性评估方法分为可用性诊查(inspection)、可用性测试(testing)和可用性调查(inquiry)三类[3]。上面提到的诉求分析属于可用性诊查，发声思考属于可用性测试，而问卷和访谈属于可用性调查。

　　首先，这些方法当中有些是定量的测量，有些是定性的评估；有些是研究客观的人的行为，有些是研究主观的人的态度；有些是针对最终的使用者，有些则需要不同领域的专家作为评估者。其次，在一个产品开发周期的不同阶段，不同类型的方法各有其优势和劣势。最后，方法的选用还要考虑到被测试系统的特点、产品的使用情境、各种资源限制(成本、生产周期、人力资源等)和后期数据分析等诸多因素。

　　很多成熟的开发团队已经从实际经验中总结出自己的一套体系，通过整合各种可用性评估方法来满足不同时期不同类型的产品可用性目标。而理论界也在坚持不懈地研究这些方法的特点、它们之间的区别，以及如何解释通过它们得出的结论、如何提升这些方法的有效性等问题，不断丰富可用性评估的方法论，并为实际应用提供使用规范[4-7]。Rohrer 根据这些方法的数据来源、研究手段及对被测产品的使用情况将各类常用的可用性评估方法归纳总结，如图 2-1 所示[8]。他认

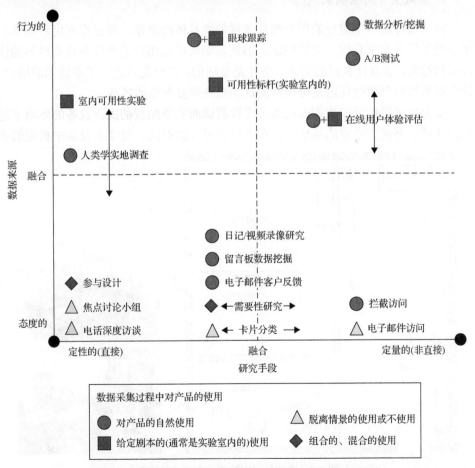

图 2-1　采集不同数据收集和处理手段的用户研究方法[8]

为，定性的研究方法(如电话深度访谈、人类学实地调查等)的优势在于它能描述具体问题的产生原因，并发现解决问题的途径；而定量的研究方法(如数据分析/挖掘、电子邮件访问等)的优势在于它能发现一个系统存在哪些问题，以及这些问题都属于哪些类别，方便研究者对系统整体可用性做出判断。

本部分将从可用性测试、专家评审法和可用性调查三个方面描述，其中可用性测试包括实验室可用性测试、现场观察法和放声思考法；专家评审法包括启发式评估法和步进评估法；可用性调查包括问卷调查和访谈与焦点小组。

2.2.1 可用性测试

可用性测试是非常重要的一类经验性研究，因为这类方法观察的对象是真正的用户。

1. 实验室可用性测试

在可用性实验室进行的用户测试通常关注具体的现象，通过观察用户如何使用被测系统界面来发现确定的问题。但是，如何确定用户的操作与真实世界的情况是相符的，选取什么样的测试任务才是合适的，甚至是否选取了不适当的用户，这些可靠性和有效性问题是可用性测试法始终需要面临的挑战。

实验室可用性测试指在专门为可用性测试而安装配置的固定设备的环境下进行的测试。不同实验室的场地设计和布局有很大的不同。图 2-2 是其中典型的可

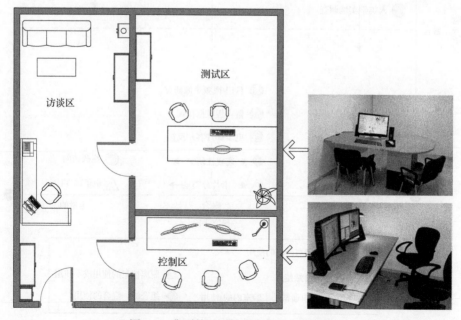

图 2-2　典型的可用性观察实验室的布局

用性观察实验室的布局。这里通常有一个或几个测试区，用户在测试区使用被测试的系统进行测试，还有一个或几个控制区，用于工作人员监视和观察测试情况，为了避免干扰测试对象，控制区和测试区应该分开。实验室里必须配备计算机和操作平台以运行被测试的条件，根据需要还可以配备特殊软件来捕捉和监视键盘、鼠标及屏幕的活动。控制区中除了配备计算机外还应该有监视器、视频合成器、录音/录像设备及其他事件记录与分析的设备，该类设备主要用于记录测试过程以备事后分析。

实验室测试的好处在于它提供了可控和一致性的软件评估环境。在这一环境下，对不同测试结果、不同用户、不同系统进行比较，会比较容易，也更能说明问题。

2. 现场观察法

现场观察法是发现与使用环境有关的问题的最佳手段。以针对超市收银系统设计的观察为例，如果正在设计一款用于大型超市的收银系统，那么先到沃尔玛、永辉等超市的收银台前观察，观察收银员的工作环境。通过观察，可能会很容易发现以下现象[9]：

(1)工作环境十分嘈杂。

(2)收银员一般站着操作。

(3)工作压力大，必须快速准确为每一位顾客结账，否则很快就有顾客在后面排长队。

(4)某些顾客可能在结算时放弃某些已经扫描的商品。

(5)某些顾客在结算过程中发现有漏选的商品，于是先把已经扫描的东西放下，又回到卖场继续选购商品。

(6)某些商品条码不清晰，扫描不起作用，需要收银员手动输入商品信息。

由上面的现象可以看出，收银系统的操作效率要非常高，才能使收银员快速地完成各种常用操作，并尽可能预防各种操作失误的发生，最后，屏幕上的信息显示要一目了然，让收银员可以轻松、正确地识别出各种信息。

Sharp 等总结了在进行现场观察时需要执行的步骤[10]，具体包括：

(1)明确初步的研究目标和问题。

(2)选择一个框架用于指导现场观察活动。

(3)决定观察数据的记录方式，是使用笔记、录音、摄像，还是三者结合。

同时，将在进行现场观察时需要注意的问题总结如下：

(1)在评估之后，应尽快与观察者或被观察者共同检查所记录的笔记和其他数据内容，目的是通过研究细节，确保正确理解各种现象，以及发现记录中的不确定之处。

(2)在记录和检查笔记的过程中，应区分个人意见和观察数据并明确标注需要进一步了解的事项。在现场观察过程中，数据的收集和分析工作在很大程度上是并行的。

(3)在分析和检查观察数据的过程中，应适当调整研究重点。经过一段时间的观察，应找出值得关注的现象并逐步明确问题，用于指导进一步观察。

(4)努力获得观察对象的认可和信任。应花一些时间与观察对象培养良好的合作关系，安排固定的时间、场所进行会面也有助于增进彼此的了解。观察者应避免只关注用户组中容易接近的那些人，而应注意小组内的每一位成员。

(5)谨慎处理敏感问题(如观察地点等)。例如，在观察便携式家用通信设备的可用性时，在客厅、厨房等地观察通常是可行的。观察者应做到随和、通融，确保观察对象感觉舒适。

(6)注重团队合作。通过比较不同评估人员的记录，能得到更为可信的数据。

(7)应从不同的角度进行观察，避免只专注于某些特定行为。许多单位的结构基本是层次化的，包括最终用户、业务人员、产品开发人员和经理等。从不同的层次进行观察，将有不同的发现。

在进行现场观察时，观察人员自始至终应尽量保持安静，目的是让用户感觉不到观察人员的存在，以便能反映用户的日常工作状态；观察者对被观察者的影响取决于观察类型和观察技巧；观察方法的有效性主要取决于数据记录方式和后续数据分析的效果。

3. 放声思考法

放声思考法也称为边做边说法，是一种非常有价值的可用性工程方法。在进行这种测试时用户一边执行任务一边大声地说出自己的想法，采用这种方法能够发现其他测试方法不能发现的问题。实验人员在测试过程中一边观察用户一边记录用户的言行举止，能够发现用户的真实想法。但是这也要求实验人员在进行测试之前明确测试目的，对于不同的测试目的，实验人员在测试过程中扮演的角色是不同的。

采用放声思考法能够得到最贴近用户真实想法的第一手资料，但是这种方法的缺点是用户在边做边说时很容易口是心非，所以实验人员不仅要记录用户说的话，还要分析用户说话时执行的任务及采取的行为，以分析用户感觉有问题的地方的原因。

2.2.2　专家评审法

1. 启发式评估法

启发式评估法是由 Nielsen 和 Mack 开发的非正式可用性检测技术[11]，它对评估早期的设计很有用处。同时，它也能够用于评估原型、故事板和可运行的交互式系统，是一种灵活而又相当廉价的方法。应用启发式评估的具体方法是专家使用一组称为启发式原则的可用性规则作为指导，评定用户界面元素(如对话框、菜单、导航结构、在线帮助等)是否符合这些原则。

原始的启发式原则集源于实践，是从 200 多个可用性问题的分析中得到的[12]。以下列举的是十条启发式原则集，Sharp 等为其标注了评估过程中需要解决的一些问题[10]：

(1)系统状态的可视性。用户能够随时掌握系统的运行状况，系统能及时为用户提供有关操作的提示信息。

(2)系统应与真实世界相结合。界面使用的语言简单明了，用户能熟悉系统使用的词汇、习惯用语和概念。

(3)用户的控制权及自主权。用户能方便地推出异常情况。

(4)一致性和标准化。相似操作的执行方式应该相同。

(5)帮助用户识别、诊断和修复错误。提供有用的错误提示信息，使用简单明了的语言描述问题的性质和解决方法。

(6)预防错误。容易出错的地方及原因。

(7)依赖识别而非记忆。对象、动作和选项清晰可见。

(8)使用灵活性及有效性。为用户提供快捷键，以便有经验的用户快速执行任务。

(9)最小化设计。去除一些不必要或不相关的信息。

(10)帮助及文档。帮助信息要易于检索，容易理解。

与其他技术项比，启发式评估法因为不涉及用户，所以面临的实际限制和道德问题较少，成本较低，不需要特殊设备，而且较为快捷，因此又被称为经济评估法。

启发式评估的主要过程如表 2-1 所示。

表 2-1　启发式评估的主要过程

阶段	步骤
准备 (项目指导)	(1)确定可用性准则; (2)确定由 3～5 个可用性专家组成的评估组; (3)计划地点、日期和每个可用性专家评估的时间; (4)准备或收集材料,让评估者熟悉系统的目标和用户,将用户分析、系统规格说明、用户任务和用例情景等材料分发给评估者; (5)设定评估和记录的策略,是基于个人还是小组来评估系统,指派一个共同的记录员还是每个人自己记录
评估 (评估者活动)	(1)尝试并建立对系统概况的感知; (2)温习提供的材料以熟悉系统设计,按评估者认为完成用户任务时所需的操作进行实际操作; (3)发现并列出系统中违背可用性的原则之处,列出评估注意到的所有问题,包括可能重复之处,确保已清楚地描述了什么、在何处发现
结果分析 (组内活动)	(1)回顾每个评估者记录的每个问题,确保每个问题能让所有评估者理解; (2)建立一个亲和图(又称 KJ 法或 A 型图解法),把相似的问题分组; (3)根据定义的准则评估并判定每个问题; (4)基于对用户的影响,判断每组问题的严重程度; (5)确定解决问题的建议,确保每个建议基于评估准则和设计原则
报告汇总	(1)汇总评估组会议结果,每个问题有一个严重性级数、可用性观点的解释和修改建议; (2)用一个容易阅读和理解的报告格式,列出所有出处、目标、技术、过程和发现,评估者可根据评估原则来组织发现的问题,一定要记录系统或界面的正面特性; (3)确保报告包括了向项目组指导反馈的机制,以了解开发团队是如何使用这些信息的; (4)让项目组的另一个成员审查报告,并由项目领导审定

注:KJ 法的创始人是日本东京人文学家川喜田二郎,KJ 是他的姓名(Kawakita Jiro)的英文缩写。

关于问题严重性的评价尺度,可以按 5 级制或 3 级制来评定,见表 2-2。

表 2-2　可用性问题的严重程度分级

5 级制	0-辅助,违反了可用性原则,但不会影响系统的可用性,可以修正; 1-次要,不常发生,用户可以处理,较低优先级; 2-中等,出现较频繁,用户较难克服,中等优先级; 3-重要,频繁出现的问题,用户难以找到解决方案,较高优先级; 4-灾难性,用户无法进行他们的工作,迫切需要在发布前修正
3 级制	0-辅助的和次要的,遇到的困难较小; 1-造成使用方面的一些问题或使用户受挫,不可能解决; 2-严重影响用户的使用,用户会失败或遇到很大的困难

2. 步进评估法

步进评估法是从用户学习使用系统角度来评估系统的可用性。使用系统过程中,用户往往不是先学习帮助文件,而是习惯于直接使用系统,在使用的过程中进行学习。步进评估法主要是用来发现新用户使用系统时可能遇到的问题,特别适用于没有任何用户培训的系统,如为公众设计的网站。用户使用这样的系统时,必须通过在对用户界面的使用过程中学习如何使用系统。

步进评估法认为,用户使用系统前会对他们所要完成的任务有一个大致的计划。完成每一个任务的过程有三步:第一,用户在界面上寻找能帮助完成任务的行动方案;第二,用户选择采用看起来最能帮助完成任务的行动;第三,用户解读系统的反应,并且从中估计在完成任务上的进展。

步进评估法就是由评审员在使用计算机的每一个交互过程中模拟以上三个步骤。模拟的过程以下列三个问题为基础。

问题一:对用户来说,正确的行为在用户界面上是否明显可见?

问题二:用户是否会把他想做的事和行为的描述联系起来?

问题三:在系统有了相应反应后用户是否能够正确地理解系统的反应?也就是说,用户是否能够知道他做了一个正确或错误的选择?

步进评估法发现的可能性问题也往往集中在以上三个方面,任何得到否定答案的部分就是问题的所在。在使用步进评估法之前应该准备以下信息:

(1)对系统或模型的描述,不需要完全的描述,但应该尽量详细。有时,仅仅是改变用户界面元素的布置就会起到很大的作用。

(2)对用户使用系统所完成的任务的描述,但应该具有代表性,是大多数用户想要完成的任务。

(3)用来完成任务的详细行动步骤。

(4)描绘用户的背景,使用系统的经验及对系统的认识。

在进行步进评估时,评估记录是非常重要的。虽然目前没有一个标准的记录表,但评估人员应该把以上四个方面的信息及评估的时间、评估人员信息记录下来。对于每一个用户行为的步骤,都应该用一张单独的表格记录模拟过程中三个问题的答案。任何一个否定的答案代表一个潜在的可用性问题,评审人员可以对可用性问题进行更详细的描述,并且估计其危害性和发生频率。这些信息都将帮助设计人员更好地按重要性顺序解决相应的问题。

2.2.3　可用性调查

以用户为中心的设计、参与式设计等概念是可用性工程方法论中经常强调的主题,所以对产品可用性进行全方位的研究最简单直接的方法就是询问用户的观点,这是可用性调查法的最基本特征。在诸多可用性调查中,问卷调查、访谈与焦点小组都是常用的方法，它们都是针对一系列问题向用户提问并记录下用户的回答。

1. 问卷调查

在软件推出后，可以使用可用性问卷调查来收集用户的实际使用情况，了解用户的满意度和遇到的问题；利用收集到的信息，不断改进和提高软件的质量和可用性。调查问卷需要认真设计，可以是开放式的问题，也可以是封闭式的问题，但必须措辞明确，避免有可能误导的问题，以确保收集的数据有较高的可信度。常见的可用性问卷包括用户满意度问卷、软件可用性测量目录、计算机系统可用性问卷等。

问卷调查的执行过程包括用户需求分析、问卷设计、问卷调查及结果分析。

用户需求分析设定软件的质量目标，准确描述质量目标，通过用户调查，了解用户在使用方面的切实感受。可以定义一些通用的可用性质量因素，如对于桌面系统而言，可用性涉及兼容性、一致性、灵活性、可学习性、最少的行动、最少的记忆负担、知觉的有限性、用户指导等八个方面；也可与用户交谈获得用户需要的产品特征。

根据用户需求分析进行问卷设计，需要遵循的原则有：首先，从用户的角度出发，问题要精确、概括，避免二义性；其次，可以采用的问卷类型包括事实陈述，用户填写意见，用户对事物的态度等；最后，问题的形式可以采用单项选择、多项选择、利克特量表、开放式问题等形式。

其中利克特量表需要用户对问题给出数量级的评价，如图 2-3 所示。这种问题的答案是一个两极化的量表，通常量表的低端代表一个否定的答案，高端代表肯定的答案；用户凭自己的认识或感觉选择合适的分值，一般将可选分值个数设置为奇数，这样持中性意见的用户可以选择中间值的答案。而开放式问答题允许用户用文字自由描述，从而可以广泛地搜集意见。

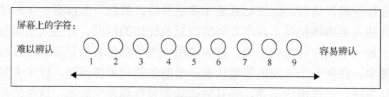

图 2-3　利克特量表问题示例

问卷调查采用抽样调查、针对性调查、广泛调查等方式，可以采用发放调查表、电子邮件、网页等实施方式。

结果分析主要是对调查收集到的数据用统计方法进行分析、归纳，得到有用的信息。

对于收集回来的调查表进行统计分析，即通过问卷得出结论。首先要对问卷进行检查，剔除那些明显不符合要求的反馈问卷；最好能够借助软件或电子表格进行数据统计和分析。

对不同类型的问题，分析方法也不同。对于选择题，统计不同选项所占的百分比；对于利克特量表问题，需要统计每个问题的平均得分和标准差等；对于开放式问题，需要对答案进行归纳、分类和总结。

2. 访谈与焦点小组

访谈可视为"有目的的对话过程"。它与普通对话的相似程度取决于待了解的问题和访谈的类型。在设计访谈问题时，应确保问题简短、明确，避免询问过多的问题。在开展访谈时，可借鉴的指导原则如下[13]：

(1)避免使用过长的问题，因为它们不便于记忆；

(2)避免使用复合句，应把复杂的问题分解为独立的简单问题；

(3)避免使用可能使用户感觉尴尬的术语或他们无法理解的语言；

(4)避免使用诱导性的问题；

(5)尽可能保证问题是中性的，避免把自己的偏见带入问题。

Fontana 和 Frey 把访谈的类型分为非结构化(或开放式)访谈、结构化访谈、半结构化访谈和集体访谈[14]。前三类的命名根据受访者是不是严格按照预先确定的问题进行访谈来区分，最后一类是围绕特定论题进行的小组讨论，访问人将作为讨论的主持人。

非结构化访谈又称为非标准化访谈、深度访谈、自由访谈。它是一种无控制或半控制的访谈，事先没有统一问卷，而只有一个题目的大致范围或一个粗线条的问题大纲。由访谈者与受访者在这一范围内自由交谈，具体问题可在访谈过程中边谈边形成边提出，对于提问的方式和顺序、回答的记录、访谈时的外部环境等也没有统一要求，可根据访谈过程中的实际情况进行各种安排。非结构化访谈的最主要特点是弹性和自由度大，能充分发挥访谈双方的主动性、积极性、灵活性和创造性。但访谈调查的结果不宜用于定量分析。

结构化访谈又名标准化访谈，是一种定量研究方法。这种访谈的访问物件必须按照统一的标准和方法选取，一般采用概率抽样。访问的过程也是高度标准化的，即对所有被访问者提出的问题、提问的次序和方式，以及对被访者回答的记录方式等是完全统一的。为确保这种统一性，通常采用事先统一设计、有一定结构的问卷进行访问。通常这种类型的访问都有一份访问指南，其中对问卷中有可能发生误解问题的地方都有说明。

结构化访谈的优点如下：

(1)访问结果方便量化，可做统计分析，是统计调查的一种。与自填问卷相比，结构化访谈能够控制调查结果的可靠程度。

(2)回收率高。一般的结构化访谈回收率可以达到80%以上，而且回收的问卷其应答率也高。

(3)应用范围更广泛。可以自由选择调查物件，也能问一些比较复杂的问题，并可选择性地对某些特定问题做深入调查，因而大大扩展了应用的范围。

(4)能在回答问题之外对被访问者的态度行为进行观察，因此可获得自填问卷无法获得的有关访问物件的许多非语言信息。

结构化访谈的缺点如下：

(1)与自填式问卷相比，结构化访谈费用高、时间长，因而往往使调查的规模受到限制。

(2)对于敏感性、尖锐性或有关个人隐私的问题，它的有效性也不及自填式问卷。

半结构化访谈结合了结构化访谈和非结构化访谈的特征，它既使用开放式的问题，也使用封闭式的问题。访问人应该确定基本的访谈问题以保证一致性，即与每一位受访者讨论相同的问题。

集体访谈是类似于公众座谈会的一种集中收集信息的方法。一般组织一名或几名调查员与公众进行座谈，以了解他们的意见和看法。集体访谈法是一种了解情况快、工作效率高、经费投入少的调查方法，但对调查员组织会议能力的要求很高。另外，它也不适应调查某些涉及保密、隐私、敏感性的问题。

集体访谈法可以集思广益，有利于把调查与研究结合起来，把认识问题与探索解决问题的办法结合起来。集体访谈法由于简便易行，可适用于文化程度较低的调查对象，有利于与被调查者交流思想和感情，有利于对访谈过程进行指导和控制。但与个别访问相比较，集体访谈法的缺点是无法完全排除被调查者之间社会心理因素的影响。而有些问题不宜集体访谈，并且占用被调查者的时间较多。

焦点小组是集体访谈的一种形式，是由一个经过训练的主持人以一种半结构的形式与一个小组的被调查者交谈，主持人负责组织讨论。焦点小组座谈法的主要目的是通过倾听一组从调研者所要研究的目标市场中选择来的被调查者，从而获取对一些有关问题的深入了解。这种方法的价值在于常常可以从自由进行的小组讨论中得到一些意想不到的发现。

进行问卷调查时，用户可以在不需要研究人员在场的情况下独立填写问卷，而访谈与焦点小组需要有一名采访者或主持人。一般来说，访谈与焦点小组所花费的时间比问卷调查要多，得到的数据也是定性的，分析时会受研究人员主观因素的影响。如果最终目的是获得确切的数据，那么问卷调查的方法会更好一些。有时也会将这几种方法结合起来使用。

2.3　本章小结

本章介绍了人机交互系统的评估目标和原则、人机交互系统的评估方法。在对评估的目标和原则进行介绍的基础上，从可用性测试、专家评审法和可用性调查等三个方面阐述了人机交互系统的常用评估方法。当前人机交互的评估策略仍是以用户为中心而展开，为探究用户的交互状态，评估往往从直接分析用户的心理状态或间接分析用户的行为和认知等方面进行。从现有技术上看，人机交互的评估方法需要多学科的理论支持，并随着相关学科研究工作的深入而持续发展。

参 考 文 献

[1] Dix A, Finlay J, Abowd G, et al. Human-Computer Interaction[M]. Upper Saddle River: Prentice Hall, 2004.

[2] Rosson M B, Carroll J M. Usability Engineering: Scenario-based Development of Human Computer Interaction[M]. San Francisco: Morgan Kaufmann, 2002.

[3] Avouris N M. An introduction to software usability[C]. Proceedings of the 8th Panhellenic Conference on Informatics, Workshop on Software Usability, Nicosia, 2001: 514-522.

[4] Hartson H R, Andre T S, Williges R C. Criteria for evaluating usability evaluation methods[J]. International Journal of Human-Computer Interaction, 2001, (13): 373-410.

[5] Karat C M, Campbell R, Fiegel T. Comparison of empirical testing and walkthrough methods in user interface evaluation[C]. Proceedings of the SIGCHI Conference on Human Factors in Computing Systems, Monterey, 1992: 397-404.

[6] Lavery D, Cockton G, Atkinson M P. Comparison of evaluation methods using structured usability problem reports[J]. Behaviour & Information Technology, 1997, 16(4): 246-266.

[7] Zhang D S, Adipat B. Challenges, methodologies, and issues in the usability testing of mobile applications[J]. International Journal of Human-Computer Interaction, 2005, 18(3): 293-308.

[8] Rohrer C. When to use which user experience research methods[EB/OL]. [2014-10-12]. https://www.nngroup.com/articles/which-ux-research-methods/.

[9] 张亮. 细节决定交互设计的成败[M]. 北京: 电子工业出版社, 2009.

[10] Sharp H, Rogers Y, Preece J. Interaction Design: Beyond Human-Computer Interaction[M]. 4th ed. New York: John Wiley & Sons, 2015.

[11] Nielsen J, Mack R L. Usability Inspection Method[M]. New York: John Wiley & Sons, 1994.

[12] 董建明, 傅利民, 饶培伦, 等. 人机交互: 以用户为中心的设计和评估[M]. 5 版. 北京: 清华大学出版社, 2016.

[13] Robson C. Real World Research[M]. 3rd ed. New York: John Wiley & Sons, 2011.

[14] Fontana A, Frey J H. The Interviewing: From Structured Questions to Negotiated Text[M]// Denzin N K, Lincoln Y S. Handbook of Qualitative Research. 2nd ed. Sage: Thousand Oaks, 2000: 645-672.

第3章　多点触控技术

多点触控技术是一种允许多用户、多手指同时传输输入信号，并根据动态手势进行实时响应的新型交互技术。该技术能在没有鼠标、键盘等传统输入设备时，使用裸手作为交互媒介，采用电学或视觉技术完成信息的采集与定位，进而进行人机交互操作。

基于触摸屏的二维多点触控已成为主流的人机交互技术之一，并在移动终端等领域得以广泛应用。二维多点触控中需要通过触摸屏收集触控数据进而实现多点触控手势识别。当前二维多点触控技术的研究重点已从触摸屏底层的结构设计转移到如何增强用户体验的手势识别上，特别是对具有在时间上连续操作的滑动手势的研究。典型的二维手势包括触点手势、指点手势和自然手势。触点手势与指点手势识别主要通过定位、跟踪，分析触点的轨迹，与预先定义的手势动作进行比对，识别出匹配的手势动作的含义，进而实现对移动终端图形界面的控制和操作。自然手势期望能够通过表征性动作来表达想法和预期的命令，与使用者的思维习惯更加接近。但由于该类手势动作定义和识别的复杂性及设备的局限性，在移动终端领域中实现还具有较大的困难。三维多点触控技术结合了手势输入和计算机视觉技术，是一种基于动态和变形手势识别的非接触式多输入交互方式，从发挥多点触控的操控优势的角度来看，基于大屏的三维多点触控技术符合自然手势交互的应用需求，能够完成更加复杂的操作任务，增强虚拟现实的效果。

本章将从二维平面上的多点触控交互及三维空间中的多点触控指尖交互两个角度对多点触控技术进行探讨，重点分析两种复杂交互环境下的多触点检测方法。本章提出一种基于计算机视觉的光学大尺寸多点触控交互系统设计方案，研究并设计分别应用于二维、三维场景中复杂视觉环境下的触点检测方法。在二维多点触控方面，针对传统二维多触点检测方法依赖于背景模型、抗干扰性及适应性不强的问题，通过分析触点图像的局部特征，运用视觉注意模型，提出一种基于局部亮度显著度的多触点检测方法。在三维多点触控方面，针对单幅二维图像对于三维信息的缺失，借助深度摄像头恢复图像景深信息，采用深度与肤色线索相结合的方法，讨论一种基于邻域均值差的指尖定位算法，该方法能够完成灰度似然图像中的指尖定位功能。通过搭建系统平台并进行交互实验测试，验证相关算法和策略能够满足复杂视觉环境下的二维与三维多点触控检测功能。

3.1　多点触控技术概述

3.1.1　多点触控技术的相关定义

自从第一台计算机诞生以后，人们就在一直探索着人与计算机之间的交互方式[1]，从大型机的文本控制命令到个人计算机(personal computer，PC)的图形界面命令，从键盘鼠标的辅助交互设备到能够直接手指输入的触摸屏，人机交互方式正朝着多元化与自然化的方向发展，除了传统的电学输入信号外，光学信号及视觉信号都在一定程度上促进人机交互领域的发展。

目前计算机的功能越来越丰富，移动性越来越好，人们对于计算机应用的需求范围也不断加大。但是相对于当前计算机所具备的超强数据计算能力及大容量存储能力，计算机滞后的信号输入能力，在某些环境限制了它的实际应用。这是由于传统的 WIMP(Windows，Icons，Menus，Pointer)交互方式并不贴近人们的日常生活习惯，而且在某些公共场合使用键盘和鼠标来进行交互也很不方便。另外，当前计算机输入信号源的单一也束缚着人机交互领域的发展。有限的信息量必然产生对于真实世界的模拟失真，进而导致交互设备的不实用及沉浸感较差。可见，研究如何进行基于多通道融合与自然手势的输入方式能够提高交互技术的实用性。

自 2007 年起，随着苹果 iPhone 和微软 Surface 的相继推出，多点触控技术成为人机交互技术研究和发展的热点。多点触控技术是一种新颖的、更加贴近人们日常生活的人机交互技术，是未来人机交互设备的发展方向，它允许多用户、多手指的实时互动控制。近年来，多点触控技术得到了广泛的应用。在通信领域，结合着开放式系统 Android，支持多点触控功能的智能机已经成为手机业发展的主流。在多媒体方面，基于多点触控技术的产品橱窗、互动游戏桌、广告面板及智能家居等都给人们带来了耳目一新的感觉。在科研领域，多点触控技术也发挥着重要的作用，在对数据进行可视化显示与分析的过程中，支持多点触控操作的可视化设备就是一项重要的实现手段。多点触控及其相关技术能在一定程度上对许多传统领域进行革新，扩大很多场所及商品的用户群年龄范围，其相关应用甚至已经作为一个新兴的产业在蓬勃发展，因此对其进行研究与实现具有非常重要的意义。

多点触摸技术改变了人和信息之间的交互方式，实现多点、多用户、同一时间直接与虚拟环境进行交互，符合人的行为与认知特点，其交互对象多元，可有效增强用户体验，是自然人机交互思想的一种重要体现。

多点触控技术采用裸手作为交互媒介，使用电学或者视觉技术完成信息的采集与定位。从定义上来看，多点触控技术主要包含两个关键内容：

(1)多输入信号。不同于以往鼠标等设备的单一输入信号，多点触控技术可以对采集到的数据源进行分析，从而定位多个输入信号。当然，在原有的软件配置基础上，在某些环境需要特定的软件支持。

(2)手势输入。多点触控技术采用动态手势作为控制指令。具体地说，它使用触点的运动轨迹作为系统的输入指令，不同的点数及不同的运动方向都代表了不同的操作意图。多点触控技术打破了传统单输入响应的局限，并且使用手势输入方式也更加贴近自然，根据不同的运动轨迹设计不同的操作含义，达到扩展的效果。

另外，借助计算机视觉技术，本书将多点触控技术划分为二维多点触控技术和三维多点触控技术，二者的区别在于操作的直接性。将使用者直接通过接触交互平面而完成操作控制的系统称为二维多点触控系统；将通过识别使用者手势的轨迹变化而完成的远程虚拟触控操作称为三维多点触控系统。

3.1.2　多点触控技术的相关研究

多点触控技术的诞生可以追溯到 20 世纪 70 年代。虽然早期研究使得触控技术在一定程度有了快速的发展，但是还没有一款真正意义上的多触点输入设备。直到 1981 年，美国 LORD 公司的 Rebman 等为控制机器人而设计了一块多触觉传感器，在 4″×4″大小的控制块中包含了 64 个传感器阵列。次年，第一个应用于进行计算机输入的多点触控系统诞生，即 Flexible Machine Interface，该系统由多伦多大学 Mehta 在毕业设计期间完成[2]。该系统使用一块毛玻璃镜片作为交互界面，这与现代的设计原理相似，由于毛玻璃具有呈现能力和光学特性，可以将摄像头放置在毛玻璃后方来实时判断手指是否接触，在有手指接触时该区域会在白色的背景上显示出暗黑色，通过简单的图像处理方法就可以提取出多个输入信息。同时，可以安置投影仪来进行辅助成像。

美国计算机设计师 Krueger 等在 1983 年利用计算机视觉技术实现了一款手势控制系统，即 Video Place/Video Desk[3]。该系统通过跟踪手部的形状和位置变化使得使用者可以利用手和指尖传输一系列对计算机进行控制的指令，它并不是直接对触控信号进行感知，而是通过摄像机采集图像画面，进而识别出那些预先定义的手势动作。Video Place 的提出让研究者认识到计算机视觉在交互领域的巨大潜力，极大地促进了早期人机交互技术与虚拟现实技术的发展。

多点触控技术在 20 世纪 90 年代得到进一步发展，新设备与新理念不断涌现，其中以多伦多大学和 FingerWorks 公司尤为突出。多伦多大学的输入设备研究小组在 1995 年提出了有形用户接口的概念[4]，在数字桌面上放置有形物体，通过识别有形事物的移动和旋转等方面的变化来控制图形目标，并在 1997 年推出的 T3

系统[5]中成功实现了该接口技术，到目前为止该设计理念仍然在不断完善之中。虽然 FingerWorks 公司在 2005 年被苹果公司收购，但是其在 1998～2000 年生产的一系列基于电容传感的多点触控平板计算器为苹果公司后来的成功打下了坚实基础，其中以 iGesture Pad 尤为出色，它的理论基础来源于特拉华大学的 Westerman 于 1999 年关于多点触控技术的研究[6]。

从 21 世纪开始，多点触控技术才真正进入了高速发展的阶段。这有两方面的原因：①电子产品的逐渐升级，使原来不可能实现的计算，现在能在实时的要求下完成；②研究者特别是许多大公司开始对多点触控技术产生兴趣。

2002 年，日本东京索尼计算机科学实验室的 Fukuchi 和 Rekimoto 开发了一款名为 SmartSkin 的自由手势交互桌面系统[7, 8]。该系统采用电容传感器和网状天线识别交互界面上的手部位置、形状及它们相距界面的距离。同年，东京大学的 Oka 等[9]实现了一个类似功能的系统，不同的是他们采用视觉技术，在桌面上方放置了一台彩色摄像机和一台红外摄像机，分别用来采集 RGB 和红外图像，并通过隐马尔可夫模型(hide Markov model，HMM)识别手指的动态运动轨迹。

2005 年，微软研究员 Wilson 等开发了一款便携式的触控设备 Play Anywhere[10, 11]，将一个正投投影仪作为光源，通过视觉技术计算手指接触时和非接触时正面摄像机采集到的阴影面积来判断是否有指尖接触。同年，纽约大学教授 Han 开创了基于计算机视觉的大屏多点触控技术里程碑[12, 13]。他利用光线穿过不同介质时的折射原理，将特定波长的红外光线完全封装到透明亚克力面板里使其一直在板中反射，形成受抑全内反射现象。该系统在大屏多点触控系统设计方面成本低、敏感度高，而且使用计算机视觉技术具有较好的扩展性，系统效果图如图 3-1 所示。

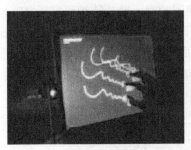

(a) 单手触控   (b) 双手触控

图 3-1　系统效果图

多点触控技术的真正流行与商业化开始于苹果公司 iPhone 手机以及微软公司 Surface 的运营成功。iPhone 手机的实现原理与前文介绍的 iGesture Pad 的实现原理类似，采用投射式电容触摸屏技术。而 Surface 则采用与 Han 类似的视觉检测方案，在其内部放置了多个红外发光器和红外摄像机，通过阈值分割出适当的阴影信息，不仅可以识别手指区域，而且可以识别出有形物体目标，如手机、茶杯等，如图 3-2 所示。

(a) Surface立体透视图　　　　　　　　　　　　(b) Surface的操作效果示意图

图 3-2　Surface 的立体透视图

除了以上基本的多点触控技术实现方案外，还诞生了许多新颖的多点触控系统。SMART 技术公司的 Zhou 和 Morrison 通过在显示设备周围安置多路摄像机，并由背景差分和亮度直方图来判断指尖是否接触以及位置信息[14]。该方法可以在数字信号处理器(digital signal processor，DSP)中达到每秒 30 帧以上的 640×120 分辨率图像处理速度，由于减少了传统视觉方案所需要的投影设备，所以降低了成本。东京大学的 Takeoka 等设计了一种基于三层激光浮面层的视觉检测方案[15]，上中下三层各采用不同颜色的激光束，这样不仅可以方便地判断指尖接触位置，还能大致知道手指与交互面的高度信息。多点触控技术不是仅限于用手的交互方式，脚也是一种重要的输入手段，正如德国哈索·普拉特纳研究所(Hasso Plattner Institute)设计的 Multitoe 系统[16]一样，该系统基于受抑全内反射(frustrated total internal reflection，FTIR)方案，需要分析面积更大的触点目标，如图 3-3 所示。

图 3-3　Multitoe 系统图

　　虽然接触式的交互方式具有直观、易用的优点，但是随着相关研究的不断深入，远程非接触式的交互方式也开始得到人们广泛的重视。手势输入和计算机视觉技术作为三维多点触控技术的主要组成部分，在其中发挥着重要的作用。Argyros 等使用贝叶斯肤色模型在受限的背景环境下对手部区域分类，并用手型对计算机进行基本控制[17, 18]。东芝欧洲研究院和剑桥大学合作开发的显示器交互系统 AIDIA[19]使用改进的 Adaboost 方法对人脸和拳头样本进行学习，通过检测和跟踪图像中的拳头目标来映射鼠标操作，该方法比肤色分类方法更加稳定，适用的范围也更广，但是扩展性较差，只能使用训练好的拳头手势及少数手型进行交互。由于背景的复杂性，肤色分类方法和样本学习方法都不能较好地满足商业化的要求，然而利用深度信息，特别是 2010 年微软体感设备 Kinect 的上市[20]，背景滤除的准确性大大提高。Benko 和 Wilson 采用深度传感器摄像机（depth-sensing camera）来增强自由手势的交互能力[21, 22]，因为操作者身后的区域都被认定为背景噪声。深度信息作为一种重要的视觉信息，将在计算机视觉技术的多个领域中发挥重要的引导作用。

　　关于多点触控技术等人机交互领域的研究，相对于欧美和日本的多样化，国内还存在着不小的差距，但是近年来，我国不断加大对虚拟化与互动产业的科研和产品投入力度，国内多所高校和科研院所都在进行着多点触控交互技术的研究。中科院自动化研究所模式识别国家重点实验室开发的 IEToolKit 系统[23, 24]使用单目视觉完成手势的多种鼠标控制。北京大学可视化与可视分析实验室使用 iPad+iMac 进行支持多点触控的可视化显示[25]，同时在 2011 年通过视频拼接技术实现了大屏三维空间中的手势交互可视化系统[26]。

3.2　基于计算机视觉的光学多点触控交互系统

　　本章讨论一款基于计算机视觉技术的光学多点触控交互系统。计算机视觉技术使系统能在原本并不具备触摸感应功能的显示屏幕上同时检测到多路触控信号，并基于多路触控信号进行多点触控手势的识别，最终通过显示屏幕展示实时的应用反馈，给用户一种能在显示屏幕上直接进行多点触控交互的操作体验。采用这种实现方案的好处是系统硬件设备配置简单，扩展性强，在大尺寸的触控屏幕交互产品上具有成本优势。该系统主要包括二维平面上的多点触控交互以及三维空间中的多点触控手势交互两方面的研究内容。本节一方面对本书采用的实现方案与设计流程进行阐述，另一方面介绍一些与本书研究内容相关的基础理论知识，包括显著区域检测、连通区域检测、链码等。

3.2.1 多点触控技术原理

1. 触控技术的实现途径

依照感应方式的不同，目前触控技术的实现途径大致可以分为电阻式、热感应式、光学式和超声波式四类，其中前三类使用得较为广泛。

1) 电阻式触控屏

电阻式触控屏[27]由上下两层相互绝缘的膜构成，一层有电阻，另一层可以认为是纯导体，中间用隔离物进行分离。当按压发生时，两层膜发生碰撞，电流产生变化，改变电阻值点位。传感器芯片用以计算力量与电流之间的关系，评定屏幕受压位置，同时使系统做出反应。由于电阻式屏幕需要上下两层碰撞后才能做出反应，因此若屏幕上同时有两点受到按压时，屏幕的压力将变得不平衡，导致判断触控位置出现误差。所以这样的原理使电阻式方案很难实现多点触控，即使通过技术手段实现了多点触控技术，灵敏度也将会大幅受到影响。此外由于频繁的挤压，时间长了容易形成表面材料的磨损，或者上下两层失去弹性进而造成接触不良等问题的出现。

2) 热感应式触控屏

热感应式触控屏即电容触控屏，它包括两种具体的实现途径：表面电容技术和投射电容技术。

表面电容技术采用一层 ITO (indium tin oxides) 导电玻璃为主体，外围至少有四个电极，在玻璃的四角提供电压，于是在玻璃表面形成一个均匀的电场，当使用者用手指进行接触时，控制器就能利用人体手指与电场静电反应所产生的变化，检测出触控坐标的位置。因为它采用一个同质的感应层，而这种感应层只会将触控上任何位置感应到的所有信号汇聚成一个更大的信号，同质层破坏了太多的信息，以至于无法感应到多个触点信息。

投射电容技术，是实现多点触控的希望所在。它的基本原理仍是以电容感应为主，但相较于表面电容技术，投射电容技术采用多层 ITO 层，形成矩阵式分布，以 X 轴、Y 轴交叉分布作为电容矩阵，当手指触碰屏幕时，可通过对 X 轴、Y 轴的扫描，检测到触碰位置电容的变化，进而计算出手指的具体位置。基于此种结构，投射电容技术可以做到多点触控操作。

电容式触控屏反应灵敏、快速，而且能够支持多点触控交互，但较高的硬件成本在一定程度上限制了其在大尺寸多媒体产品领域的应用。

3) 光学式多点触控屏

采用光波作为信号源的方案需要用到计算机视觉的相关技术。由于现实环境中存在大量的可见光源，光源的选择不当会给系统带来极大的不稳定性。所以此方案选用特定波段的红外线作为信号源，并通过滤波片减少其他波段光信号对图像传感器的干扰,其中比较有代表性的实现方案有受抑全内反射与激光浮面技术。

受抑全内反射只需一块用于交互的厚度为 10mm 的亚克力板、若干 850nm 波长红外 LED 灯以及一个装有相应红外波段带通滤镜的摄像机。这是一种低成本、高灵敏度的多点触控硬件方案,能够感应微小的触点信息。将作为光源的红外线 LED 灯排列在触控表面的四周,使光线能够直接射入亚克力板,由于亚克力的特殊折射率,光线进入亚克力板后会因为到达临界角而不能产生折射,所有的光线将在亚克力板内不停反射进而达到受抑全内反射效果。考虑到平台的易于维护性,可将 LED 光源封装在一个固定框内便于安装和卸下维修,如图 3-4 所示。当有手指按压亚克力板时,接触部分的红外全内反射被破坏并溢出,从而形成影像被摄像头接收。

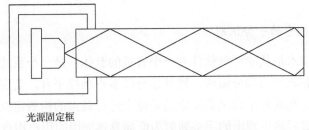

光源固定框

图 3-4　受抑全内反射红外光源设备图

激光浮面(laser light plane,LLP)[28]与受抑全内反射的采集原理类似,通过激光发射器在交互屏幕上方铺满一层薄薄的红外激光平面,这个激光红外面与平面的高度需要控制在 1mm 左右。由于手指尖部的弧形特性,当手指接触屏幕时,原本平静的激光平面会被打破,接触到手指的光线因为阻挡形成折射,于是被放在屏幕下方的图像传感器捕获,若光平面过高,则会产生"假触碰"现象,图 3-5 阐释了这一原理。

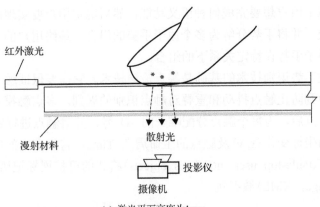

红外激光

漫射材料　　　　散射光

投影仪

摄像机

(a) 激光平面高度为1mm

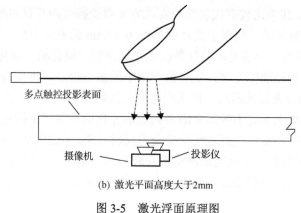

多点触控投影表面

摄像机 —— 投影仪

(b) 激光平面高度大于2mm

图 3-5 激光浮面原理图

2. 多点触控中的手势识别

多点触控技术是从硬件到软件的一个有机的整体，是一个系统工程。多点触控技术由硬件和软件两部分组成。硬件部分即多点触控平台，负责完成信号的采集；软件部分是在硬件平台采集数据的基础上进行触点的检测定位、跟踪、手势定义与识别，最后将识别出的手势映射为面向具体应用的用户指令。

在终端使用者利用多个手指控制图形界面的过程中，根据手指或者触摸笔的触控方向、坐标及轨迹等相关特征信息和组合进行预先定义，从而识别出触摸手势的相应含义。触控设备在检测出多个触点后，对触点进行定位、跟踪和记录，识别出轨迹信息，进行手势动作的识别和处理，从而实现控制和操作。

多点触控技术最大的优点就是能实现基于手势的自由交互，手势定义是其中的关键基础。实际应用中用户的手势与应用背景紧密相关，所以在强调通用性的同时应重视应用的导向作用。手势的定义过程应当首先要知道用户意图，即在特定的应用环境下用户想要完成何种语义功能，然后确定用户要实现的功能通过何种手势来完成，并将手势分解为多个原子手势的组合，最终用户的一个意图被转换为一系列原子手势在特定关系下的组合。

多点触控手势识别技术的基础是触点检测技术。它需要保证触点检测的精确性，同时要做到防止触点抖动和重叠对触点识别的误判。多点触摸系统在检测和定位出多个触点后，为每个触点分配唯一的 ID 号，并对触点进行跟踪[29]，并记录每个触点的坐标变化 (x, y) 及触点的生命周期 Time，将识别出的触点信息封装成遵循 TUIO(table-top user interfaces objects)格式的可扩展标记语言(extensible markup language，XML)数据包。

三维多点触控技术是一个具有较大发展和研究潜力的新兴人机交互研究领域。三维多点触控技术继承了二维多点触控技术交互直观、使用方便的优点，支持用户在三维空间中的非接触式多点控制。但在交互手势识别上，三维多点触控技术不采用静态手势或者手型作为交互的手段，而是基于动态和变形手势的识别技术，在实现上更为复杂。通过视觉所获取的深度信息，需要在背景复杂、光线变换和肤色干扰的情况下首先分割出人手和人脸并进行区分，然后使用约束条件提取出手指的位置并进行有效跟踪，同时计算交互部位的三维信息，进而实现交互。

3. 多点触控传输协议 TUIO

多点触控传输协议 TUIO 是一个开放的框架，它为多点触控定义了一个通用的协议和应用程序编程接口(application programming interface，API)。TUIO 协议允许交互式多点触控平台上传输抽象事件，包括触摸事件和触点对象的状态。该协议将对基于计算机触觉的跟踪器应用程序传来的控制数据进行编码，并且将编码后的数据发送到任何能够解码该协议的应用程序，其工作流程如图 3-6 所示。当 TUIO 协议应用于红外多点触摸技术时，其工作原理可概括为：当用户进行多点触摸操作时，由协议本身定义的传感器(sensor)将数据流传送至跟踪器应用程序(track application)，跟踪器中的数据按照 TUIO 协议所规定的格式打包，并通过用户数据报协议(user data protocol，UDP)或者传输控制协议(transmission control protocol，TCP)的方式传送到客户端应用程序，最终通过这些可以正确识别 TUIO 数据的应用程序展示出来。

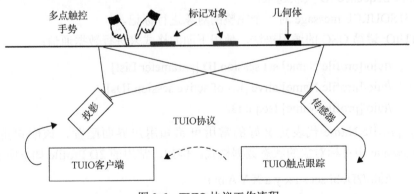

图 3-6　TUIO 协议工作流程

TUIO 可以由多种编程语言编写的应用程序使用。这种由支持 TUIO 协议的触点跟踪应用程序、TUIO 协议和 TUIO 客户端应用程序组成的多触点触控应用可以在任何有多点触控接口的系统上移植。TUIO 协议基于 OSC(open sound control)协议构建，OSC 是一种多媒体领域广泛应用的数据格式协议，在多媒体数据传输过程中起到了重要的作用。TUIO 协议的核心功能就是对 OSC 数据格式进行编码，为控制数据传输提供有效的二进制编码方式。因此，TUIO 信息可以在任何支持 OSC 实现的平台渠道中传播。TUIO 协议将 OSC 数据报在 UDP 管道中发送到默认的 TUIO 客户端(端口号 3333)，这种默认的传输方法称为 TUIO/UDP 传输方法。由于 TUIO 协议在传输 OSC 数据流上采用的是客户/服务器模式，可以解决平台之间的限制[30]。

TUIO 协议的目的是在可触摸桌面控制接口和底层驱动层之间提供一般的通信接口，在用户空间实现对底层驱动和上层应用程序的衔接。它的设计是为了满足桌面交互多点触摸的需求，在桌面上，用户能够用手指操作一系列对象并且画出一些手势。

TUIO 协议定义了两类主要的消息，即 SET message 和 ALIVE message。其中 SET message 用于目标对象特定状态，如位置、姿态或其他任何可以识别状态的通信。ALIVE message 通过序列的 session ID 来标识当前目标对象。除了 SET message 和 ALIVE message，FSEQ message 用唯一的 Frame Sequence ID(框架序列号)来唯一地标记每一个对象的更新步骤。TUIO 协议的实现可总结为如下步骤：

(1)使用 SET message 在状态改变后发送对象属性；

(2)客户端从 SET message 和 ALIVE message 中导出对象属性信息；

(3)对象移除时发送更新的 ALIVE message；

(4)FSEQ message 将一个 SET message 和 ALIVE message 数据包用一个唯一的 Frame Sequence ID 关联起来；

(5)SOURCE message 对一个完整的对象进行标记。

TUIO 遵循 OSC 的通用语法，使用下面的格式来进行数据通信：

/tuio/[profile Name] set session ID [parameter List]

/tuio/[profile Name] alive [list of active session IDs]

/tuio/[profile Name] fseq int32

其中，profile Name 代表定义好的常用可感知用户界面配置，该配置定义了 SET message 中目标对象的状态数据格式。例如，常用的 2D Profile 如下所示：

/tuio/2Dobj set s i x y a X Y A m r

/tuio/2Dcur set s x y X Y m

Session ID 是一个 TUIO 对象的唯一标识符，TUIO 对象是指在会话期间始终保持存在的光标或触点。TUIO 协议传输消息用到的参数意义如表 3-1 所示[31]。

表 3-1　TUIO 协议传输的参数意义

参数	参数意义	数据类型
s	Session 标识符	int32
i	Class 标识符	int32
x, y, z	坐标	float32, 取值范围[0, 1]
a, b, c	角度	float32, 取值范围[0, 2π]
w, h, d	尺寸	float32, 取值范围[0, 1]
f, v	面积，体积	float32, 取值范围[0, 1]
X, Y ,Z	线速度向量	float32
A, B, C	角速度向量	float32
m	线加速度	float32
r	角加速度	float32
P	自由参数	按 OSC 数据格式自定义

3.2.2　光学多点触控系统架构

对于本章的两个主要研究内容：基于二维平面的多点触控技术和基于三维空间的"虚拟"多点触控技术，后续文中为了描述方便，将分别简写为二维多点触控技术和三维多点触控技术。

图 3-7 描述了本章所设计多点触控交互系统的整体架构和处理流程。从图可知，该系统根据功能的不同从下到上依次可以分为硬件层、采集层、核心算法层、通信层和控制层五个层次。系统采用层次和模块化的划分有利于功能的维护和扩展。

(1)硬件层。硬件层是系统运作的物理基础，由摄像头、投影仪、红外激光发射器、投影幕和深度摄像头等设备构成。该模块需要完成方案的选择与搭建，是系统输入和反馈的直接区域。

(2)采集层。采集层负责逐帧地将传感器设备中捕获到的图像信息实时发送给高层服务。本系统需要用到的传感器包括红外传感器、RGB 传感器和深度传感器。

(3)核心算法层。影像处理的目的是降低环境对图像的影响，对图像进行预处理，提高信息度，包括色彩空间转换与尺度变换。为了提取出用户的触点信息，核心算法层包括两条处理路径，分别处理二维多点触控检测与三维多点触控检测。

(4)通信层。通信层通过建立一个公开端口号的 Socket 通信服务端，实时地监听客户端应用程序的连接，管理一个连接列表。同时，通信层与核心驱动层连接，一旦收到核心驱动层产生的触控事件流，则将数据流通过 TCP 发送到所有与之连接的客户端。

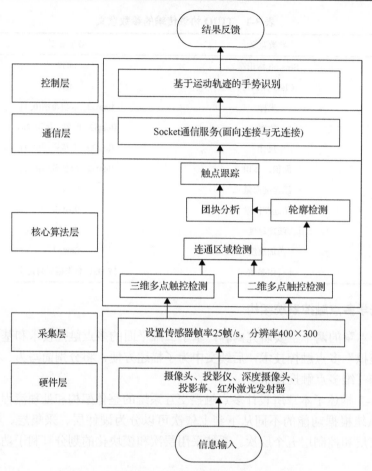

图 3-7 多点触控交互系统的整体架构和处理流程

(5)控制层。控制层包含一些支持多点触控手势操作的应用内容。其对多点触控手势的响应反馈历经以下几个阶段：首先建立 Socket 通信客户端，向通信层的服务端发送连接请求，连接成功后，同步接收服务端发送的实时触控事件数据流；然后对接收到的触控事件数据流进行进一步面向具体应用内容的多点触控手势解析；最后对解析出的多点触控手势操作进行响应反馈。

3.2.3 激光浮面硬件平台

系统硬件架构的关键在于如何搭建一个灵敏度适中、易于用户操作的多点触控交互屏幕。图 3-8 中，显示及用户触控交互时使用的屏幕是主要基于树脂材料的背投式漫反射屏幕。通过投影仪将交互显示的内容背投在屏幕上，并在屏幕前方设置了红外光线的均匀照明。摄像机和投影仪可根据环境情况，安装在天花板或地面上，也可放置在屏幕后方的水平台面上。

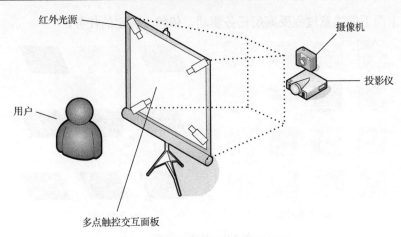

红外光源

摄像机

投影仪

用户

多点触控交互面板

图 3-8　激光浮面硬件平台设计图

3.2.4　显著区域检测

由于外界环境包含大量的信息与刺激，人脑无法对所有的刺激进行记录与响应，所以基于人眼的过滤机制，它只能在整幅视角画面中选择少量的信息进行传递，特别是具有突出特性的目标将更容易吸引人脑的注意，而忽略作为衬托的周围事物。例如，在黑板上的一个白色粉笔擦，或者鸭群中的一只鹅等。在现实中，物体与它们的周围环境存在着各种形式以及不同程度的显著性[32-34]，通过模拟人类的视觉选择过程，可以在一定程度上提高计算机对于图像的分析与识别能力。传统的图像处理技术通常从色彩、纹理和形状三方面来分析一幅图像。这些技术取得了较大的成功并且应用于许多实际软硬件产品之中。然而，仅仅使用这些信息并不能对图像进行更高层次的分析，因为人脑并不是独立地从这三个方面来理解图像。对于本书而言，一幅图像中的触点目标是否能够被检测出来，可以通过其与周围环境的显著度来进行判断。

显著性是视觉评估中的一项重要特征参数。依据处理机制的不同，可以将人类视觉注意模型分为自上而下的注意过程与自下而上的注意过程。

观察图 3-9，在基于单纯视觉注意机制的情况下，其中(a)中的深色正方形和(b)中的浅色平行四边形能够第一时间引起观察者的注意。这种由人类的视觉刺激来自主定位显著目标的过程即自下而上的注意过程。场景中那些与众不同的具有较强的新颖刺激的视觉对象能够迅速引起观察者的注意。自下而上的注意过程完全受图像底层特征的驱动，与任务无关。

如果给定"寻找所有浅色方块"或"寻找所有平行四边形"的任务提示，人们的注意力会集中在图 3-9(a)中的深色方块和图 3-9(b)中的矩形上。这个过程就是自上而下的注意过程，即场景中那些人们所期待的视觉对象能够获得人们的注意。自上而下的注意过程受高层任务驱动，依赖于特定的任务。

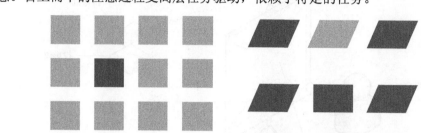

　　　　　　(a) 颜色对比　　　　　　　　　　　　　　(b) 形状对比

图 3-9　对比示例图

　　自下而上的方法主要包括特征提取与显著图生成两个处理步骤。本部分采用的图像特征可以是上面介绍的色彩、形状和纹理三种属性中的一个或者多种，如果有自上而下方法的指引，那么可以根据实际需要进行选择。例如，如果要检测直线，则可以将纹理信息作为主要特征；如果要寻找指尖，则可以将肤色与形状作为测试目标。然而在完全没有先验信息导向的情况下，通常应该选择亮度差及边缘作为特征进行处理。

　　因为自上而下的注意过程依赖于特定的任务，主观性较强，而自下而上的视觉注意过程只受输入图像底层特征的影响，所以很多研究者把注意力集中在模仿自下而上的视觉注意上，其中以 Itti 等的显著图(saliency map)模型最具代表性[35-37]。

　　本节给出的检测算法结合了以上两种分析模型，前者为下一步处理提供显著图，后者对检测结果进行验证与过滤，达到去除干扰的作用，该方法将在 3.3 节中介绍。

3.2.5　连通区域检测

　　连通区域检测算法基于二值化处理后的图像。直接扫描标记算法把连通区域作为同一个对象进行标记，典型的算法分别为图 3-10 所示的四邻域标记算法和八邻域标记算法。

　　假设输入一个二值化图像，经过连通区域检测后，会输出一张以符号表示的符号影像，如图 3-11 所示。使用连通区域检测算法的目的就是要将二值化图像根据八邻域标记算法把所有相邻白色像素，给予一个相同且唯一的标记符号。

　　四邻域标记算法实施过程如下[38]：

　　(1)判断此点相邻区域中的最左、最上有没有点，如果都没有点，则表示一个新的区域开始。

(2)如果此点四邻域中的最左有点,最上没有点,则标记此点为最左点的标号;如果最左没有点,而最上有点,则标记此点为最上点的标号。

(3)如果此点的最左和最上都有点,则标记此点为这两个点中最小的标记点,并修改大标记为小标记。

八邻域标记算法的处理过程与四邻域标记算法相类似:

(1)同时判断此点八邻域中最左、左上、最上、右上点的情况,如果都没有被标记,则表示一个新的区域的开始。

(2)如果此点的最左有点、右上有点,则标记此点为这两个点中最小的那个标记号,并修改大标记为小标记。

(3)如果此点八邻域中的左上有点,右上有点,则标记此点为两个点中最小的那个标记号,并修改大标记为小标记。

(4)按照最左、左上、最上、右上的顺序,标记此点为四个中的一个。

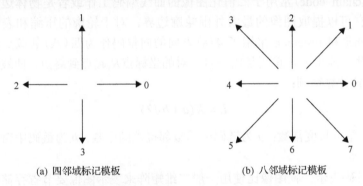

(a) 四邻域标记模板   (b) 八邻域标记模板

图 3-10 典型连通区域检测算法标记模板

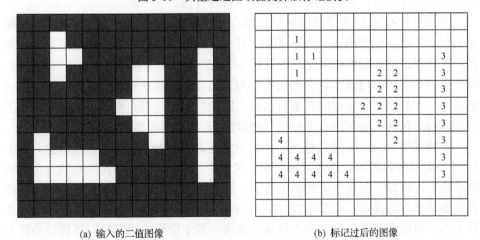

(a) 输入的二值图像   (b) 标记过后的图像

图 3-11 连通区域标记示意图

在处理过肤色检测与深度背景去除后，将两种算法的输出图像进行融合，作为连通区域检测的输入图像，以确保没有与脸肤色相近的背景物体，或者存在于摄像头附近但属于非肤色物体的干扰噪声被分割出来。连通区域检测过程完成以后，利用人脸检测得到的人脸面积作为面积阈值，若连通目标的面积大于阈值，则保留下来作为检测结果，反之，进行过滤操作，以避免将面积过小的明显非手部或指尖噪声信息列入分析的对象。

3.2.6　轮廓提取

图像的轮廓信息具有丰富的灰度或者纹理方面的特征。当前较为成熟的边缘检测算法包括 Canny 算子、Sober 算子和小波变换等[39]，然而使用这些算法检测到的结果图像中还会遗留许多轮廓内的边缘线条，这些线条对于手势分割来说将是不稳定的干扰噪声。

链码(chain code)常用于二值化图像的曲线编码工作或者是物体边界及性质的判断，它可以提取图像的最大外围轮廓边界，对于轮廓的压缩和表示非常的重要。Saghri 和 Freeman 采用了 4(8)方向的向量码作为四(八)邻域点的方向定义[40]，这些一连串的向量码是由一对一对的坐标点从起点到终点，曲线的长度可以由式(3-1)计算得到：

$$L = X(a + b\sqrt{2}) \tag{3-1}$$

其中，X 为单位长度常数；a 为链码中偶数邻接点的个数；b 为链码中奇数邻接点的个数。

通过链码表示一帧图像比使用一般二维矩阵来表示图像要节省存储空间。如果图像的尺寸越大，那么使用链码来表示就越有利。

链码的表示与 3.2.5 节连通区域检测方法一样，也分为八邻域模板与四邻域模板两种，与图 3-10 所使用的模板类似，序号 $k(k=0,1,2,\cdots,7)$ 的分布采用逆时针形式，其物理意义分别代表按逆时针旋转 k 个 45°角，每一个邻域代表了一个方向。图像中的一条轮廓可以由轮廓的起始点与其相应的链码序列唯一表示，相反，由链码序列和起始点坐标也能够重新构造出图像的轮廓信息。所以可以得知链码的数据结构中包含轮廓起始点坐标值、链码序列长度和链码序列数组三个数据元素。

此处采用 Freeman 的八邻域链码表示算法来提取触点目标的轮廓信息。对于 3.2.5 节定位得到的图像连通区域的任一像素点，链码算法先后对该点的八个邻域像素点进行试探。假设当前探测点为 P，该点的前驱点为 P'。由于 P 点周围可能存在多个非 0 邻接点，在图 3-12 中，$F1$ 和 $F2$ 就是两个非轮廓邻域点，后继点选择不当，可能会使链码序列走入错误的轨道。基于链码的轮廓提取过程核心环节就是选择正确的后继轮廓点，算法所以需要根据前驱链码值对后继链码计算方向进行规定。

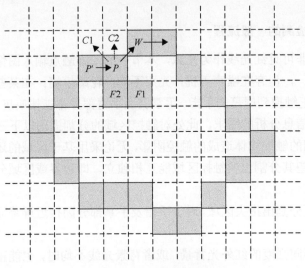

图 3-12 八邻域链码

假设 P 点的前驱码值为 k，那么在 P 点邻域内第一个进行试探的邻域码值方向可以通过式 (3-2) 计算得到：

$$k' = (k+3) \bmod (N-1) \tag{3-2}$$

其中，N 为可供选择的邻域数，此处取值 8。

例如，如果 P 的前驱码值为 0，计算得到 P 点的后继点判断过程将从 3 号码值，即 W 点开始，顺时针方向进行逐邻域的试探。由于 $C1$、$C2$ 是 0 值点，所以跳过该点，进而判断 W 点，它是第一个灰度值非 0 的像素点，所以确定该点就是后继边缘点，记录下所选的码值序号 1，同时停止在 P 点的算法计算过程，移到 W 点重新执行上述判断流程。

前驱码值的不同，所进行的判定次序也随之改变，这样可以使得每次选取的后续码值为最外层像素点方向。重复上述过程直到轮廓像素点序列再次回到起始点为止。

3.3 二维环境下的多触点检测

触点检测即排除摄像机所拍摄画面中的干扰信息，提取出符合一定约束条件的触点区域的过程。在本章研究中，需要对多个触点目标进行检测，该环节处理结果的好坏直接影响系统的后续处理过程。本节对二维环境下的多触点检测流程进行分析，并通过总结待处理图像的特点，提出一种基于视觉注意模型的多触点检测算法。

3.3.1　多触点检测的一般流程

由于采用非可见红光线作为光源，本节中的二维触点输入图像具有以下几个特点：背景单一，但存在噪声干扰，光照不均，轮廓模糊；在某些情况下除了指尖以外，未真正触摸到屏幕的手指、手掌甚至手臂部分都能影响屏幕的红外情况。基于后续触控信息分析的需求，此处对触控区域的分割提出以下三个要求：

（1）对不同的触控物体造成的触控阴影，无论采用基于区域的还是基于边界的分割方法，期望其分割出的触控区域能互相独立，即边界或区域分别清晰且不相互重叠。

（2）只需要分割出指尖区域，对于手指及手掌部分因接近屏幕而产生的阴影不需要考虑。

（3）对于不同强度的红外光背景，或者背景光线不均时，也能正确有效地分割出触控区域。

图 3-13 描述了触点检测过程所需的图像处理流程[41, 42]。

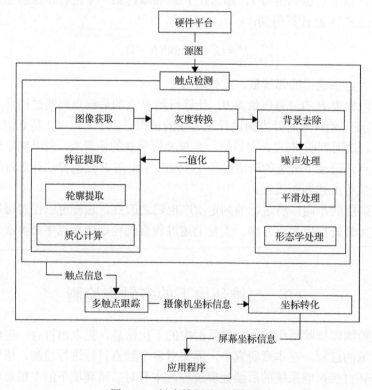

图 3-13　触点检测处理流程图

(1)图像获取：通过摄像机捕捉触控表面图像。

(2)灰度转换：将获取到的图像转化成灰度图，这样便于图像信息的提取。

(3)背景去除：使用背景减法将背景从图像中分割出来。

(4)二值化：选取合适的阈值，将分割后的前景图像转换成二值图像。

(5)效果处理(噪声处理、平滑处理、形态学处理)：为了使系统具有较高的灵敏度和准确性，需对得到的二值图像进行平滑操作以减少噪声的影响，并使用形态学方法加以处理，增加触点的可识别性。

(6)特征提取：使用轮廓提取函数得到触点的轮廓点的坐标集合，利用轮廓的面积计算其质心并规定质心坐标为触点坐标。

从上述处理流程可知，由于在步骤(3)中需要为算法确定背景帧，并且后续步骤(4)～(6)的处理结果完全依赖于步骤(3)。背景帧的选取好坏在一定程度上左右着多点触控系统的实际效果。若当前环境光线稳定或者系统在光线很弱的环境下使用，则此算法将具有较好的检测结果；否则，系统将会由于背景的不断变化，在背景差分后得到较大的检测误差。可见，上述处理流程不能完全达到本章所要求的算法目标。图 3-14 展示了系统使用传统方法在稳定环境下的检测实例。

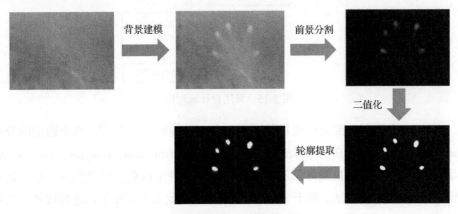

图 3-14　传统方法检测实例图

3.3.2　基于视觉注意模型的多触点检测算法

为解决基于视觉技术的二维多点触控系统由于环境适应性不高，而使得应用范围受限的问题，本节提出一种基于视觉注意模型的多触点检测算法。将目标图像中的触点区域映射为视觉显著信息，通过分析图像的局部对比度特征，计算图像像素的显著度信息，并结合触点自身特性对像素的显著值进行约束，能够从复杂环境中分割出触点区域。

1. 算法思路分析

图 3-15 描述了本算法的设计思路。假设通过图像采集过程得到的目标图像 $D_{mn}(x,y)$ 包含 $m \times n$ 个像素元素，触点检测的目的即得到一个具有相同分辨率大小的二值映射矩阵 B（其元素值 $b_{ij}(x_i, y_j) \in \{0,1\}, 1 \leqslant i \leqslant m, 1 \leqslant j \leqslant n$），来指明像素点 $p_{ij}(x_i, y_j) \in D_{mn}(x,y)$ 是前景还是背景。传统触点检测方法定式地通过构造背景模型函数，将触点区域作为运动目标进行检测。然而通过研究大量触点图像发现，触点区域与其周围的局部信息存在一定视觉上的差异性，这种差异性可以描述为视觉显著性。视觉显著性反映视觉注意的能力强弱，突出的视觉显著性能够产生较强的刺激，于是更容易引起观察者的注意，对于多点触控系统而言，即具有更高的疑似触点可能性。

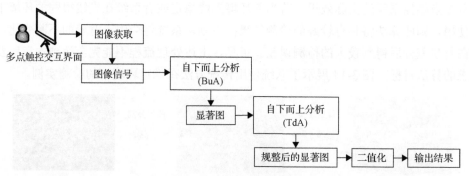

图 3-15　算法设计流程图

视觉注意模型按照分析流程的不同，有两种检测途径[43, 44]：自下而上的分析（bottom-up analysis，BuA）方法和自上而下的分析（top-down analysis，TdA）方法。本算法综合了这两种检测方法的特性，给出了一种采用视觉显著性为特征的新型光学多点触控检测方法。基于 BuA 检测方法采用数据驱动模型，通过快速地从图像中提取特征，从而生成显著图来反映图像最终的显著程度，采用图像中局部范围的亮度值差异为显著性特征。然而单纯地采用这种检测方法，会使得触点区域全被检测出来的同时，图像中具有亮度跳跃性的背景噪声信息也会被当作前景目标分割出来。与 BuA 检测过程的单纯刺激响应机制不同，TdA 检测方法较为复杂，它结合具体的任务以及对于目标的先验知识提取出适合描述该物体的特征来得到检测结果，利用该方法可以较好地克服 BuA 检测结果的随意性，从而达到减少噪声的目的。

结合前面的说明，本算法的主要思想可以描述为：对于采集到的目标图像，首先通过 BuA 检测过程提取图像中的局部亮度显著性特征 F，构造一个显著性映射矩阵 $S_{mn}(x,y)$（其中元素 $S_{ij}(x_i,y_j) \in [0,1]$），该矩阵反映了该点为触点的概率；然后根据触点信息的先验知识 C，通过 TdA 检测过程计算得到规整后的显著性矩阵 $S_{mn}^C(x,y)$，并将其与阈值 T 进行比较，得到二值映射矩阵 $B_{mn}(x,y)$，即最后输出结果，将其应用于后续处理。

算法的触点检测主要分为三个处理阶段，包括数据准备阶段、显著区域检测阶段和显著值规整阶段。值得注意的是，光学多点触控系统所处理的触点图像与大多数用于识别的数字图像不同。在光学多点触控系统的设计过程中，为了判断手指与屏幕的接触信息，通常要在硬件设备中增装特定波长的红外光源，于是摄像头采集到的触点图像也都是去除了可见光信息的红外图像，这也使得数据准备阶段作为处理的初始阶段，需要完成红外图像的采集和预处理这两个过程。显著区域检测阶段和显著值规整阶段分别采用基于 BuA 检测方法和 TdA 检测方法。显著区域检测阶段通过提取图像元素的显著性特征，计算得到与该图像相对应的显著图。显著值规整阶段将前面提取的特征向量进行规整，去除干扰，并将规整后的显著图进行归一化，最终输出触点信息。

在数字图像中，视觉较为敏感的特征主要有三类：亮度特征 F_I、方向特征 F_O 和纹理特征 F_T。其中 F_I 计算效率最快，并且较符合触点在图像中的区域型视觉变化。本算法采用局部亮度特征，其他视觉显著性特征依照本算法的处理流程，也能达到检测目的。

2. 数据准备

由于红外图像中除了亮度通道以外，其他两个色彩通道都不具有较多的有效信息，所以在进行后续处理之前，需先将 R、G、B 三通道图像转化为只具有亮度信息 I 的单通道图像。另外，触点检测结果的好坏与原始图像分辨率大小也存在着联系，如果分辨率过大，则算法的处理时间也将随之增加，使系统不能满足实时性的要求。图像预处理过程的实现流程具体为：当图像信号进入预处理通道后，首先将该图像按照色彩通道分解为 R 通道信号、G 通道信号和 B 通道信号，并通过亮度转化进行亮度值计算，得到亮度图像。然后利用双线性插值方法对亮度图像进行尺度变换，将其变换到分辨率为 $320\times240\sim640\times480$ 的尺度空间，于是得到最终的待处理目标图像。本算法中采用了一种新的亮度转化公式：

$$I = 0.3R + 0.52G + 0.18B \tag{3-3}$$

其中，R、G、B 分别为输入图像中各自通道的像素值。它能够更加完整地保留红外图像中的亮度信息。

3. 显著度计算

对于得到的目标图像 $D_{mn}(x,y)$ 中的任意一像素点 $p_{ij}(x_i,y_j)$，其中，$i \in [1,m]$，$j \in [1,n]$，$m \times n$ 为图像分辨率大小，该像素是否属于显著区域需要比较该点与其相邻区域之间的亮度值差异，这种差异性可具体描述为以下三种形式：

$$\begin{cases} p_{ij} \in M_{\text{on}}, & f(p_{ij};F_{\text{D}}) > +T \\ p_{ij} \in M_{\text{off}}, & f(p_{ij};F_{\text{D}}) < -T \\ p_{ij} \in M_{\text{bk}}, & \text{其他} \end{cases} \tag{3-4}$$

其中，$f(\cdot)$ 为显著性度量函数，它反映了该点所在区域的显著程度，$\|f(\cdot)\|$ 越大，该点作为前景目标被分割出来的概率也越大；T 为差异阈值，对于 $\{M_{\text{on}},M_{\text{off}},M_{\text{bk}}\}$，本算法分别将其命名为亮性显著区域、暗性显著区域和非显著区域即背景，且 $(M_{\text{on}} \bigcup M_{\text{off}} \bigcup M_{\text{bk}}) = D_{mn}$；$F_{\text{D}}$ 为局部亮度特征。

本算法给出的图像显著区域检测与规整处理实现结构如图 3-16 所示。首先对于目标图像，采用积分图递归计算方法求得对应积分图，然后通过矩形算子对目标图像进行掩模操作来提取图像特征。该特征向量包含两个部分：$F_{\text{D}} = [F_{\text{in}},F_{\text{out}}]$，其中，特征元素 F_{in} 和 F_{out} 分别为矩形算子的中心矩形块 R_{in} 和外围矩形框 R_{out} 内所有元素的亮度均值。对于图像 D_{mn} 中的任意一坐标点 $v=(x_i,y_j)$，该点的特征向量 $F_{\text{D}}(v)$ 可以通过以下特征提取公式计算得到：

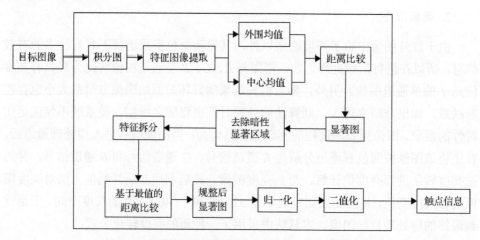

图 3-16　图像显著区域检测与规整处理实现结构示意图

$$F_{\mathrm{D}}(v)=\left[F_{\mathrm{in}},F_{\mathrm{out}}\right]=\left[\left(\frac{1}{N_1}\sum_{v_1\in R_{\mathrm{in}}}p_{v_1}\right),\left(\frac{1}{N_2}\sum_{v_2\in R_{\mathrm{out}}}p_{v_2}\right)\right] \tag{3-5}$$

其中，N_1 和 N_2 分别为矩形区域 R_{in} 和 R_{out} 中的像素总数；p_{v_i} 为坐标点 v_i $(i=1, 2)$ 的像素值。在本节选取 R_{in} 为 9×9，R_{out} 为 21×21，并去除中心 9×9 区域大小的矩形块。

于是对于目标图像 D_{mn} 与其相对应的显著图 s_{mn}，可定义为内部均值 F_{in} 与外部均值 F_{out} 关于坐标点 v 的距离函数，计算方法如下：

$$s(v)=D(F_{\mathrm{D}}(v))=\left\|\frac{1}{N_1}\sum_{v_1\in R_{\mathrm{in}}}p_{v_1}-\frac{1}{N_2}\sum_{v_2\in R_{\mathrm{out}}}p_{v_2}\right\|_2 \tag{3-6}$$

其中，$D(\cdot)$ 为欧氏距离函数。显著图代表着图像中各区域的显著程度。

对于面积为 N_1、N_2 的矩形区域，由于采用均值法来计算内外矩形指尖的亮度差值，所以每一个像素发挥的作用都为原值的 $1/N_1$ 或 $2/N_2$，从而达到减少亮度分布不均和随机噪声的影响。

然而，当前计算得到的显著图 $s_{mn}^c(x,y)$ 取值范围较分散，为了达到整合的效果，还需对其进行一次归一化操作，具体计算方法如下：

$$s^c(v)=\frac{s^c(v)-s_{\min}^c}{s_{\max}^c-s_{\min}^c} \tag{3-7}$$

其中，$s_{\max}^c$、$s_{\min}^c$ 分别为未归一化之前的显著图中最大和最小元素值。

最后采用阈值 T 对归一化后的显著图进行二值化处理，并输出触点检测结果。二值化计算过程如下：

$$\mathrm{binary}(v)=\begin{cases}1,&s^c(v)>T\\0,&\text{否则}\end{cases} \tag{3-8}$$

其中，$\mathrm{binary}(v)$ 为分割结果在坐标点 $v=(x_i,y_j)$ 处的元素值，若 $\mathrm{binary}(v)=1$，则该点为触点区域；若 $\mathrm{binary}(v)=0$，则该点为背景信息。

4. 实验结果与分析

为了提高程序的计算效率，在对式 (3-5) 和式 (3-6) 进行计算时，可以首先计算图像对应的积分图。图 3-17 给出了触点检测效果图。

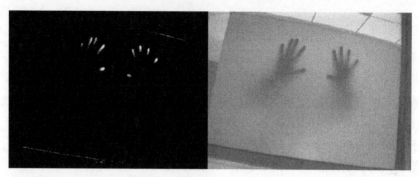

(a) 对于边界线条和边框的处理效果

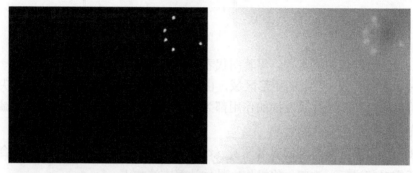

(b) 对于强光和光线分布不均的处理效果

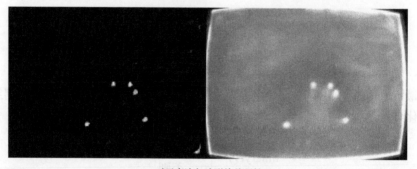

(c) 对于亮边与畸形的处理效果

图 3-17　触点检测效果图

　　从上述效果图可以发现，本算法具有两大优点：第一，它能够去除大量的背景噪声，如图 3-17(b) 和 (c) 所示，这是由于算法主要集中于局部亮度信息，这使得在局部上没有亮度阶跃性变化的区域都不会具有较高的显著值；第二，小型噪声点也会由于均值化处理而使效果弱化。另外，除了亮性显著区域外，本算法也可以用来检测阴影环境下的触点信息，如图 3-17(a) 所示。

由于传统基于背景模型的触点检测方法在复杂视觉环境下易受干扰进而使得检测结果不理想，所以本节主要与当前的经典显著区域检测算法如谱残差(spectral residual，SR)、频率调谐(frequency-tuned，FT)、基于图形的流形排序(graph-based manifold ranking，GBMR)等进行比较(为了叙述方便，将所进行对比的算法分别命名为 SR、FT、GB，并且本章算法和二值化版本也分别简写为 LC 与 LCB)。

从图 3-18 可以看出，本章算法具有更强的针对性和对实验复杂环境的抗干扰能力。另外，由于采用了积分图进行计算效率优化，所以本章算法只需 $O(N)$ 的计算时间复杂度并且满足交互系统对于实时性的要求，表 3-2 列出了各算法的平均计算时延。

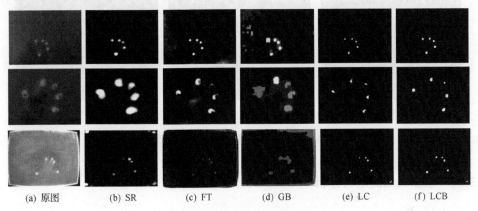

| (a) 原图 | (b) SR | (c) FT | (d) GB | (e) LC | (f) LCB |

图 3-18　检测算法实验结果对比

表 3-2　各算法的平均计算时延

算法名称	SR	FT	GB	本章算法
计算时延/s	0.064	0.016	0.272	0.024
编程语言	MATLAB	C++	C++	C++

得到最终分割图像的最简单方法是使用一个阈值 $T \in [0,255]$ 对显著图进行二值化处理，该值可以依据先验知识手工设定。若 T 值设定得较小，则能够提取更加饱满的触点区域，但是相应地会增加低显著值噪声；若设定较大的 T 值，则会抑制触点面积及干扰噪声。由于本章算法的抗干扰性较强，设置 $T \in [20,50]$ 就可以得到较好的检测效果并能保留充分的区域信息。

对于本章算法而言，另一个重要的参数是模板区域的大小(R_{in} 和 R_{out})。对于不同的实际系统，需要根据图像中触点的大小相应地调整模块大小，其中内部模块尺寸更为重要，它在接近触点外截矩形时取得最佳效果。若内部尺寸大于该值，则并不能使效果得以进一步提高；若内部尺寸小于该值，则计算得到的触点区域不够饱满。图 3-19 进行了较好的说明,外部模块区域的大小取值则较为灵活,能够包围内部矩形框 5 像素以上即可。

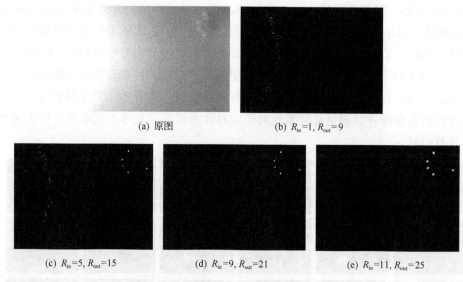

(a) 原图 (b) $R_{in}=1, R_{out}=9$

(c) $R_{in}=5, R_{out}=15$ (d) $R_{in}=9, R_{out}=21$ (e) $R_{in}=11, R_{out}=25$

图 3-19 模板大小对于检测效果的影响

3.3.3 触点区域提取与分析

1. 触点的定义

在前面的介绍中也提到了触点,在多点触控系统中,触点即手指接触交互面时产生的指尖区域的图像化表现,如图 3-20 所示。同时,触点还具有以下几个特点:

(1)连通性;

(2)面积较为固定;

(3)呈椭圆形分布。

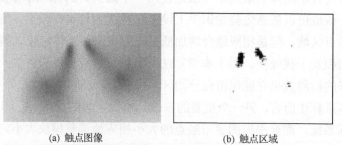

(a) 触点图像 (b) 触点区域

图 3-20 触点区域分割结果示意图

2. 触点提取与噪声过滤

触点可以分为有效触点和噪声触点两种。触点的提取与噪声过滤是触控信号检测的重要步骤，该步骤将直接影响多点触控系统对触控信号检测的灵敏度。采用基于区域的方法提取触点，扫描整幅分割图，分别以不同触点的起始点作为种子点，采用图 3-10 所示的方向模板进行区域生长，可以有效地提取出该种子点所在的整个触点，进而提取出图像中的所有触点。在提取触点的过程中，需要同步地统计该触点的相关信息，为进一步的信息分析做准备。

采用面积阈值法对噪声触点进行过滤。面积小的触点很可能是由各种干扰因素造成的，因此设定一个面积阈值，小于此阈值的触点即判定为噪声。

也可以考虑采用基于边界的方法提取触点。求触点的边界凸包是一种不错的方法，基于凸包的形状特征，可以对触点进行外形的几何形状拟合，以判断触点是否呈矩形、圆形等特征，满足更丰富的应用需求。

3. 基于触点的信息分析

在提取触点的过程中，可以同步获取与该触点相关的许多信息，如面积、边界链接特征、触点边界关键点、几何中心位置等。在本节的触点提取步骤中，同步统计了触点的严格像素面积，以及触点中所有像素的 X 坐标总和与 Y 坐标总和。

如图 3-21 所示，其中(a)为采用线扫描方法，通过对触点边界关键点的统计，确定触点的外接矩形，以矩形的几何中心坐标作为该触点的中心坐标；(b)为双向直方图统计方法，从触点的水平、垂直两个方向进行像素直方图估计，根据触点包含的像素总数，计算出该触点严格的重心坐标。图 3-21(a)方法虽然比较简单，但由于对触点中的所有像素赋予的是同样的权重，估计出的中心坐标比期望的中心有一定的差距；图 3-21(b)方法考虑了像素坐标的权重，计算出的重心坐标更逼近理想坐标。

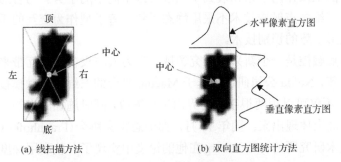

(a) 线扫描方法　　　　　　　　　　(b) 双向直方图统计方法

图 3-21　触点几何信息计算方法示意图

另外，指尖与屏幕的接触面积可以在一定程度上反映手指触控时的压力度。如图 3-22 所示，接触面积大的手指对屏幕的压力相对较大。

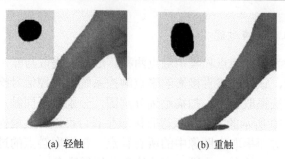

(a) 轻触   (b) 重触

图 3-22　手指压力检测示意图

综上所述，基于触点的信息分析可以获取多路触控信号的特征，主要在几何中心坐标、外形特征及触控时的接触面积等方面描绘触控信号的相关信息。

3.4　三维环境下的多触点检测

3.4.1　三维多点触控概述

前面介绍的二维多点触控技术是当前发展比较快速的一种人机交互方式，它贴近于人们的日常生活习惯，使用方便而且直观，是对当前主流的鼠标-键盘方式的一种有效补充。它需要用户接触交互平面，进而产生视觉信号，通过图像处理中间件识别出对应的动态手势后给予用户实时的可视化反馈。但在用户距离触控平面比较远或者行为不便的情况下，就需要另外一种类似于二维多点触控技术的新的人机交互方式进行互补。

三维多点触控技术是基于二维多点触控技术发展而来的，它继承了二维多点触控技术交互直观、使用方便的优点，并且支持用户在三维空间中的非接触式多点控制。三维多点触控的交互方式与二维多点触控基本相同，区别仅在于此技术将在二维平面上操作的手指拓展到了相应三维空间中的手势。与普通的手势识别系统不同，三维多点触控技术不采用静态手势或者手型作为交互的手段，而是基于动态和变形手势的识别技术。

三维多点触控是一个新兴的研究领域，它为人与设备的交互带来了更多的可能性。2009 年，Nokia 公司研制出基于 Maemo 平台的三维多点触摸技术并应用于 N900 手机，不仅可以用两根手指对界面进行缩放，同时施加的力的大小和方向也会在操作界面上体现出来；同年 11 月，弗劳恩霍夫协会(Fraunhofer-Gesellschaft)应用信息技术研究所的 Hackenberg 在他的论文中实现了一款利用深度摄像机来识别跟踪动态人手的三维多点触控系统[45]，它通过检测指尖和计算深度信息，可以实现对图片的旋转和缩放等类似于二维多点触控的操作，但当前市场上深度摄像机价格昂贵；2010 年 4 月，在亚特兰大举行的人机交互大会(CHI2010)上，微软研究中心公开演示了第一款三维多点触控系统，名为 "Pinch-the-Sky" [46]，和传统的二维多点触控技术不同，微软的这一新技术可以对包括操作者在内的 360°全方位球状空间进行相关操作，它允许用户在三维空间内使用多点触控手势导航虚拟空间，由于系统采用红外摄像头，可以识别图像的投影位置，因此用户无须戴手套，无需特殊的追踪设备，也不用特意在一个平面上进行手势操作；同年 7 月，在洛杉矶举行的计算机图形学年会(SIGGRAPH 2010)上，Rivière 等向全世界介绍了这个新兴的技术及其将给人机交互领域带来的冲击，这将是多点触控技术的一个发展趋势，同时也是手势识别技术的一个可能发展方向，它使得人手的潜能在人机交互领域得到进一步发挥和释放[47]。

综上所述，三维多点触控技术是一个具有较大发展和研究潜力的新兴人机交互研究领域。就三维多点触控技术的定义而言，它应具有以下特点：

(1)贴近自然的交互方式，继承二维多点触控技术的优点；

(2)支持非接触式的交互，能够感知深度信息；

(3)基于动态手势的识别，统筹指尖和手掌的作用。

本节所讨论的三维多点触控系统包括指尖的定位和动态手势的识别等功能。其所需技术和二维多点触控系统大致相同，不同之处在于三维多点触控系统的实现更为复杂，因为它需要在背景复杂、光线变换和肤色干扰的情况下首先分割出人手和人脸并进行区分，然后使用约束条件提取出手指的位置并进行有效跟踪，同时计算交互部位的三维信息。

本节的检测算法能够有效完成以下两个功能：

(1)结合深度与肤色信息实现手部的检测,对于环境光线的变化或者噪声点的干扰具有较好的处理能力；

(2)快速的指尖定位提取算法。

3.4.2　手部分割

人手由于具有多自由度特性，对手部进行特征提取非常困难。肤色检测是一种简单有效的手部分割方法,该方法的关键是建立一个鲁棒性强的肤色分布模型，使其能较好地适应环境光线的变化、不同肤色人群及复杂背景环境等。

1. 基于像素属性的分割法

图像像素的属性包括像素值、通道数和位置信息等[48, 49]。基于像素属性的分割法主要利用像素的颜色信息，通过计算该像素值与肤色的相似程度来判断其是否属于肤色像素。该类方法具有不受分割物体形状、大小、姿态等因素影响的优点，对背景的变化具有稳定性，而且对于手势的旋转、变换和遮挡等情况都能使用，计算方便，满足系统需要。

由于肤色的特性，肤色与大多数背景的颜色都不一样，而且不同肤色的人手区别主要在于灰度，而不是色调，即不同肤色的人手对应的色调是比较一致的。一般而言，在某些色彩空间中，色调和饱和度相对于亮度来说是相互独立的，所以选取合适的色彩空间将提高基于肤色分割方法的准确度和抗干扰性。目前，用于肤色分割比较常见的色彩空间有归一化 RGB 空间、HSV 空间、YCbCr 空间和HSI 空间。

基于像素属性的分割法概括起来主要有三种：直接阈值法、肤色模型法和基于 Bayesian 决策理论的样本学习分割法[50, 51]。

直接阈值法在特定的色彩空间中将像素值分成肤色区间和非肤色区间，落在肤色区间的像素值即肤色像素，否则为非肤色像素。然而此方法受光照的影响比较大。

肤色模型法分为非自适应模型法和自适应模型法。与建立背景模型的原理相同，人的肤色在色调空间上的分布具有聚集性，呈比较明显的二维高斯分布，所以单高斯模型和混合高斯模型都能很好地代表肤色空间的模型。对于非自适应的模型方法，模型的均值向量和协方差向量是预先设定好的值，不能随系统或者实际情况而改变；而自适应模型法通过在系统运行时动态地计算均值向量和协方差向量，能够满足特定环境变化的需要。

另一种更为有效的肤色分割法是运用基于 Bayesian 决策理论的样本学习分割法。该方法相比于前两种方法相对复杂，因为该方法需要建立一个较大的肤色样本集，其中包含正例样本和负例样本。首先人工地标记出肤色区域和非肤色区域，然后通过统计的方法计算任一像素属于肤色或者不属于肤色的概率，这可以通过式(3-9)和式(3-10)来完成：

$$P(\text{rgh} \mid \text{skin}) = \frac{s[\text{rgb}]}{T_s} \qquad (3\text{-}9)$$

$$P(\text{rgb} \mid \text{non-skin}) = \frac{n[\text{rgb}]}{T_n} \qquad (3\text{-}10)$$

其中，$s[\text{rgb}]$ 和 $n[\text{rgb}]$ 分别代表该 RGB 像素值在训练样本中属于和不属于肤色的次数；T_s 和 T_n 分别是正例样本和负样本的像素总数。可以通过计算每个像素的似然度来对该像素进行分类。此算法处理速度很快，正好满足系统拟采用的 k-NN 跟踪算法的需要。

然而通过学习采样得到的静态肤色模型，很难满足实际的应用需要，因为现实环境中的光线并不稳定，由于遮挡或者角度不同，每一时刻都会发生一定幅度的变化。

2. 人脸定位

本节采用基于人脸先验信息建模的肤色检测方法。这是因为在平时的日常交互中，人们更倾向于使用裸手进行控制，而不是借助额外的辅助设备，所以可以假设在视频图像中的人脸与所需检测的手部具有相似的色彩分布。

相对于手部的多自由度特性，人脸具有较稳定的特征分布，不同的人脸具有相似的大小、形状、器官等特性，特别在人脸具有较小的角度偏移时（正面人脸）具有更加高效的检测特性。

本章使用的人脸检测技术借鉴了 Viola 和 Jones 提出的与肤色信息无关的方法[52, 53]。人脸检测器作为系统的触发器，每 k 帧（$k=30$）运行一次，其中系统被触发时的第一帧必须存在人脸图像，否则系统将处于等待状态，直到检测到指定距离范围内的正面人脸信息为止。若帧数为 k 的整数倍，人脸检测器在视频图像中并没有成功，则继续使用之前的肤色信息不进行更改。

通常画面中出现的人不会只有一个，即会出现同时有两个以上人脸的情形。出于系统使用性方面的考虑和显示设备大小的限制，本书中只将距离画面最近的人脸视为真正系统的使用对象。例如，一般情况下，人们不会在有人挡在面前的时候去操作计算机或者电视等电子产品，因此将检测到的多个人脸中面积最大的人脸作为处理目标。

3. 基于人脸信息的肤色建模

通过估计检测到的人脸区域位置和面积，就可以统计出此时环境下用户的肤色分布模型。将采样区域缩小为人脸区域的 36%，这样可以降低提取人脸肤色时背景或者是头发区域的干扰，提高准确率。

在 HSV 色彩空间上对用户肤色进行建模。最终的肤色模型由两个双变量的高斯模型构成：线下肤色模型 S_1、在线肤色模型 S_2。S_1 由一系列自然图像中的肤色信息学习得到。设采样点数为 N，每一个采样点都由一个二维向量表示，其中 H 和 S 分别为对应像素在 HSV 空间的 Hue 值与 Saturation 值。于是采样肤色数据的均值可以通过式(3-11)计算得到：

$$\mu_1 = \frac{1}{N}(x_1 + x_2 + x_3 + \cdots + x_N) \tag{3-11}$$

由均值 μ_1 和 N 个采样数据点，静态模型 S_1 可以表示为如下的 2×2 协方差矩阵形式：

$$S_1 = \frac{1}{N-1}\sum_{i=1}^{N}(x_i - \mu_1)(x_i - \mu_1)^{\mathrm{T}} \tag{3-12}$$

式(3-11)和式(3-12)可以完成粗略的肤色点判断，排除图像中明显的非肤色像素点。在 S_1 对图像进行判别的基础上，将前文中定位到的人脸区域进行在线学习，建模得到肤色模型 S_2。S_2 的采样点全部分布区于人脸区域，并且由于面部中的眼珠和眉毛等区域在前一阶段已被模型 S_1 剔除，所以在学习 S_2 时不存在此类信息的干扰。S_2 的具体计算公式与式(3-11)和式(3-12)类似。

肤色模型的在线学习过程只在系统初次启动时的初始帧中进行一次。从第二帧开始，使用模型 S_2 对图像中逐像素点计算其高斯概率分布。例如，对于像素点 Y，为了得到它为肤色像素的概率，首先计算 Y 与 S_2 之间的马氏距离 $\mathrm{md}(Y, S_2)$，这依赖于 Y 偏离统计模型 S_2 的程度：

$$\mathrm{md}(Y, S_2) = \sqrt{(Y - \mu_2)^{\mathrm{T}} S_2^{-1}(Y - \mu_2)} \tag{3-13}$$

使用马氏距离 $\mathrm{md}(Y, S_2)$，像素点 Y 为肤色像素的概率 $P(Y)$，可以由式(3-14)决定：

$$P(Y) = \frac{1}{2\pi|S_2|^{\frac{1}{2}}}\exp\left(-\frac{1}{2}\mathrm{md}^2\right) \tag{3-14}$$

如果 $P(Y)$ 具有较大的概率值，则将 Y 列入为肤色像素点，此处 $P(Y)$ 的门限值取为 0.4。

3.4.3 背景去除

使用单一肤色线索进行手部分割，在通常情况下并不能达到较好的分割效果，虽然基于动态学习的肤色建模方法可以在一定程度上解决光线变化的影响，但是在实际环境中还是可能会存在与人脸相似的干扰团块，或者光线的急剧骤变等情况。基于背景分析的运动检测方法就是一种常用的辅助线索，所以本节将采用背景信息作为第二线索。

1. 图像差分法

图像差分法是用于前景分割的一种简单易行的算法。它利用视频序列中的某一特定画面帧 BK 作为基本差分帧，根据 BK 的取值不同，算法产生的具体效果也有差别，当 $\mathrm{BK} = f_{k-1}$ 时为帧间差分算法，当 $\mathrm{BK} = f$ 时为背景差分算法。此类方法的处理过程描述如图 3-23 所示。首先，将待处理的彩色视频图像转化成灰度图像帧，再利用式(3-13)计算当前第 k 帧图像与基本差分图像之间的灰度级差别 Δ。通过式(3-15)和式(3-16)对得到的差分图像进行二值化：

$$\Delta = f_k(x, y) - \mathrm{BK}(x, y) \tag{3-15}$$

$$r_k(x, y) = \begin{cases} 0, & 背景\, d_k < T \\ 1, & 前景\, d_k \geqslant T \end{cases} \tag{3-16}$$

其中，r_k 为二值化后的前景图像结果，T 为阈值。在对差分图像进行二值化处理过程中，认为当 Δ 中某一像素的灰度值大于所给定的阈值时，该坐标所在原图中的像素点为前景像素，反之则为背景像素进而被该算法剔除。

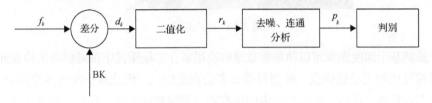

图 3-23　差分处理流程

如前所述，基于图像差分的前景分割算法具有实现简单、处理快速的优点，而且对于固定摄像头的视频采集情况或者背景环境较稳定的情况，具有较高的检测精确度。然而如其优点所具有的特性一样，此类方法最大的缺点也是因为应用范围有限而且对噪声较为敏感，只能较好地工作于某些特定环境。若摄像头不定期移动或者背景变化较大，则采用基于图像差分的分割方法得到的结果会不够理想。

2. 深度过滤法

以上的研究都是基于普通二维摄像头进行的，二维摄像头通过投影变换将三维空间信息映射于二维图像之中，使之能在介质上成像。然而由于三维信息的丢失，研究者很难通过二维图像来恢复实际三维空间信息，进而达到较好去除背景的目的。

仔细观察图 3-24 可以发现，交互者与干扰背景之间具有较大的距离差别，即待处理图像序列中的大部分背景信息都可以通过深度信息去除。借助于深度摄像头，可以容易实现这一功能。深度摄像头相比于传统摄像头具有以下三点优势：

(1)深度摄像头具有光照无关性，在强光环境或者昏暗环境下都可以正常运行，能够解决视觉方法易受光线影响的不足。

(2)采集的信息具有对于色彩和纹理分布的不变性，物体颜色的变化或者摄像头的移动并不影响信息的逐帧计算。

(3)能够实时计算实际空间中的距离信息，极大地简化了背景的去除工作。

图 3-24　输入图像

　　虽然基于深度图像可以简单有效地解决很多在二维图像中很难解决的检测问题，但是深度图像无法提供像二维图像那么多的视觉信息，因此基于深度图像的分割方法具有盲目性，在指定距离范围内的所有物体都将被视为前景目标而检测出来。

　　本节结合深度图像与肤色信息对手部进行检测，并采用以下判别公式对图像进行分割：

$$\omega_{ic} = P(c \mid I, x_i) \times D(x_i)^2 \tag{3-17}$$

其中，ω_{ic} 为深度距离阈值；P 为前文中介绍的通过动态模型 S_2 计算得到的肤色概率；D 为 X 点所在的深度图像的灰度信息。D 的计算可以分成下面三个步骤：

　　(1)获得距离数组，将三维摄像头采集的深度图归一化到 0~255 的灰度图之中。

　　(2)由于深度传感器与图像传感器采集视角的不同，如图 3-25(a)、(b)所示，它们之间存在像素级的偏移，所以需要为两幅输入图像进行图像配准，如图 3-25(c)、(d)所示。

(a) 彩色输入图

(b) 深度输入图

(c) 像素偏移图像　　　　　　　　　　　　(d) 配准后图像

图 3-25　视角配准示意图

(3) 统计人脸区域的距离值，取最大灰度值 H_{max} 作为分割阈值，以后每次的人脸检测只在一定范围内执行。

图 3-26(a)展示了使用深度摄像头采集到的并且经过归一化处理后的灰度图像，图 3-26(b)为对应的彩色输入图像，图 3-26(c)为直接采用距离阈值法得到的手部分割图像，图 3-26(d)为对应的彩色输入图像。

(a) 深度输入图像　　　　　　　　　　　(b) (a)对应的彩色输入图像

(c) 距离分割结果图　　　　　　　　　　(d) (c)对应的彩色输入图像

图 3-26　背景去除示例图

3.4.4　指尖定位

指尖定位算法一般可以分为两大类：基于区域的指尖定位算法和基于边界的指尖定位算法。这两类算法都是通过指尖的表观特性来设计算法参数。

1. 基于区域的指尖定位算法

通过观察手指的几何特征，可以发现指尖相对于手的其他部位具有较为稳定的形状特征[54]。因此，基于区域的指尖定位算法将指尖看成是一个矩形和一个圆形拼接而成的图形，如图 3-27(a)所示，图中显示的指尖区域具有如下两个特性：

(1)通过圆形图案来近似指尖区域，该圆的直径即手指的宽度。

(2)该圆的外围大部分区域被背景区域所包围，具有最多的前景像素。

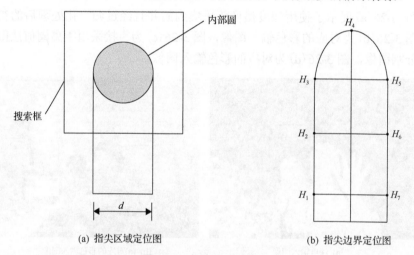

(a) 指尖区域定位图　　　　　　　　(b) 指尖边界定位图

图 3-27　指尖定位示意图

在此基础之上，对算法的参数进行设定。首先设定小拇指的指尖圆直径 d_1，d_1 的取值主要依据手和摄像头的距离而定，其典型值可设置在 5～10 像素。其次，设定大拇指的指尖直径 d_2，依据经验值，d_2 的值一般为 $1.5d_1$。在此之后，定义搜索框的尺寸 d_3，d_3 至少要比 d_2 长 2～4 像素的距离，以便将指尖圆包裹在内。在设置了以上参数之外，还要设置两个与搜索框相关的阈值。一个是沿搜索框边界的最少手指像素个数 min_pixel，另一个是沿搜索框边界的最多手指像素个数 max_pixel。

在设定完以上参数之后，基于区域的指尖定位算法可以描述如下。首先，定位图像上任意一点 (x, y)，且该点处于图像的感兴趣区域之中，如处于图像的手部区域中或者周围。然后在以点 (x, y) 为圆心、d_1 为直径的圆形区域内，统计手指像素的个数。

条件 1：如果手指像素的个数小于圆形区域的面积（以像素个数计），则算法移至下一感兴趣像素点。实际情况中，由于圆形区域的面积是由像素个数多少得到的，和实际数学公式计算的结果有偏差，一般引入偏差量来弥补此问题。如果手指像素的个数小于圆形区域面积减去偏差量，那么则丢弃该点，移至下一点。

条件 2：如果该点满足上一个条件，则进一步考察该点 (x, y)。以 (x, y) 为中心，以 d_3 为边长建立搜索框。沿搜索框边界上，如果手指像素的个数高于最高阈值 max_pixel，或者低于最低阈值 min_pixel，那么排除该点；反之，继续考察该点。

条件 3：如果手指像素的分布为相互连通的，即构成一链式串，则记录该点 (x, y) 为指尖中心点。

2. 基于边界的指尖定位算法

基于边界的指尖定位算法主要对手部区域的轮廓进行处理[55]。在对手部区域的轮廓进行处理之前，首先设定一个手指模型，并对此进行分析和参数设置。

如图 3-27 (b) 所示，给出了单个手指模型的示意图。图中的外部轮廓表示手指的边界轮廓，图中的圆圈代表轮廓上的标记点。在该图中，采用七点标记法，由标记点 H_3、H_4、H_5 组成的弧形近似为半圆，半圆的半径记为 r，那么标记点集 $P = \{H_1, H_2, H_3, H_4, H_5, H_6, H_7\}$ 中相邻两点之间的距离为 $\sqrt{2}r$。

当采用基于边界的指尖定位算法对手指进行检测时，对于输入的手部区域，采用相邻两点距离为 $\sqrt{2}r$ 的七点轮廓模型在首部区域的边界上游走，通过对得到的点集进行约束，获得单个手指的位置，进而可以确定之间的相互位置。

3. 基于邻域均值差的指尖定位算法

从上面的介绍可以总结得到，指尖区域在色彩以及深度信息上与周围图像都存在着一定数量级的取值跳跃性，所以可以采用类似基于区域的分析方法，每一个图像元素均可根据其所处的坐标为中心构造一个指尖描述算子，计算每个像素点属于指尖区域的可能性。为了提高计算效率，用矩形对其内部的圆形模板进行近似。与基于区域的指尖匹配模型相区别的是，此处不将整个外围模板区域作为计算对象，而是将外围模板独立地划分为多块，选取符合约束条件的指定模块来判断其与中心模板之间的关系。从图 3-28 可以看出，指尖区域只在大致一个模块区域 F_5 具有分布，而手指或手掌区域却占有至少两个及其以上的外围模块。

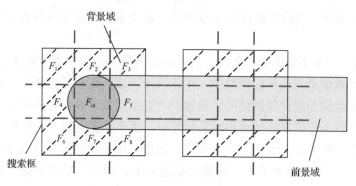

图 3-28　指尖特征分析图

由于在指尖检测过程时的输入信息为灰度图像，针对前文的分析，指尖区域在局部区域存在一定显著性。根据这一特性，指尖定位算法的特征向量包含两个部分：$F_D = [F_{in}, F_{out}]$，其中，特征元素 F_{in} 和 F_{out} 分别为矩形算子的中心矩形块 R_{in} 和外围矩形框 R_{out} 内所有元素的亮度均值。对于图像 D_{mn} 中的任意一坐标点 $v = (x_i, y_j)$，本节指尖定位算法的具体实施方法如下：

对于使用式 (3-5) 计算得到的特征向量 $F_D = [F_{in}, F_{out}]$，采用如下方法去除暗性显著区域的干扰：

$$s(v) = \begin{cases} \left\| F_{in} - F_{out} \right\|_2, & F_{in} \geqslant F_{out} \\ 0, & \text{其他} \end{cases} \tag{3-18}$$

在去除暗性显著区域后，可以将外围矩形框拆分为 8 个矩形小分块，并分别用 $F_{out} = \left\{ F_{out}^1, F_{out}^2, F_{out}^3, F_{out}^4, F_{out}^5, F_{out}^6, F_{out}^7, F_{out}^8 \right\}$ 来表示，F_{out}^i 可由以下拆分公式得到：

$$F_{out}^l = \frac{1}{N_i} \sum_{v_i \in R_i} p_{v_i} \tag{3-19}$$

其中，N_i 为矩形区域 R_i（8 个矩形区域的序号）中的像素总数，$i = 1, 2, \cdots, 8$。在提取了经改进的特征向量后，对其进行排序，选取其中元素值最大的两枚元素 F_{max}^1、F_{max}^2，并代入如下基于最值的距离比较公式，计算经过规整后的显著图：

$$s^c(v) = \begin{cases} \left\| F_{in} - \dfrac{F_{max}^1 + F_{max}^2}{2} \right\|_2, & s(v) > 0 \\ 0, & \text{其他} \end{cases} \tag{3-20}$$

此种计算策略可以理解为：若以此像素点为中心的计算模板中存在指尖，

则除了模块中心区域以外，手指之间像素只在一个外部模块中有分布，即外部八块中具有最大亮度均值的一块，并且其他块的均值必定比中心模块低，所以式(3-20)会有较大的显著值；相反，如果指尖不存在，则必定是无手指情况或者指干横穿计算模板的情况，所以至少存在两块外部模块的亮度均值与中心模块的亮度均值相近，于是此时计算得到的显著值近似为零。另外，该方法能够增加显著区域的约束性，能有效去除线条、边框等非触点物体的干扰，只有与四周同时具有较强亮度差异的区域才能够取得较大的显著值，并且面积多大或者过小的亮性区域都将由于显著值过小而被去除。

该算法高效易行，满足系统对于算法可行性的要求，图 3-29 为算法检测到的指尖触点检测结果图像。

 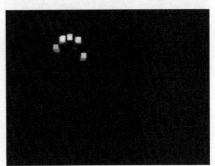

(a) 输入图像　　　　　　　　　　　　　　(b) 指尖检测结果

图 3-29　指尖触点检测结果图

3.4.5　实验结果与分析

本章所讨论的手部分割方法基于肤色线索与深度信息，在分割得到手部像素的概率信息后，使用基于局部均值差的方法来计算指尖区域显著度，进而判断指尖位置。当然，为了提高计算效率，此过程的局部均值也可使用积分图计算得到。

(a) 双手指定位结果

(b) 三手指定位结果

(c) 五手指定位结果

(d) 旋转情况下的指定位结果

图 3-30　指尖定位结果图

从图 3-30 中可以看出，本章的手部分割方法能够免受绝大部分的背景环境影响，对于人脸和旋转的干扰也具有较好的鲁棒性。在本实验中使用距离限制为 0.5～2m。对于算法参数的选择分析，可以参照 3.3.2 节的二维触点检测结果分析。

3.5　基于计算机视觉的光学多点触控系统实现与交互

3.5.1　触点跟踪

目前使用最广泛的目标跟踪方法是 Kalman 滤波，但对于多触点的追踪，大量计算会使系统达不到实时效果，所以可以基于手指单位时间的有限移动距离来简化追踪模型。在多点触控系统中，要使交互画面具有连续性，摄像头应该达到每秒 30 帧的帧率，然而一个人的手指在 33ms 内移动的距离是非常有限的。在这个前提下，可以采用 k-NN 算法来进行跟踪。但由于每次都要对图像中所有触点的欧氏距离进行计算和比较，当触点数量增加时，计算量将呈指数形式增长。为了简化计算，避免触点同相距过远的其他触点也进行距离比较，本节对 k-NN 算法进行了优化处理，其中 k 取 1[56]。

算法描述为：若上一帧图像中有 m 个触点 (old x_i, old y_i)，其中 $1 \leqslant i \leqslant m$，当前帧图像中有 n 个触点 (new x_j, new y_j)，其中 $1 \leqslant j \leqslant n$，将这 m 个和 n 个触点分别按图像坐标的先后顺序排列，这个步骤可以在特征提取过程中按坐标的先后顺序提取轮廓信息来实现；设置变量 $k(0 \leqslant k \leqslant 1)$ 将它作为触点跟踪的范围参数，假设触控表面在摄像头中的图像有效区域尺寸为 $w \times h$ (单位是像素)，对于待检测触点 (old x_i, old y_i)，若取 $k=1$，则与整个图像有效区域内的所有触点进行比较，若取 $k=0.5$，则比较以该触点为中心、边长为 $w/2$ 的矩形内的触点，如图 3-31 所示，对于不在比较区域内的触点不进行比较。

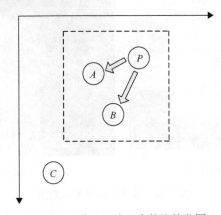

图 3-31 k 为 0.5 时 P 点的比较范围

利用式 (3-21) 计算触点之间的欧氏距离，将比较区域内与目标触点距离值最小的触点标记为该触点在新帧的位置；如果在比较范围内不存在其他触点或者所有触点已被其他距离更小的触点所标记，则代表该触点已经不存在；若 $n > m$ 而且当前图像中还有未被标记的触点，则表示有新的触点加入：

$$\text{dis} = \sqrt{(\text{old } x_i - \text{new } x_j)^2 + (\text{old } y_i - \text{new } y_j)^2} \tag{3-21}$$

3.5.2 坐标变换

坐标变换实现了屏幕坐标和图像坐标的一一对应关系。当有手指接触时，摄像头会捕捉到触点在图像中的具体位置，然后经过坐标变换，将其转换成屏幕坐标最终发送给应用程序。由于实验环境相对稳定，系统采用三角映射的坐标变换方法。将屏幕矩形等分成 4 块，得到 9 个屏幕顶点坐标，即控制点，利用这 9 个控制点能在摄像头拍摄到的图像中找到 4 块被等分的矩形与屏幕中的一一对应，这样就确定了 18 个控制点之间的相互映射关系。将图像中的每个矩形按同一方向分割成 2 个直角三角形，由于已知三角形的 3 个顶点坐标，那么对于其内部的任意一点 R 都可由 R 和顶点相连的三角形面积与总面积之比来表示：

$$(R_x, R_y) = V_1 \times \frac{S_1}{S} + V_2 \times \frac{S_2}{S} + V_3 \times \frac{S_3}{S} \tag{3-22}$$

其中，V_1、V_2、V_3 分别为三角形的三个顶点坐标；S_1、S_2、S_3 分别为三角形 V_1V_2R、三角形 V_1V_3R、三角形 V_2V_3R 的面积；S 为总面积。利用相似原理，可以求得 R 点在屏幕坐标系中的对应点，进而确定图像中每一像素坐标和屏幕坐标的一一对应关系，如图 3-32 所示。

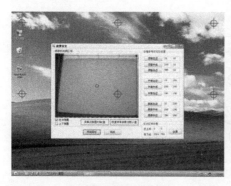 

(a) 理想参考点坐标位置　　　　　　　　　(b) 手工选取对应图像坐标

图 3-32　系统坐标变换示意图

3.5.3　应用程序设计

与传统编程模式相比，多触点编程的困难体现在需要考虑多输入的情况并做出不同处理，同时还要对手指的运动轨迹做出相应解释。电子白板程序的实现选用 ActionScript 3.0（AS3）语言，用它来开发多点触控的 Flash 程序非常方便。本节所提到的函数全都基于 AS3 语言。

1. 通信过程

网络通信是多点触控系统交互的基础。目前多点触控应用程序的实现大多都是基于 Client\Server 模式，TUIO 是使中间件和上层应用程序进行通信的一个简单协议，它建立在 UDP 上。首先，用摄像机获取图像，中间件对原始图像进行处理，然后将得到的触点信息使用 TUIO 协议封装成 TUIO 对象发送给 Flash 应用程序，应用程序再对 TUIO 对象进行解包提取出关于触点的信息。不过，Flash 只能使用 TCP 通信，所以需要将 UDP 接口信息转变成 TCP 连接模式来完成通信。

2. 事件检测

对于面向对象编程语言而言，应当创建一个类来管理触控事件，当手指按下时发送类中的触点创建消息，当手指移动时发送触点移动消息，当手指抬起时发送触点撤销消息。任何一帧图像里面可能包含了多个触点创建、触点移动和触点撤销消息。TUIO 协议中含有 alive、id、x 和 y 等字段，用来检测触点事件。

3. 功能实现

手势是手指触点在触控平面移动的轨迹。多点触控系统是基于手势的操控系统，通过手势的变化结合传递来的事件消息完成不同功能的交互。本系统具有基本书画功能、板书演示功能、几何画图功能和笔记管理功能。

1）基本书画功能

支持在画图表面的任意书画是电子白板的基本功能。使用 MovieClip 的继承类作为程序的画图表面，并按照需要创建画图表面对象，每个画图表面监听自己的触点事件。对于多个表面重叠的情况通过 getObjectsUnderPoint() 方法能够快速知道触点属于哪个画图表面。结合监听到的触点移动消息，对上一帧图像的触点 $(\text{old } x_i, \text{old } y_i)$ 及其当前帧中的对应点 $(\text{new } x_j, \text{new } y_j)$ 分别调用 moveTo() 和 lineTo() 函数就可实现在当前画图表面的书画功能。

2）板书演示功能

为了使交互更人性化，系统加入一个控制变量作为书画功能和板书演示功能的转换开关，它决定系统是否允许对画图表面进行移动、缩放和旋转操作，在允许的情况下表面不能进行书画。

若画图表面的触点数为 1，则激活拖动标志，手指可以在白板上任意移动该表面。根据触点的移动消息，计算该触点的移动向量 V_m，并在每一帧中利用 V_m 对画图表面的当前位置坐标进行更新。

若画图表面的触点数为 2，则可对表面进行缩放和旋转操作。结合监听到的触点消息，计算事件发生前和事件发生后两个触点间的距离 $(\text{dis}_1, \text{dis}_2)$，角度 R 用来计量对象的旋转角度，事件发生前两触点连线的中点为缩放和旋转的基准点，将获得的参数组织成 4×4 矩阵形式应用于该基准点上。

3) 几何画图功能

当 5 个手指同时触控交互平面时，调用时间函数获得此 5 个点的停留时间，若停留时间全部大于 3s，则可打开几何图形功能列表，每一个几何图形又相当于一块画图表面，在其上除了系统绘制好的所选图形外还具备其上所介绍的所有功能。

4) 笔记管理功能

笔记管理功能是对课堂板书进行创建、存储和读取。通过文件读写方法将程序保存成 swf 格式，当下次需要使用时直接双击即可。

3.5.4　基于触点轨迹的动态手势识别

鼠标和图形用户界面一直是计算机得以在社会上大规模普及的重要原因。然而，传统的人机交互是间接的和需要学习的一种方式，建立在多点触控技术上的人机自然交互则是直观的、简单的。基于手势的 GUI 将进一步使计算机成为人们日常生活中不可或缺的部分。

从广义上说，手势的概念涵盖很广泛，只要是为了让交流的目的更加明确、更引人瞩目而采用的一切身体动作，都可以称为手势。多点触控技术之所以相比于鼠标和键盘更加贴近于自然，是由于多点触控技术的交互手势来源于人们的日常生活习惯，并且与大多数的交互系统不同，它完全基于触点的运动轨迹，是一种动态手势识别系统。在多点触控系统中手势被定义为在一定范围内触点间的一系列相对运动。在有用户接触输入时，系统能够识别在空间和时间内有意义的手势。

多点触控技术的另一个好处便是交互手势的高扩展性和灵活性，用户可以定义适合于自己的交互方式而不是被交互方式所束缚，但是需要遵循贴近于自然的交互原则。例如图 3-33 中为系统定义了四种简单的多点触控交互手势，分别对应选中、移动、缩放和旋转。其中，(a)表示单触点点击操作对应的选中功能，(b)表示单触点滑动对应的移动功能，(c)表示双触点相向/相背滑动对应的缩放功能，(d)表示双触点圆心滑动对应的旋转功能。

3.5.5　实验结果与分析

实验所使用的系统平台为 Microsoft Windows XP，CPU 为 Intel 酷睿双核 P8600，内存大小为 2GB。使用的网络摄像机为 Sony PlayStation 3Eyes，使用的深度摄像机为 Microsoft Kinect。开发环境为 Visual Studio 2008，辅助编程库 OpenCV 2.0 以及 OpenNI。

1. 系统外观

系统完成了分别支持桌式交互系统和立式交互系统的两套多点触控系统的设计，如图 3-34 所示。

(a) 选中

(b) 移动

(c) 缩放

(d) 旋转

图 3-33　四种交互手势图

(a) 桌式交互系统

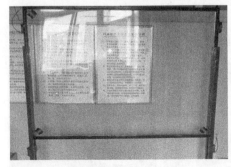

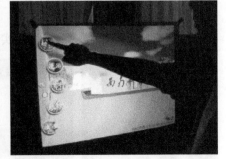

(b) 立式交互系统

图 3-34　多点触控系统整体外观

2. 二维多点触控实验

1) 鼠标操作模拟

鼠标模拟的实验结果如图 3-35 所示。经实验验证，该算法对鼠标左键单击、左键拖拽、右键单击和左键双击操作的模拟取得了很好的效果，且系统的响应能够实现实时的要求。

(a) 左键单击　　　　　　　　　　(b) 右键单击(长按)

(c) 左键拖拽　　　　　　　　　　(d) 左键双击

图 3-35　多点触控系统鼠标操作实验

2) 单点操作实验

图 3-36 介绍了本系统的单击操作实验结果。

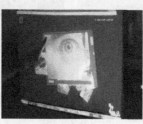

(a) 拖拽　　　　　　　(b) 双击　　　　　　　(c) 单击

图 3-36　单点操作实验

3) 多点操作实验

多点操作主要负责缩放和旋转，其对应操作如图 3-37 所示。

(a) 缩放   (b) 旋转

图 3-37 多点操作实验

4) 压力感应实验

面向绘图应用程序的压力感应操作效果如图 3-38 所示。

(a) 单指绘图   (b) 多指绘图

图 3-38 压力感应测试图

测试二维多点触控交互的准确性，是设计一个拖拽游戏，并判断不同用户同时操作时的成功率，将成功的次数除以测试的总次数换算成百分比。不同数目交互者的准确情况如表 3-3 所示。

表 3-3 二维多点触控交互测试结果

人数	点数	测试次数	成功次数	准确率/%	实时性
1	2	30	28	93	满足
3	6	30	28	93	满足
5	10	30	27	90	满足
10	20	30	21	70	跟踪不连续

3. 三维多点触控实验

三维多点触控的操作手势与二维多点触控的操作手势相似，但是由于没有支撑面板所以缺少压力效果。三维多点触控可远程交互，在一定程度上也弥补了这一缺憾。三维多点触控的操作实验结果如图 3-39 所示。

(a) 远程单击操作

(b) 远程缩放操作

图 3-39 三维多点触控交互实验

交互者与摄像机的距离对于交互成功率具有一定的影响，由于本系统限制交互距离为 0.5～2m，所以在检测范围外的实验结果并未进行记录。从表 3-4 可以发现，随着交互距离的增加，系统准确率逐渐下降。这是由于距离的增加会引入更多的噪声，另外，手部和指尖区域面积的减少，使得精确定位指尖位置更加困难。

表 3-4 三维多点触控交互测试结果

测试者	0.5～1m		1～1.5m		1.5～2m	
	成功次数/总次数	准确率/%	成功次数/总次数	准确率/%	成功次数/总次数	准确率/%
1	19/20	95	17/20	85	14/20	70
2	18/20	90	17/20	85	16/20	80
3	17/20	85	17/20	85	14/20	70
4	17/20	85	18/20	90	15/20	75
5	18/20	90	17/20	85	13/20	65
6	18/20	90	18/20	90	13/20	65
平均	17.8/20	89.2	17.3/20	86.7	14.2/20	70.8

3.6 本 章 小 结

本章首先对多点触控技术的起源、发展和研究现状做了较为详细的分析和介绍，尤其针对现有的几种具有代表性的多点触控技术的实现原理进行了详细的说明。然后对基于红外光学技术及计算机视觉技术的多点触控系统的红外光学原理、硬件环境架构和系统的体系结构进行了研究、设计与实现。

在多点触控系统的实现过程中，从二维多点触控手势交互与三维多点触控手势交互两个方面对触点的检测过程进行了阐述。通过分析触点图像的特征，将触点目标视为显著区域，运用视觉注意模型，采用了一种非基于全局背景信息的多触点检测新方法。在指尖检测方面，通过人脸检测器在系统的初始阶段首先定位人脸区域，采用线下高斯模型对区域内明显的非肤色点进行剔除，然后在线学习人脸区域的模型参数用于手部肤色分割。由于单幅二维图像对于三维信息的缺失，系统借助深度摄像头恢复这一线索，通过深度信息过滤背景区域来提高效率与准确率。设计了一种基于邻域均值差的指尖定位算法，通过系统模拟实验，验证了算法和策略在较为复杂的视觉环境下的二维与三维多点触控检测功能，并在一定程度上提高了多点触控系统的使用稳定性和应用可行性。

此外，本章还提出了一种快速的多触点跟踪算法，该方法简单易行，满足系统实时性的要求，同时给出多种易于扩展的多点触控动态手势，包括选中、移动、缩放和旋转等。实验显示，本算法能够适应复杂情况下的视觉因素变化，使得系统能够完成在复杂环境下的多点触控交互。

多点触控技术虽然已经开始商用，但是适用环境和稳定性还有待进一步拓展和提高。本章采用了多线索融合的方法来提高准确性，不过在以下方面还存在着较大的改进和提升空间：

(1)改进硬件设备，扩充检测途径。

通过实验发现，在大多数情况下，使用日照情况下的阴影信息可以产生和红外光源相似的反向触控图像。稍微改动下本章的二维触点检测算法就可以实现阴影情况下的触点定位，同时，如果对设备进行扩展，使其可以更加稳定地检测阴影信息，则可以大大解决多点触控系统在日常情况下的瓶颈。

(2)增加额外信息，提高定位精确度。

相对于鼠标指针的像素级定位能力，手指的操作要粗糙很多，这也是多点触控技术的主要缺点之一，所以在设备应用程序的时候应该尽量避免精细的操作，而应使用宽大的按键图标。另外，可以通过增加提取触点的额外信息来提高精确性，例如，可以计算触点沿指向方向的切线相交点，使用该点来模拟鼠标指针。

(3)采用骨架模型，提高手部检测的准确性。

传统的手部定位算法，如肤色信息、背景信息或者样本学习的方法，在复杂情况下稳定性都不算很高。本章采用深度信息和肤色模型相结合的方法能够较好适应环境的复杂变化，但是若能从整体进行分析，除了利用深度信息滤除背景区域外，还使用其对人体骨骼信息进行分析，再从骨骼中结合肤色线索定位人手区域，将会得到非常稳定的分割结果，而且该方案与背景、光线等因素无关。同时，加入骨架信息也使得输入信息会更加多样化，除了手势，姿势也是一种重要的交互手段。

(4)提高系统实时性以及多人交互的能力。

由于本章引用的线索和引入的约束较多，为了满足系统实时性的要求，算法主要处理分辨率为320×240的帧画面，而且系统只能支持一个人的交互，在其后方的其他交互者将被视为背景被滤除掉。在后续的研究中，希望能进一步优化算法效率，并实现两到三人的同时交互控制功能。

参 考 文 献

[1] Wellner P. The digitaldesk calculator: Tangible manipulation on a desk top display[C]. Proceedings of the ACM Symposium on User Interface Software and Technology, Hilton Head, 1991: 27-33.

[2] Mehta N. A Flexible Machine Interface[D]. Toronto: University of Toronto, 1982.

[3] Krueger M W, Gionfriddo T, Hinrichsen K. Video Place: An artificial reality[C]. Proceedings of the SIGCHI Conference on Human Factors in Computing Systems, San Francisco, 1985: 35-43.

[4] Fitzmaurice G W, Ishii H, Buxton W A. Bricks: Laying the foundations for graspable user interfaces[C]. Proceedings of the SIGCHI Conference on Human Factors in Computing Systems, Denver, 1995: 442-449.

[5] Kurtenbach G, Fitzmaurice G, Baudel T, et al. The design of a GUI paradigm based on tablets, two-hands, and transparency[C]. Proceedings of the SIGCHI Conference on Human Factors in Computing Systems, Atlanta, 1997: 35-42.

[6] Westerman W. Hand tracking, finger identification, and chordic manipulation on a multi-touch surface[D]. Delaware: University of Delaware, 1999.

[7] Rekimoto J. SmartSkin: An infrastructure for freehand manipulation on interactive surfaces[C]. Proceedings of the SIGCHI Conference on Human Factors in Computing Systems: Changing Our World, Changing Ourselves, Minneapolis, 2002: 113-120.

[8] Fukuchi K, Rekimoto J. Interaction techniques for SmartSkin[C]. Proceedings of the ACM Symposium on User Interface Software and Technology, Paris, 2002: 171-175.

[9] Oka K, Sato Y, Koike H. Real-time fingertip tracking and gesture recognition[J]. Computer Graphics and Applications, 2002, 22(6): 64-71.

[10] Wilson A D. Play Anywhere: A compact interactive tabletop projection vision system[C]. Proceedings of the ACM Symposium on User Interface Software and Technology, Seattle, 2005: 83-92.

[11] Wilson A D, Robbins D C. Playtogether: Playing games across multiple interactive tabletops[C]. Proceedings of Intelligent User Interfaces Workshop on Tangible Play, Hawaii, 2007: 56-60.

[12] Han J Y. Low-cost multi-touch sensing through frustrated total internal reflection[C]. Proceedings of the ACM Symposium on User Interface Software and Technology, Seattle, 2005: 115-118.

[13] Han J Y. Multi-touch sensing through frustrated total internal reflection[C]. Proceedings of the SIGCHI Conference on Human Factors in Computing Systems, New York, 2005.

[14] Zhou Y, Morrison G. A real-time algorithm for finger detection in a camera based finger-friendly interactive board system[C]. Proceedings of the 5th International Conference on Computer Vision Systems, Bielefeld, 2007: 21-24.

[15] Takeoka Y, Miyaki T, Rekimoto J. Z-touch: An infrastructure for 3D gesture interaction in the proximity of tabletop surfaces[C]. Proceedings of the ACM International Conference on Interactive Tabletops and Surfaces, Saarbrücken, 2010: 91-94.

[16] Augsten T. Multitoe: High-precision interaction with back-projected floors based on high-resolution multi-touch input[C]. Proceedings of the ACM Symposium on User Interface Software and Technology, New York, 2010: 209-218.

[17] Argyros A, Lourakis M. Real-time tracking of multiple skin-colored objects with a possibly moving camera[C]. Proceedings of the Europe Conference on Computer Vision, Prague, 2004: 368-379.

[18] Argyros A, Georgiadis P, Trahanias P, et al. Semi autonomous navigation of a robotic wheelchair[J]. Journal of Intelligent and Robotic Systems, 2002, 34(3): 315-329.

[19] Stenger B, Woodley T, Kim T K, et al. AIDIA–Adaptive interface for display interAction[C]. Proceedings of the British Machine Vision Conference, British Machine Vision Association, Leeds, 2008: 110-118.

[20] Leyvand T, Meekhof C, Wei Y C. Kinect identity: Technology and experience[J]. Computer Application, 2010, 44(4): 94-96.

[21] Benko H, Wilson A. Depthtouch: Using depth-sensing camera to enable freehand interactions on and above the interactive surface[C]. Proceedings of the IEEE Workshop on Tabletops and Interactive Surfaces, Banff Alberta, 2009: 81-85.

[22] Wilson A D. Using a depth camera as a touch sensor[C]. Proceedings of the ACM International Conference on Interactive Tabletops and Surfaces, Saarbrücken, 2010: 69-72.

[23] 武汇岳, 张凤军, 刘玉进, 等. 基于视觉的手势界面关键技术研究[J]. 计算机学报, 2009, 32(10): 2030-2041.

[24] 齐婷, 王锋. 基于视觉的多点触摸基本技术实现方法[J]. 计算机技术与发展, 2009, 19(10): 138-140.

[25] Yuan X R, Guo P H, Xiao H. Scattering points in parallel coordinates[J]. IEEE Transactions on Visualization and Computer Graphics, 2009, 15(6): 1001-1008.

[26] Yuan X R. Scalable multi-variate analytics of seismic and satellite-based observational data[J]. IEEE Transactions on Visualization and Computer Graphics, 2010, 16(6): 1413-1420.

[27] 吴爽, 赵永滨. 基于 ADS7846 的四线电阻式触屏接口设计[J]. 兵工自动化, 2010, 29(8): 43-45.

[28] Sentoku Y. Laser light and hot electron micro focusing using a conical target[J]. Physics of Plasmas, 2004, 11(6): 3079-3083.

[29] Kaltenbrunner M, Bencina R. ReacTIVision: A computer vision framework for table-based tangible interaction[C]. Proceedings of the First International Conference on Tangible and Embedded Interaction, Baton Rouge, 2007: 69-74.

[30] 朱琳. 基于多点触控的网络可视化浏览系统[D]. 天津: 天津大学, 2016.

[31] Kaltenbrunner M, Bovermann T, Bencina R, et al. TUIO: A protocol for table-top tangible user interfaces[C]. Proceedings of the 6th International Workshop on Gesture in Human-Computer Interaction and Simulation, Vannes, 2005: 1-5.

[32] Achanta R, Hemami S, Susstrunk S. Frequency-tuned salient region detection[C]. Proceedings of the Computer Vision and Pattern Recognition, Miami Beach, 2009: 1597-1604.

[33] Cheng M, Zhang G, Niloy J, et al. Global contrast based salient region detection[C]. Proceedings of the Computer Vision and Pattern Recognition, Colorado, 2011: 409-416.

[34] Achanta R, Estrada F, Süsstrunk S. Salient region detection and segmentation[C]. International Conference on Computer Vision Systems, Santorini, 2008: 66-75.

[35] Itti L, Koch C, Niebur E. A model of saliency-based visual attention for rapid scene analysis[J]. IEEE Transactions on Pattern Analysis and Machine Intelligence, 1998, 20(11): 1254-1259.

[36] Itti L, Koch C. Computational modeling of visual attention[J]. Nature Reviews Neuroscience, 2001, 2(3): 194-203.

[37] Itti L, Koch C. A saliency-based search mechanism for overt and covert shifts of visual attention[J]. Vision Research, 2000, 40(10-12): 1489-1506.

[38] 徐正光, 鲍东来, 张利欣. 基于递归的二值图像连通域像素标记算法[J]. 计算机工程, 2007, 32(24): 186-188.

[39] Canny J. A computational approach to edge detection[J]. IEEE Transactions on Pattern Analysis and Machine Intelligence, 1986, 8(6): 679-698.

[40] Saghri J A, Freeman H. Analysis of the precision of generalized chain codes for the representation of planar curves[J]. IEEE Transactions on Pattern Analysis and Machine Intelligence, 1981, 3(5): 533-539.

[41] Wolfe C, Graham T C, Pape J A. Seeing through the fog: An algorithm for fast and accurate touch detection in optical tabletop surfaces[C]. Proceedings of the ACM International Conference on Interactive Tabletops and Surfaces, Saarbrücken, 2010: 73-82.

[42] Chan L W, Chuang Y F, Chia Y W, et al. A new method for multi-finger detection using a regular diffuser[C]. International Conference on Human Computer Interaction: Intelligent Multimodal Interaction Environments, Beijing, 2007: 573-582.

[43] Buschman T J, Miller E K. Top-down versus bottom-up control of attention in the prefrontal and posterior parietal cortices[J]. Science, 2007, 315(5820): 1860-1862.

[44] Itti L. Models of bottom-up attention and saliency[J]. Neurobiology of Attention, 2005, 12: 580-582.

[45] Fraunhofer-Gesellschaft. Using the hand as a joystick[EB/OL]. [2011-5-26]. https://www.sciencedaily.com/releases/2011/05/110526091300.htm.

[46] Benko H, Wilson A D. Pinch-the-Sky dome: Freehand multi-point interactions with immersive omni-directional data[C]. Proceedings of the International Conference Extended Abstracts on Human Factors in Computing Systems, Atlanta, 2010: 3045-3050.

[47] Rivière J B, Kervégant C, Dittlo N. 3D multitouch: When tactile tables meet immersive visualization technologies[C]. ACM SIGGRAPH Conference on Computer Graphics and Interactive Techniques, Los Angeles, 2010: 1.

[48] 任海兵, 祝远新, 徐光祐. 基于视觉手势识别的研究——综述[J]. 电子学报, 2000, 28(2): 118-121.

[49] 任海兵, 祝远新, 徐光祐. 连续动态手势的时空表观建模及识别[J]. 计算机学报, 2000, 23(8): 824-828.

[50] Chai D, Bouzerdoum A. A Bayesian approach to skin color classification in YCbCr color space[C]. TENCON Proceedings of the Intelligent Systems and Technologies for the New Millennium, Kuala Lumpur, 2000: 421-424.

[51] Chai D, Phung S L, Bouzerdoum A. A Bayesian skin/non-skin color classifier using non-parametric density estimation[C]. Proceedings of IEEE International Symposium on Circuits and Systems, Bangkok, 2003: 456-464.

[52] Viola P, Jones M J. Robust real-time face detection[J]. International Journal of Computer Vision, 2004, 57(2): 137-154.

[53] Jones M J, Viola P. Fast multi-view face detection[C]. Proceedings of the IEEE Computer Society Conference on Computer Vision and Pattern Recognition, Madison, 2001: 643-650.

[54] Ying H W, Song J T, Ren X B. Fingertip detection and tracking using 2D and 3D information[C]. Proceedings of the Intelligent Control and Automation World Congress, Chongqing, 2008: 1149-1152.

[55] Antonelli A, Cappelli R, Maio D. Fake finger detection by skin distortion analysis[J]. IEEE Transactions on Information Forensics and Security, 2006, 1(3): 360-373.

[56] Yan Q G, Wu Y D, Liu Z Q. Mimosa: A multi-touch system used for virtual exhibition in public spaces[C]. Proceedings of the International Conference on Industrial and Information Systems, Dalian, 2010: 491-494.

第4章 手势交互技术

手势是一种常用的肢体语言，是人们在交流中传递信息的惯常手段。人们通过自己的意识来控制手部动作，形成特定的手势以传递对应的含义和交互意图。手势所具有的符号性使其成为虚拟现实应用中一种重要的输入通道，特别是在三维人机交互应用场合，手势交互作为一种自然、直观的人机交互方式被越来越多地采用。而人与计算机的交互也不再局限于键盘、鼠标或触摸屏，利用手势识别技术，将人们习惯的手势符号作为与计算机交互的直接输入，传递交互意图，可以极大降低用户的学习成本[1,2]。

在基于手势的虚拟现实交互应用中，手势定位和识别是交互过程中的关键环节，良好的交互体验要求兼顾准确率和实时性。手势识别技术按照信息采集方式的不同可分为基于视觉的手势识别技术和基于数据手套的手势识别技术两个基本类别。对于基于视觉的手势识别与交互，本章分别从手势的分割、建模、分析与识别等方面进行研究，结合实时手势交互应用特点和需求，讨论一种基于几何特征的实时手势交互方法；对于基于数据手套的手势交互，本章提出一种融合视觉信息的空间定位与手势姿态解算的解决方案，该方案通过传感器检测手势姿态，借助视觉设备构造模板库，采用高效率的特征校验霍夫变换实现位置追踪，实现设备的轻量化和运行的高效率，具有较强的可扩充性，可以满足沉浸式实时虚拟现实交互系统的应用要求。

4.1 手势交互技术概述

4.1.1 基于视觉的手势交互技术

1. 基于视觉的手势交互技术的应用与发展

视觉手势识别是一种新兴的交互技术，基于计算机视觉的手势识别方法因其硬件平台简单、成本易控制而受到广泛关注。手势识别技术的实现主要以成熟的姿态识别算法为基础。基于概率的识别方法，如隐马尔可夫模型具有识别准确率高、鲁棒性好等优点，但需要收集大量数据进行模型训练，识别过程也比较耗时；基于模板匹配的方法具有简单易行的特点，是实际工程中运用较多的方法，但要求关键姿势的长度必须与模板长度相同；基于语义的分析算法能够快速响应并很好地识别，但是此算法在复杂场景中的动作识别因为语法库数量巨大而导致语法描述困难。该类技术从硬件上可以分为单目视觉、双目视觉或多目视觉系统，从手势复杂程度上可以分为静态手势识别和动态手势识别[3]。

　　静态手势识别针对某一帧图像中手的特定姿势进行识别，这类识别技术的关键在于手势特征的提取。在静态手势识别方法上已有较多的研究工作，例如，文献[4]通过对手势分割的整体及局部特征提取，提出了一种基于结构分析的手势识别方法；文献[5]中提出了一种静态和动态复杂背景中手势目标的捕获与识别；文献[6]提出了基于计算机视觉技术的手形手位跟踪方法；文献[7]利用肤色检测技术将所有肤色区域从背景中分割出来，然后结合边缘检测技术对静态手势进行检测和识别。

　　动态手势识别需要对手的运动轨迹及变化的手形状进行检测，具有较高的实时性和算法高效性要求，通常需要利用机器学习算法训练来增加系统鲁棒性。文献[8]提出了一种隐马尔可夫模型算法和动态规划结合的算法用于改进隐马尔可夫模型训练阶段，使得系统识别准确性和实时性得到改善；文献[9]通过优化动态时间规整(dynamic time warping, DTW)算法提升了动态手势识别的效率；文献[10]提出了对可变性的手势分割和跟踪的分等级马尔可夫建模方法；清华大学的祝远新等提出了动态手势的时空表观模型，运用动态时空规整算法，能够识别 12 种手势，识别率为 97%[11]；中国科学院自动化研究所开发了一款基于变形手势的交互工具 IETool Kit[12]，可以通过手势的变形操作控制计算机设备。

　　在早期的视觉手势研究中，多采用单目视觉设备进行图像获取，单目相机主要适合简单背景的应用场合，难以获得手势在三维空间中的位置信息，因此后期的研究多集中在双目视觉领域，特别是近年来，人们在双目视觉领域的研究已经成熟应用于商业中。2013 年面市的 Leap Motion 就是典型的双目视觉手势识别系统，被广泛应用于各种三维交互场合[13,14]。Leap Motion 由两个摄像头和三个红外 LED 组成，可在传感器前方生成 25～600mm 的倒四棱锥体检测空间，基于双目视觉实时融合与解算三维空间中的三维手模型可达到 0.1mm 的识别精度，如图 4-1 所示。

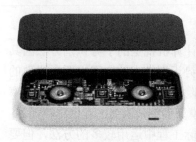

(a) 两个摄像头布局　　　　　　　　　　　　(b) 一个摄像头拍摄画面

图 4-1　Leap Motion 结构与图像效果

　　从图 4-1 中可以清晰分辨两个摄像头布局和其中一个摄像头拍摄到的画面。可见两个摄像头在同一水平高度且间距较小，所得画面是灰度图像。目前，基于手势识别的应用还处于发展阶段，尤其是在实时动态手势识别方面的研究工作还需要进一步开展。

　　2. 基于视觉的手势交互系统框架

　　基于计算机视觉的手势识别技术是采用摄像机捕获手势图像，通过图像处理技术进行手势的分割、建模、分析和识别[15,16]，通常采用基于肤色训练[17]、直方图匹配[18]、运动信息与多模式定位[19,20]等技术完成特征参数估计。手势识别的方法主要有模板匹配法、统计分析法、神经网络法、隐马尔可夫模型法和动态时间规整法等。视觉手势识别方法可以使用户手的运动受到的限制较少，其优点是费用较低，交互方式更自然，不足之处是需要处理的数据量大，处理方法相对比较复杂，获得手部信息精确性和准确性不够。

　　通常，在模型参数空间中将手势描述为对应一个点或一条轨迹，通常由时间和空间相关特征来表述，一个基于视觉图像的手势识别系统由手势分割、手势建模、手势分析、手势识别等部分组成[21]。基于视觉的手势识别系统的总体构成如图 4-2 所示。

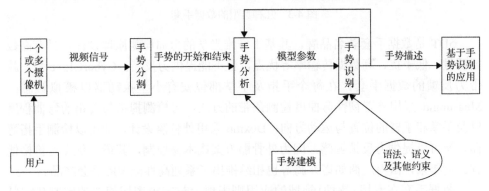

图 4-2　基于视觉的手势识别系统总体构成

　　由单个或多个传感器或摄像机捕获视觉数据流，系统由输入的手势交互模型来检测视觉数据流中有无相关的手势信息，并将该手势从数据流中分割。根据手势交互模型对手势进行特征提取、模型参数估计等分析过程，根据手势模型参数对手势进行分类和描述，实现手势识别，从而驱动具体人机交互应用。

4.1.2　基于数据手套的手势交互技术

　　1. 数据手套交互技术的应用与发展

　　最初的手势识别主要利用机器设备的直接检测来获取人手与各个关节的空间

信息，其典型代表设备是数据手套。数据手套是一种穿戴在用户手上可以实时获取用户手掌、手指姿态的设备，可将手掌和手指伸屈时的各种姿势转换成数字信号传送给计算机，并可提供一定程度的触觉、力觉反馈。基于数据手套的手势识别方法是利用传感器传输手部的参数信息，利用这些信息内容进行手势的识别。基于数据手套的手势识别方法识别率高、速度快，并且实时性强。

数据手套的研究起源于近现代，自 20 世纪 80 年代起，相关学者在这个领域开始进行深入的探讨。1983 年，来自美国电话电报公司的 Grimes 原创性地发明了最早的数据手套[22]；1984 年，VPL 公司生产的数据手套能够使用光纤传感器检测出手指的弯曲程度。随着近年来虚拟现实技术的再次崛起，数据手套也受到广泛关注[23]。在通用型数据手套方面，目前市面上已有较多成熟的数据手套产品，如 5DT、CyberGlove、Measurand、Dexmo 等，如图 4-3 所示。

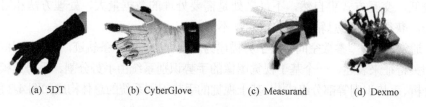

　　(a) 5DT　　　　　　(b) CyberGlove　　　　(c) Measurand　　　　(d) Dexmo

图 4-3　几种典型的数据手套

5DT 是数据手套著名品牌，其基于纤维光学的弯曲检测原理设计，具有高数据质量、低干扰、高数据传输率等优点，但不能提供力反馈；CyberGlove 是一款带力反馈的数据手套，在每个手指及手掌部位安有小型振动器以模拟触感；Measurand 采用外置韧性弯曲度检测条带的方式，可检测拇指与食指的弯曲程度以及手掌和手臂的位置与运动方向；Dexmo 采用外骨骼设计，即可以检测手指弯曲，又可以提供力反馈触感，因为外骨骼方案成本易控制，其最大优点是价格便宜。近年来，国内厂商如诺亦腾等也相继推出了系列高性能 VR 手套产品。

数据手套在专用(特种)领域的应用则表现为与需求密切相关的定制(特制)形式和应用。例如，美国米勒斯维尔大学采用三自由度的 Phantom 手套开发出一套具有触觉力反馈的虚拟手术训练系统，用以进行简单的外科创伤缝合训练；波音公司运用数据手套进行虚拟飞机设计，观察设计结果、考察性能指标；日本电气股份有限公司利用数据手套开发原型 Protype 装置开发的虚拟现实系统，通过使用数据手套处理三维计算机辅助设计(computer aided design，CAD)中的形体模型[24]。

2. 基于数据手套的手势识别

基于数据手套的手势识别方法主要有模板匹配方法、人工神经网络方法、基于推理的方法和决策树方法。基于不同手势识别算法的虚拟手交互在性能、沉浸感方面也存在差异[25]。

模板匹配方法最初用于图像处理领域，主要用于解决在已知图像中检索子目标的问题。该方法是基于模式识别问题中的最近邻决策提出的。假定有 n 个类别的模式 $(c_1, c_2, \cdots, c_n)$，为每个类别建立一个或一组模板构成模板库，对于待识别样本，通过与模板逐个匹配的方法来确定其分类，匹配时通过计算相关性或距离进行分类决策。该方法易于模板的建立与改进，可动态扩展模板库以识别新的手势，算法简单，在模式类别较少时识别效率较高；但是当待识别手势类别较多时，会因手势空间的重叠造成识别率明显降低。

人工神经网络(artificial neural networks, ANN)，也简称为神经网络(NN)，是一种模仿动物神经网络行为特征进行分布式并行信息处理的算法数学模型。这种网络依靠系统的复杂程度，通过调整内部大量节点之间相互连接的关系从而达到处理信息的目的。神经网络具有自学习、联想存储以及高速寻找优化解的优越性，为解决高复杂度问题提供了一种相对有效的方法。

基于推理的方法大多是将原始数据离散化到有限的状态空间中，通过状态或状态组合构成推理的前件，手势类别构成推理的后件，这样手势识别问题就变成了状态映射和规则匹配问题。从状态空间划分边界的精确和模糊来区分，又可分为精确推理和模糊推理两大类方法。基于推理的方法计算量小、识别速度快，但可识别手势的种类受划分状态约束，对于动态扩展手势类别的情况，需要根据具体情况重新划分状态空间。

决策树是以实例为基础的归纳学习算法，它从一组无次序、无规则的元组中推理出决策树表示形式的分类规则。它采用自顶向下的递归方式，在决策树的内部节点进行属性值的比较，并根据不同的属性值从该节点向下分支，叶节点是要学习划分的类。从根到叶节点的一条路径就对应着一条析取规则，整个决策树就对应着一组析取表达式规则。决策树算法用于手势识别时，其算法简单、计算量小、识别速度快，可以生成易理解的规则。但决策树算法一般根据一个字段进行分类，当类别太多时识别错误会迅速增加，容易造成误差的累积，在分类树中离根节点较远的样本识别率较低。此外，决策特征、决策规则及树的结构都会对分类结果产生影响。

国内外基于数据手套的相关研究工作主要集中在虚拟手精确建模、手势识别、空间定位等问题上，并取得了较多的成果。例如，高龙琴等在建立虚拟手部模型的基础上，以 18 传感器的 CyberGlove 数据手套作为手势输入设备，通过人体手部运动学模型建立了数据手套与虚拟手之间的联系[26]；吴江琴等提出了人工神经网络模型和隐马尔可夫模型混合方法训练手势并应用于中国手语识别系统[27]；吕蕾等使用具有噪声的基于密度的聚类方法对手指特征点进行聚类以构造手势模板，实现高效的手势识别[25]；Parvini 等基于手指关节运动生理特征提出一种识别算法，并在美国手语（ASL）识别中得以应用[28]。

数据手套在实际应用中的问题主要体现在：手势识别精度取决于传感器节点的布设数量和位置，相应的标定和解算复杂，对处理芯片运算能力要求高；采用外骨骼、气动肌肉等形式获取力反馈通道造成结构复杂、重量增加，影响用户体验；传感器本身无法提供位置信息，通常需要在手套上加装位置跟踪系统，采用电磁、超声、红外等方式反馈手部的空间信息，需要增加更多的模块，实现复杂，效果不稳定；不同型号与规格导致相应的特征提取、手势识别算法缺乏通用性等。因此，相对视觉手势识别技术而言成本高、灵活性不足。但与基于视觉的手势交互技术相比，数据手套与虚拟手交互的实现过程能更加直接地反映出用户的交互意图，操作自由度高，具有反应灵敏、精度高、实时性高、交互沉浸感强的优点，其信息获取通道独立，不受摄像头视场区域约束和遮挡问题，不受空间限制，在医学仿真、工业制造、辅助训练等领域具有广泛应用前景。

总体来说，数据手套有不同的实现方案，主要功能体现在弯曲检测和旋转姿态解算方面，要实现自由的空间移动还需要借助额外的检测设备，如何融合手势检测与空间位置检测，同时提供力反馈通道是今后的研究方向。

4.2　基于几何特征的实时手势交互设计

4.2.1　实时手势交互应用特点

基于视觉的手势交互是视觉交互中的一个重要研究领域，具有自然、高效、和谐、智能、普适等特点[12]。手势是人类生活中人与人交流的一种常用方式，通过手势与计算机进行直接交互，可避免额外的学习负担。视觉手势交互相对于传统的基于键盘鼠标交互方式而言具有多维语义表示的特点。手势的形状、位置、运动轨迹和方向等都能映射成为丰富的语义内容信息，而用户能够较为自然地做出这些手势。在人机交互中，利用视觉手势，可以有效地完成虚拟交互功能，在一定程度上代替键盘鼠标完成基本操作，如指挥机器人设备、操作虚拟场景中的对象等。从用户角度来说，手势使用方便且表达能力非常强，从计算机角度来说，也比较容易实现。

基于视觉的实时手势交互具有学习成本较低、非接触式控制、交互动作更加丰富自然以及对用户正常活动影响较少等优势。但实时手势交互要求对输入的连续手势图像数据进行实时分析和识别，并实时给出响应，因此实时手势交互不但要求识别准确率，更要追求快速反馈时间，是一种对实时性要求较高的识别方法。若要将基于视觉的实时手势交互技术应用于实时虚拟互动系统中，则需要兼顾计算量小、识别率高的要求，以提供实时人机交互服务。

4.2.2　基于几何特征的实时手势交互系统框架

　　目前的手势识别分类算法很多，并且稳定性和鲁棒性等都较好，相对于模式识别、模板匹配、贝叶斯分类及神经网络等方法，结合实时手势交互应用特点和需求，本节讨论一种基于几何特征的实时手势识别方法[29]。采用摄像机或传感器捕获手势 RGB 图像，通过图像处理技术进行手势的分割、建模、分析和识别。针对分割手势图像设计一种多序列背景模型有效排除肤色背景的干扰，并结合肤色块跟踪和几何形状估计将人脸和人手有效地分离。针对手势建模定义几何特征量集合来描述手势类型，特征参数计算量小，能够满足实时要求。针对分析和识别采用基于决策树的方法归纳分类，在常规背景并且室内光照良好的情况下手势识别准确率高，通过引入基于动态模型的统计器进一步提升系统鲁棒性。基于几何特征的实时手势识别流程如图 4-4 所示。

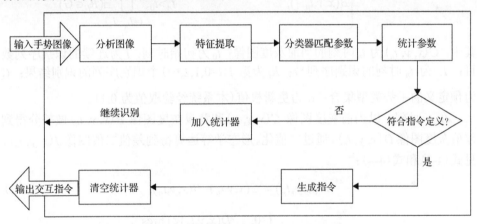

图 4-4　基于几何特征的实时手势识别流程

4.2.3　实时手势图像的提取

　　基于肤色和背景模型的手势检测首先提取图像中的肤色部分，去除背景的干扰后可得到前景为肤色的部分。定义 $H(x,y,t_n)$ 为 t_n (n=0, 1, 2, …) 时刻肤色检测得到的肤色二值图，$J(x,y,t_n)$ 为 t_n 时刻背景分离得到的差值二值图，由式 (4-1) 计算机得到 t_n 时刻前景肤色二值图 $O(x,y,t_n)$：

$$O(x,y,t_n) = H(x,y,t_n) \bigcap J(x,y,t_n) \tag{4-1}$$

　　由于 HSV (hue-saturation-value) 色彩空间从人的视觉系统出发，用色调、饱和度和亮度来描述色彩，比 RGB 空间更符合人的视觉特性[30]，因此把获取的图像从 RGB 空间转化到 HSV 空间。肤色在 HSV 空间的取值范围为 Hue∈[30,45]，

Saturation $\in [35,200]$，Value $\in [20,255]$，通过 HSV 转化可以得到肤色二值图 $H(x,y,t_n)$。

当背景中存在与肤色相近的物体时，会对手势的检测有较大影响，所以需要将背景与前景进行分离，去除背景的干扰。本节设计了一种多序列背景模型，在连续 I 个识别序列内检测到手势不符合预定义手势类型时，采用加权的当前图像与加权的背景图像之和动态地更新当前背景图像，由式(4-2)计算得到 t_n 时刻的背景灰度图像 $B(x,y,t_n)$：

$$B(x,y,t_n) = \begin{cases} C(x,y,t_n), & t_n \leqslant t_0 \\ \alpha C(x,y,t_n)+(1-\alpha)B(x,y,t_{n-1}), & t_n>t_0,\ \bigcap\limits_{i=I_{t_n}-I}^{I_{t_n}} \nexists (R_i \in G) \\ B(x,y,t_{n-1}), & t_n>t_0,\ \bigcup\limits_{i=I_{t_n}-I}^{I_{t_n}} \exists (R_i \in G) \end{cases} \quad (4\text{-}2)$$

其中，$C(x,y,t_n)$ 为 t_n 时刻的当前灰度图像；t_0 为初始时刻；I 为连续的识别序列数目；I_{t_n} 为 t_n 时刻的识别序列号；R_i 为第 $i(i=0,1,2,\cdots)$ 个识别序列的识别结果；G 为预定义的手势类型集合；α 为更新权值(本系统经验取值为 0.1)。

在 t_n 时刻，以当前灰度图像 $C(x,y,t_n)$ 和背景灰度图像 $B(x,y,t_n)$ 做差分得到差值灰度图像 $D(x,y,t_n)$，通过二值化、形态学等运算得到差值二值图像 $J(x,y,t_n)$，见式(4-3)和式(4-4)：

$$D(x,y,t_n) = |C(x,y,t_n)-B(x,y,t_n)| \quad (4\text{-}3)$$

$$J(x,y,t_n) = \begin{cases} 0, & D(x,y,t_n)<\text{Thres} \\ 255, & D(x,y,t_n)\geqslant\text{Thres} \end{cases} \quad (4\text{-}4)$$

其中，Thres 为二值化分割阈值(本系统经验取值 10)。肤色背景分离效果如图 4-5 所示。

(a) 当前源图　　　　　　　　　　(b) 肤色二值图 H

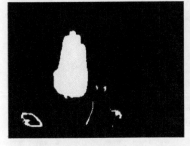
(c) 背景灰度图B

(d) 前景二值图O

图 4-5　肤色背景分离

除考虑背景因素外，还需要考虑人脸和手部数据同时被摄像头捕获时人脸的干扰。从几何结构上看，人的脸部形状接近椭圆形，并且原形状始终保持不变，而人手的几何形状区别较大，并且形状可以随时多变。结合文献[20]中的基于肤色的椭圆拟合方法和文献[31]中的基于肤色的椭圆聚类方法，利用几何形状估计将人脸和人手分离。人脸排除效果如图 4-6 所示。

(a) 源图

(b) 人脸二值图

(c) 人脸排除后

图 4-6　人脸排除效果

4.2.4　实时手势几何特征的定义

在图像识别中，对象特征的选取对识别结果的准确性有较大的影响，单一的特征往往会受环境的影响和其他因素的干扰。考虑到计算的复杂性、识别的实时性、特征的不变性等诸多因素，系统采用基于几何特征和动态帧提取手势特征的方法。系统预选取如图 4-7 所示的 6 种手势类型分别定义为确定/抓取、返回/释放、锁定/解锁、右选、待转/移动、左选操作指令，并实现多媒体交互应用。

特征提取通过定义 3 个变量实现：手势的最小外接矩形 Rect、手形轮廓面积 S、手势相对于图像的坐标 P。为识别预定义手势类型，选取如下四个特征量。

特征 T_1：Rect 的面积与手形轮廓面积 S 之比，$T_1 = \dfrac{W \times H}{S}$。

特征 T_2：Rect 的长宽之比，其中 $H > W$，$T_2 = \dfrac{H}{W}$。

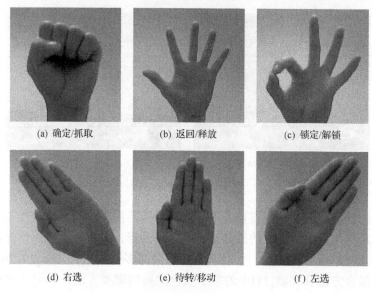

(a) 确定/抓取　　　　　　　(b) 返回/释放　　　　　　　(c) 锁定/解锁

(d) 右选　　　　　　　　(e) 待转/移动　　　　　　　(f) 左选

图 4-7　手势定义

特征 T_3：Rect 的方向角，$T_3=R_\theta$。

特征 T_4：P 相对移动方向，$T_4 = P_t - P_{t-1}$。

其中，H、W 和 R_θ 分别表示 Rect 的长、宽和方向角；P_t 和 P_{t-1} 分别表示手势当前 t 和 $t-1$ 时刻位置。以上四个特征量的计算复杂度都较低，能够保证系统实时性，特征 T_1 和 T_2 是比例特征，能够满足旋转、平移和缩放不变性，特征 T_3 实现辅助其他特征完成方向的判定，特征 T_4 能够计算出手势移动方向以及完成模拟移动的功能。手势特征标记是将手势轮廓从手势图像中提取出来并计算特征值，采用 Canny 算子边缘检测方法[32,33]提取手势轮廓信息，再根据定义的几何特征量计算特征参数值，进行手势特征标记。

4.2.5　实时手势分析与识别

实时手势分析和识别利用基于决策树（decision tree，DT）的分类器实现。决策树分类算法的基本思路是不断选取产生信息增益最大的属性来划分样例集合[34,35]，构造决策树。信息增益定义为节点与其子节点的信息熵之差。在手势特征参数向量 $T_x(T_1,T_2,T_3,T_4)$ 中选取前两项特征参数作为判定所需的属性集合 $T(T_1,T_2)$，根据实验输出的样本数据得到训练数据集合 $S(T,G_{tid})$，其中 tid 表示手势类型的编号，G_{tid} 为识别到对应编号的手势。信息熵 Entropy(S) 用于描述手势类型信息的不纯度，见式（4-5）：

$$\text{Entropy}(S) = -\sum_{i=1}^{\text{tid}} P_i \log_2 P_i \tag{4-5}$$

其中，P_i 为手势类型子集合中不同属性样例的比例。

信息增益 Gain(S,T) 为样本按照某属性划分时造成熵减少的期望，见式(4-6)：

$$\text{Gain}(S,T) = \text{Entropy}(S) - \sum_{v \in V(T)} \frac{|S_v|}{|S|}\text{Entropy}(S_v) \tag{4-6}$$

其中，$V(T)$ 为属性 T 的值域；S 为样本集合；S_v 为 S 中在属性 T 上值等于 v 的样本集合。

通过构造决策树生成节点特征属性，用生成的决策树模型分类判定当前的手势类型。决策树模型如图 4-8 所示，其中 β_1、β_2 为对应属性 T 节点样本归纳学习训练出的特征阈值(本系统训练得出 β_1=1.6，β_2=1.4)，$T(v)$ 表示对应属性 T 上的实际值，识别代号 1、2、5 分别对应手势类型为拳头、开手掌和闭手掌。

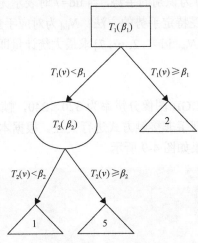

图 4-8　决策树模型

对于属性节点 $T_1(\beta_1)$，当 $T_1(v) \geqslant \beta_1$ 时，判定手势为开手掌，否则，进一步对属性节点 $T_2(\beta_2)$ 进行比较，当 $T_2(v) < \beta_2$ 时，判定手势为拳头，否则为闭手掌。对于 OK 手势(tid=3)，在特征属性中选取一段阈值区间进行判定。在闭手掌手势状态下，设置方向角范围 θ_1 和 θ_2(本系统经验取值 $\theta_1 \in (45°, 75°)$，$\theta_2 \in (15°, 45°)$)，输入 T_3 和 T_4，当 $T_3 \in \theta_1$，且 T_4 的 x 方向为正时，判定手势为左方向，当 $T_3 \in \theta_2$，且 T_4 的 x 方向为负时，判定手势为右方向，其余为初始状态，见式(4-7)：

$$\text{tid} = \begin{cases} 6, & T_3 \in \theta_1, T_4(x) < 0 \\ 4, & T_3 \in \theta_2, T_4(x) > 0 \\ 5, & \text{其他} \end{cases} \tag{4-7}$$

移动操作指令通过在闭手掌状态下 T_4 的 x 和 y 方向坐标按比例转化为屏幕坐标，

实现模拟移动操作功能。

由于背景、光线及用户误操作等干扰因素，需要将分类器获得的符合预定义的手势加入基于动态模型的统计器中，生成驱动指令。此处定义了一种基于动态模型的统计器，通过连续或不连续的多帧判定手势语义，在一定程度上保证了识别的可靠性，见式(4-8)和式(4-9)：

$$G_{\text{tid}} = \text{Accept}\left(\bigcup_{i=x_0}^{x_0+n} F_i\right) \tag{4-8}$$

$$N_{\text{tid}} = \begin{cases} N_{\text{tid}} + 1, & \text{tid} \neq 7 \\ N_{\text{tid}}, & \text{tid} = 7 \end{cases} \tag{4-9}$$

其中，G_{tid} (tid=1, 2, …, 7) 为识别的手势，当 tid=7 时表示无手势；F_i 为第 i 帧数据；Accept 为指定 n 帧内接受特定手势的方法；N_{tid} 为对应手势编号为 tid 的统计量。在单个识别序列中，对 $\{N_{\text{tid}}|\text{tid}=1, 2, …, 7\}$ 求最大统计量即所识别手势。

4.2.6 实验结果与分析

实验采集视频设置 RGB 图像分辨率为 320×240，帧率为 30 帧/s，在合适的视野和景深范围内通过裸手非接触方式进行交互。根据本章方案实现手势识别模块，不同情况下识别效果如图 4-9 所示。

(a) 简单背景、室内光照良好环境下的识别效果

(b) 室内光照良好、人脸环境下的识别效果

(c) 室内光照良好、肤色背景下的识别效果

(d) 一般背景下的识别效果　　　　　　　(e) 强、弱光下的识别效果

(f) 旋转、平移、缩放不变性的识别效果

图 4-9　不同情况下的手势识别效果

可以看出，在肤色背景、室内光照充足、人脸环境下识别效果都较好，同时保证了旋转、平移和缩放不变性。而在恶劣环境下，识别无法实现。

本实验在上述背景并且室内光照良好环境下对每个手势采集 1000 个数据样本进行统计。表 4-1 中给出了七种手势的识别和误识别率，其中 tid 表示手势类型编号，GES 表示手势类型，REC 表示手势识别率，ERR(tid) 表示误识为手势编号为 tid 的概率。

表 4-1　手势识别率与误识别率　　　　　　　　　　　　（单位：%）

tid	GES	REC	ERR(1)	ERR(2)	ERR(3)	ERR(4)	ERR(5)	ERR(6)	ERR(7)
1	确定/抓取	98.1	—	0.2	0.0	0.0	0.0	0.0	1.7
2	返回/释放	95.5	0.0	—	0.2	0.0	0.0	0.0	4.3
3	锁定/解锁	96.9	0.0	0.0	—	0.0	0.0	0.0	3.1
4	右选	96.3	0.0	0.0	0.0	—	0.0	0.0	3.7
5	待转/移动	95.8	0.0	0.0	1.6	0.0	—	1.2	1.4
6	左选	94.1	0.0	0.0	0.0	0.7	0.5	—	4.7
7	无手势	—	—	—	—	—	—	—	—

实验结果表明，在常规背景、室内光照良好的情况下识别率在 94% 以上，识别反馈时间小于 200ms，识别效果较好。

基于本节的视觉手势识别方法，实现一款多媒体交互平台，包含音乐、电影、图片、电子书和游戏等可自主加载的模块。将预定义手势映射到虚拟交互命令，通过确定、返回、左选、右选、待转、抓取、移动、释放和锁定操作指令驱动多媒体平台，同时，可实现电影的暂停、播放、快进、快退及锁定等操作。虚拟交互实现效果如图 4-10 所示。

图 4-10　虚拟交互实现效果

将多媒体技术的演示、娱乐和教学与手势识别技术相结合，以手势作为多媒体交互的一种输入方式，使这种交互操作更加自然和有趣。裸手非接触式的手势多媒体交互系统不需要用户使用其他辅助工具，能够实现自然、直接、人性化的人机交互体验。

4.3　基于视觉融合的数据手套设计

手直接操作交互是目前虚拟现实系统中广泛使用的技术，能够给用户带来良好的体验，但目前主流的虚拟现实系统要么成本昂贵、难以普及，要么过于简单、交互困难，市面上少有针对入门级虚拟现实体验盒子开发的自然交互工具出现。本节介绍一款基于视觉融合的数据手套解决方案，即 Visual Glove。该方案是一种使用低成本硬件和高效率算法设计的具有轻量化、高沉浸感特点的虚拟现实手势交互工具。本节还介绍一种基于视觉融合数据手套的交互系统的应用设计。

4.3.1　视觉融合数据手套的总体框架

传统数据手套往往围绕手部关节布置大量传感器，如 16 个弯曲检测装置的5DT，为了能够对其进行空间定位还需要配合激光感应器等，使得系统复杂而且昂贵；基于视觉的手势识别系统往往表现出鲁棒性不足、算法处理耗时等缺点。本节提出一套融合视觉的空间定位与手势姿态解算的数据手套解决方案，该数据手套的设计框架如图 4-11 所示。

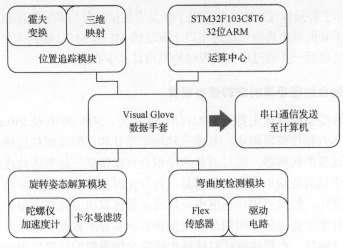

图 4-11　Visual Glove 设计框架

Visual Glove 分为 3 个模块，分别是旋转姿态解算模块、弯曲度检测模块、位置追踪模块。弯曲度检测模块主要完成手指弯曲程度的检测，以便在虚拟环境中还原手指弯曲状态；旋转姿态解算模块主要获取手掌在三维空间的旋转姿态，并映射到虚拟环境中手模型的旋转；位置追踪模块通过视觉检测获取手掌在三维空间的实时位置信息，从而获得上、下、左、右、前、后六个方向自由度的手掌移动信息并根据摄像头视椎映射到三维空间。采用 ARM 架构的 32 位微控制单元(micro controller unit，MCU)作为运算中心，将来自旋转姿态解算模块的姿态等数据处理后一并通过串口发送给计算机。Visual Glove 原型系统组成结构如图 4-12 所示。

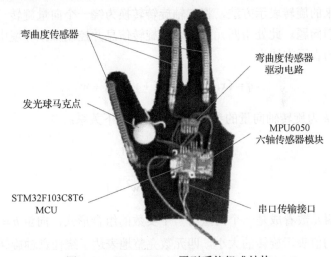

图 4-12　Visual Glove 原型系统组成结构

综合考虑成本、效率等因素，数据手套选用了拇指、食指和中指安装弯曲度检测值，在实际手势操作过程中，此三根手指是表达信息最为频繁的部位。MPU6050模块计算出手套的倾角数据后通过串口 2 发送给 MCU，MCU 收到倾角数据读取实时弯曲度值处理后一并通过串口 1 发送给高级计算中心。

4.3.2　视觉融合数据手套的旋转姿态解算

手套旋转姿态的解算主要基于 MPU6050 实现，MPU6050 是 InvenSense 公司推出的低成本六轴传感器模块，其由三轴加速度计和三轴陀螺仪组成，陀螺仪是测量旋转角速度的传感器，通过对角速度积分可以得到三轴姿态角度值；加速度计是测量三个轴向运动加速度的传感器，在静止时加速度值随着倾角变化呈现正弦函数规律变化，根据三轴加速度也可以反正弦计算出三轴姿态角信息。但是单靠陀螺仪积分求取姿态角，因积分存在偏移累积会导致数据不准确性增加；如果只用加速度计解算，在模块运动时线性加速度会严重影响结算结果。因此，需要对来自陀螺仪和加速度计的测量值结合卡尔曼滤波算法解算出准确的三轴旋转姿态角。卡尔曼滤波算法是匈牙利数学家 Kalman 在 1960 年提出的一种最优化自回归数据处理算法[36]，被广泛应用于惯性导航、机器人控制等系统中。此处选用的硬件模块中已经集成了卡尔曼滤波算法，因此不再赘述。

旋转姿态解算模块将六轴传感器通过串口与 MCU 连接，传感器以每秒 20 次的频率向 MCU 发送陀螺仪和加速度计数据，得到的倾角值用于控制虚拟手的旋转。控制旋转有三种方式，分别为矩阵计算、欧拉旋转和四元数法。矩阵计算需要构建旋转矩阵及其逆矩阵，操作十分耗时；欧拉旋转将变化的角度按照一定顺序依次绕三个轴向旋转，但是容易造成万向节死锁问题[37,38]；四元数法表示是近些年发展起来的旋转表示方法，将三轴旋转转换为绕一个向量旋转一次，可以避免万向节死锁问题。此处用四元数法表示旋转信息并控制虚拟环境中手模型的旋转，四元数的表示方法为

$$q = (x, y, z, w) = xi + yj + zk + w \tag{4-10}$$

其中，i、j、k 为旋转轴向量的参数，并且满足以下关系：

$$i^2 = j^2 = k^2 = -1 \tag{4-11}$$

$$\sqrt{x^2 + y^2 + z^2 + w^2} = 1 \tag{4-12}$$

可以将四元数看成是一个向量与一个实数的组合形式，向量 $h = (x, y, z)$ 表示旋转轴，w 的值表示旋转的大小，四元数完整地表达了绕任意轴旋转任意角度。在 Unity 引擎中，可用 Quaternion.Euler 方法实现旋转角到四元数的转换。

4.3.3　视觉融合数据手套的手指弯曲度检测

1. 弯曲度传感器参数与特性

Spectra Symbol 公司的 Flex 系列弯曲传感器是基于电阻碳导电率随着弯曲拉伸而发生改变的特性制作的。弯曲传感模块的详细参数如表 4-2 所示。

表 4-2　弯曲传感器参数

参数	值	参数	值
笔直状态阻值	19kΩ	长度	55.3mm
90°弯曲阻值	27kΩ	宽度	6.4mm
180°弯曲阻值	32kΩ	厚度	0.5mm
阻值公差	±30%	工作温度	−35～+80℃

模块通过转换电路将传感器电阻值转变为电压值，然后输入给嵌入式 MCU 的 AD 采集端口。值得注意的是，该传感器阻值随弯曲度的变化不是线性的，其实物展示和驱动电路如图 4-13 所示。

图 4-13　弯曲传感器和驱动电路

图 4-13 中，弯曲传感器与一个电阻器串联于 VCC 和 GND 之间，随着弯曲度的增加，Flex 传感器的阻值也会相应增大，此时 Pin 处得到的分压将会变小，这里 R=3.3kΩ。由于弯曲传感器的输出呈现非线性变化，而且没有明确的数学关系描述弯曲度与阻值之间的关系，因此本节设计了分级的模板匹配算法，根据三根手指弯曲度测量值得到整个手掌弯曲状态和静态手势识别结果。

2. 模板匹配映射弯曲姿态

模板匹配算法是将标准姿态预先录入模板库，对新来到的姿态进行逐一比较，计算距离最小的模板值作为识别输出的方法，该算法被广泛运用到人脸识别、字符识别、人体动作行为识别等。本节算法的模板特征值可简化到三个维度(拇指、食指和中指的弯曲度检测值)，配合 Leap Motion 设备采样实现模板手势的手指关节位置采集，最终实现实时映射手的状态更新到虚拟环境中。模板识别方法主要分为模板采集和匹配识别两个部分，在 Unity 虚拟场景中识别手套手势并映射到虚拟手模型的实现过程可以描述如下：

首先进行模板采集，采集数据手套弯曲度值的同时借助 Leap Motion 设备实时捕捉并映射手指弯曲到虚拟手模型的弯曲动作，然后记录下模板数据包括数据手套弯曲度值、虚拟手模型关节点到掌心点的相对位置数据、不同弯曲值对应的识别手势。其过程如下：

步骤 1　让测试者带上能够采集拇指、食指、中指弯曲度的数据手套原型，同时将 Leap Motion 设备置于前额靠近双眼位置。

步骤 2　测试者伸出检测手掌，运行 Leap Motion 示例 Demo，使虚拟环境中虚拟手的动作与测试者真实手动作同步。

步骤 3　测试者做出需要识别的手势模板动作，待数据稳定之后保存此时的弯曲传感器测量值，并且将以该值与最大弯曲度值的比值作为特征数据存储，从而将特征数据归一化到[0, 1]范围内。

步骤 4　保存虚拟手模型 22 个关节点相对掌心的位置信息，将其作为此模板弯曲度值输入对应的关节点位置，输出结果，同时将该手势含义一并保存。

步骤 5　邀请多位测试者(包括胖、瘦、不同年龄段人员)，按步骤 1～4 的模板采集方法获取多组手势数据。

步骤 6　对同一个手势不同测试者的弯曲度采集值，求取其算术平均值，并将此算术平均值作为模板数据存储。

在匹配识别时，直接将源弯曲度数据与模板库进行逐一比较计算其欧氏距离，将距离最小的模板数据作为识别结果数据。因为模板中包括了手势关节点位置信息的表示和静态手势识别结果，即模板数据要实现手模型关节点空间位置的映射和特定意义的手势识别两个功能，为了使虚拟手模型的弯曲动作更加平滑，需要增加更多没有特定手势意义的模板数量，而这类模板又会影响手势识别的准确性和效率，为了运行时提高算法鲁棒性，将匹配识别过程分成两个阶段完成。

第　阶段：对每帧数据实时输入的二个弯曲度检测值，分别与模板库中具有特定手势意义的模板组数据输入比较，得到当前值与模板数据间的归一化距离，选择计算的最小距离进行如下判断：

如果该距离值小于或等于特定阈值 T，则此次识别成功，以该距离对应的模板值更新关节点空间位置及手势识别结果，结束识别算法；

如果该距离大于阈值 T，说明此次数据不是特定意义的手势，继续执行第二阶段更新关节点位置信息。

第二阶段：根据当前弯曲度数据与模板库中没有特定手势含义的模板进行比较，计算与模板数据的归一化距离，选择最小距离的模板数据更新手模型关节点的空间位置。

上述算法计算简单，能够快速解算数据手套弯曲传感器值并控制在虚拟空间手模型关节的相对位置关系，从而完成了手势跟踪和特定静态手势识别的工作。从匹配算法中可以看出，每次检测时会首先在模板库中具有特定手势意义的模板组中进行识别，如果识别不成功，则从无意义手势模板中选择最接近的模板数据控制手模型关节点变化。最终录入模板库的手势数据包括六种特定意义的手势模板和若干无意义手势模板，其中六种特定意义的静态手势模板如表 4-3 所示。

表 4-3　静态手势模板表示

模板数据格式			手势图形表示
弯曲度数据	关节相对位置	手势意义	
#0.684:0.734:0.816	#0.0136, 0.0060, 0.0548 :0.0500, 0.0024, 0.0266 :0.0621, −0.0144, 0.0027 :0.05863499…	#Fist	
#0:869:0.679:0.797	#0.0254, 0.0285, 0.0409 :0.0519, 0.0235, 0.0043 :0.0704, 0.0213, −0.0202 :0.08211948…	#Good	
#0.775:0.874:0.800	#0.0195, 0.0055, 0.0521 :0.0389, −0.0025, 0.0118 :0.0452, −0.0156, −0.0155 :0.04220627…	#Tap	
#0.883:0.868:0.791	#0.00720, 0.0242, 0.0499 :0.0433, 0.0225, 0.0223 :0.0665, 0.0184, 0.00222 :0.08188654…	#Shoot	
#0.821:0.746:0.887	#0.0103, 0.0185, 0.0517 :0.0368, −0.0071, 0.0251 :0.0467, −0.0302, 0.0069 :0.04280398…	#Okay	
#0.872:0.858:0.871	#0.00757, 0.0315, 0.0454 :0.0427, 0.0147, 0.0221 :0.0613, −0.0041, 0.0061 :0.0713029…	#Palmup	

从表 4-3 中可以看出，手势模板数据由三部分组成，每部分数据以"#"开头，第一部分为弯曲度检测值的归一化数据值，包括三条弯曲度检测数据；第二部分为虚拟手模型关节点相对掌心的位置信息，包括 22 个关节点相对于掌心关节的相对位置，每个位置由三轴数据表示；第三部分为静态手势含义，指示了该模板数据的具体手势含义，分别为握拳(Fist)、竖大拇指(Good)、食指点击(Tap)、开枪(Shoot)、确认(Okay)、手掌张开(Palmup)。因为只有三根手指弯曲度(拇指、食指、中指)表示手势，不适合表示数字手势，所以此处选取了较易区分的六种常见手势作为静态手势模板，为后续更为复杂的手势链构建做数据基础。

4.3.4 视觉融合数据手套的位置追踪

在虚拟环境中的自然手势操作除了弯曲度和旋转角度的姿态解算，还需获取手在空间中的具体位置信息从而得到六自由度的手势追踪。随着近几年虚拟现实技术的迅速发展，空间定位技术也得到广泛研究，并且国内外 VR 厂商已经做了很多尝试，形成很多成熟产品。

Oculus 公司的 Oculus Rift 头戴式显示器配备了 Touch 手柄，其上隐藏了数个红外灯，通过两台加装了红外光滤波片的红外摄像机检测这些红外灯在空间的位置，从而实现跟踪用户手持手柄的功能，如图 4-14(a)所示。HTC 公司为 HTC Vive 头戴式显示器搭配的 Lighthouse 定位技术可实现较大范围内用户随意移动以及手柄空间定位，通过两个对角位置安放的激光发射装置检测目标上多个光敏传感器实现定位功能，如图 4-14(b)所示。索尼公司为 PSVR 头戴式显示器配备的 Move 手柄使用马克点和图像定位技术，利用可见光 LED 作为马克点，摄像头根据图像特征识别出马克点的坐标和大小进而解算出其在空间中的位置，如图 4-14(c)所示。

(a) Oculus Touch   (b) HTC Lighthouse   (c) PSVR Move

图 4-14 VR 厂商的定位产品

Oculus Touch 和 HTC Lighthouse 技术能够实现较为准确的定位，但系统实现相对复杂，为了能够容易地构建用户手位置追踪系统，本节采用了 PSVR Move 第三代所使用的技术方案，借助特殊颜色的发光球作为手套马克点标志，然后利用普通摄像头拍摄发光球环境图像，经彩色图像灰度化、二值化处理、边缘提取、发光球识别等步骤获取发光球在图像中的位置和大小并映射到三维空间中。其位置追踪流程如图 4-15 所示。

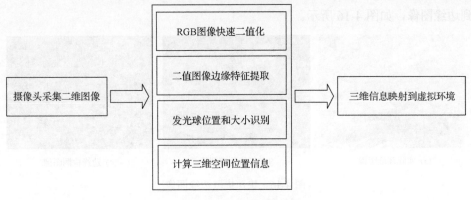

图 4-15　位置追踪流程

　　首先通过摄像头实时采集环境图像,经过 RGB 灰度化处理过后利用发光球本身的高亮度特征快速实现图像二值化和边缘提取,然后根据边缘信息识别图像中的小球位置和半径,最后还原三维空间中小球的位置信息。识别小球利用了改进的霍夫变换方法。根据从图像中识别到的小球圆心和半径还原小球在世界坐标系中的三维空间位置,将图像坐标系中识别到的小球信息 (x, y, r) 映射到世界坐标系下坐标 (X, Y, Z),用公式描述如下:

$$Q\begin{bmatrix} x \\ y \\ r \end{bmatrix} = \begin{bmatrix} X \\ Y \\ Z \end{bmatrix} \tag{4-13}$$

其中,(x, y) 为识别到的小球在图像上的坐标;r 为识别到的小球半径;(X, Y, Z) 为世界坐标系空间小球的三维坐标;Q 为转换矩阵,与摄像头内参数和外参数有关。系统应用场景是将摄像头获取到的发光球位置和大小还原为三维虚拟世界中的世界坐标,可以利用三维引擎的摄像机模型参数及其自带的转换方法,例如,Unity 中可以调用 Camera.ViewportToWorldPoint() 方法实现,通过小球半径与深度的对应关系即可求得。

1. 快速提取边缘信息

　　传统边缘检测算法需要先对图像进行高斯滤波、计算梯度幅值和方向、非极大值抑制和双边阈值滤波等过程处理,如 Canny 边缘检测算法,其过程较为复杂,时间复杂度高。系统的应用场合主要是能够获取发光球在图像中的位置和大小,而对于其他背景的轮廓信息没有识别的价值。因此,充分利用发光球的优点,在颜色空间根据 RGB 信息对图像进行快速二值化,将亮度高的发光球区域从背景中分离出来,通过中值滤波滤除孤立噪点,接着检测二值图像的像素跳变点即可得到边缘图像，如图 4-16 所示。

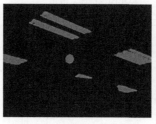
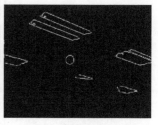

(a) 实际环境图像　　　　　　(b) 二值化后图像　　　　　　(c) 边缘检测图像

图 4-16　快速提取边缘图像

在图 4-16 中，(a)为实际环境图像，(b)为二值化之后的图像，(c)为根据二值化图像判断像素点的跳变情况而快速实现的边缘检测图像。二值化之后发光球轮廓能够从复杂背景中标记出来，但是在环境内存在和发光球颜色相当的较亮的物体时会产生一定干扰，如室内的照明灯，因此需要设计识别算法从边缘图像中提取圆球信息。

在识别圆形算法中，可以分为基于特征匹配的识别方法和基于概率的识别方法，基于特征匹配的识别方法实现较为简单，但通常鲁棒性不够高；基于概率的识别方法，如霍夫变换是常用的基本图形识别方法，稳定性也更好。文献[39]中结合图形的几何特征和霍夫变换实现了快速的图像识别算法，但依然需要进行 Canny 变换等耗时操作，实时性不够强。本节基于霍夫梯度法识别发光小球，并设计了一种快速准确的改进霍夫变换识别算法，达到了实时检测的应用要求。

2. 霍夫梯度法检测圆

霍夫变换通过空间转换解决原像素平面图像识别的问题[40]。最简单的霍夫变换是识别图像中的直线，在图像平面坐标系$(X\text{-}Y)$中，直线方程表示为式(4-14)，若已知图像上的一点(x_0, y_0)，代入公式则在参数空间得到关于参数 m、b 的一条直线。即在原平面直线上的一个点对应于参数空间中的一条直线，并且在参数空间这些直线相交于一点，求出交点坐标即可得到原平面直线参数 m、b：

$$y_0 = mx_0 + b \Rightarrow b = -mx_0 + y_0 \tag{4-14}$$

对于圆形识别，由圆形公式可知，圆周上一点在参数空间表示仍然是圆方程。因此，图像空间半径为 r 的圆形边界点(x_0, y_0)经霍夫变换后在参数空间表示为以(x_0, y_0)为圆心、r 为半径的另一个圆，将图像空间圆周上的多个点在参数空间中表示为一簇相同半径的圆形(如图 4-17 右侧虚线表示的圆)，这些圆形相交次数最多的点即原图像空间的圆心坐标。霍夫变换提高了系统的抗干扰性能，但是在计

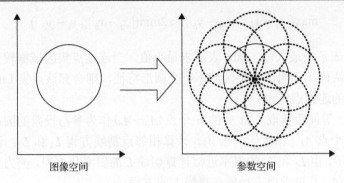

图 4-17　霍夫变换示意图

算时需要求解大量圆周坐标进行投票,计算量会很大,因此在实际应用中往往采用霍夫梯度法检测圆形。通过计算边缘点梯度方向左右两边各投一个点,并根据前面提取到的边缘信息特点,本节设计一种快速霍夫变换定位圆形的算法,算法原理如图 4-18 所示。

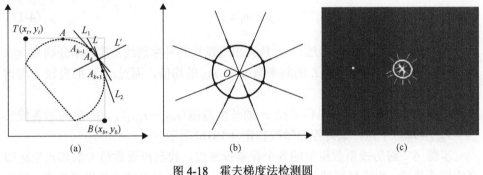

图 4-18　霍夫梯度法检测圆

算法首先根据边缘点前后信息快速计算直径方程参数,直径对应边缘点梯度方向,然后根据半径长度范围沿该直径方程在两侧各投票一定数量的点,最后根据整幅图像投票数排序取最高得票数的点为圆心坐标,其过程如下:

步骤 1　首先初始化投票数组,清零每个像素位置的票数。然后从边缘图像左上角至右下角依次扫描,当遇到边界点像素 X,执行步骤 2,如果扫描完整幅图像像素,跳转执行步骤 6。

步骤 2　从 X 出发,沿八邻域区域寻找下一个邻接点,并依次记录到边缘点集合 List 中,同时更新该集合区域框标记 $T(x_t, y_t)$ 和 $B(x_b, y_b)$ 坐标,如果八邻域存在边缘点,循环执行该步骤,否则,转到步骤 3。图 4-18(a) 中的虚线即边界点集,实线即区域框。

步骤 3　根据圆的特征判断找到的连续边缘点集 List 是否可能为圆形区域,判断满足式(4-15),则转到步骤 4,否则,转到步骤 1:

$$\max(|x_t - x_b|, |y_t - y_b|) < 2\min(|x_t - x_b|, |y_t - y_b|) \qquad (4\text{-}15)$$

其中，max 表示求最大值，min 表示求最小值。当连续点集区域框较长边大于等于较短边的两倍，说明该点集区域不符合圆形特征，则舍弃该点集 List 并继续查找其他可能的连续点集。

步骤 4　等间距选取 List 中的 n 个点 $(A_0 \sim A_n)$ 作为参与投票的圆周点，并根据相邻前一个点 A_{k-1} 和后一个点 A_{k+1} 计算相邻点割线方程 L_1 和 L_2，计算公式如式 (4-16) 所示，由 L_1 和 L_2 的斜率近似计算切线 L 的斜率和方程，因为直径与切线垂直，由式 (4-17) 可求得直径所在直线 L' 的方程：

$$\left. \begin{aligned} m_{l1} &= (y_{k-1} - y_k)/(x_{k-1} - x_k) \\ m_{l2} &= (y_{k+1} - y_k)/(x_{k+1} - x_k) \\ m_l &= (m_{l1} + m_{l2})/2 \\ m_l m_{l'} &= -1 \end{aligned} \right\} \qquad (4\text{-}16)$$

$$y = m_{l'} x + b \qquad (4\text{-}17)$$

图 4-18 中，L_1、L_2 为通过点 A_k 具有相同弧长的对称割线，其斜率分别是 m_{l1}、m_{l2}，于是，通过点 A_k 切线 L 的斜率取 m_{l1}、m_{l2} 的均值，而过点 A_k 的直径 L' 与切线 L 垂直。

步骤 5　根据直径方程和半径 r 的长度范围 $(r_{\min} \sim r_{\max})$，在 L' 两边各投票 $(\varDelta = r_{\max} - r_{\min})$ 个点，最终投票情况如图 4-18 (b) 所示。

步骤 6　遍历投票数组中的各个像素投票数，找到投票数最大的那点坐标即真实圆心位置。实际投票结果如图 4-18 (c) 所示，可以看出圆心处得票最多，颜色最亮。

3. 特征校验霍夫梯度法检测

如果每一帧都经过霍夫梯度法处理找到圆球位置，将会使得系统运行帧率降低，因此本系统采用了霍夫梯度法与特征计算相结合的策略以提升识别发光小球位置的效率。

算法需要对识别到的圆形进行特征校验：在霍夫梯度法确定圆心和半径后，从圆心处均匀获取圆周上的部分测试点，然后以半径作为平均值，计算这些测试点到圆心的距离的标准差，标准差的大小表示这些距离值与半径的误差大小，标准差越小，说明这些测试点到圆心的距离与半径越接近，该圆形可信度也就越高，反之同理。

　　该特征校验的方法同样可以用于计算新的圆心位置，图 4-19 中，O 点是上一帧图像找到的圆心位置，a 点到 m 点是在极坐标下，以 O 为极点，等幅度增加角度值向圆外扫描到的系列圆周点，如果 O 点还在圆内，则 a 点到 m 点必定是圆周上的点。根据这 m 个圆周上的点求取质心 O' 作为新的圆心位置，当 m 较大时，质心可近似表示圆心。

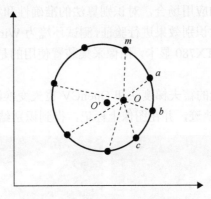

图 4-19　特征校验与识别圆

特征校验霍夫梯度法检测圆的算法流程图如图 4-20 所示。

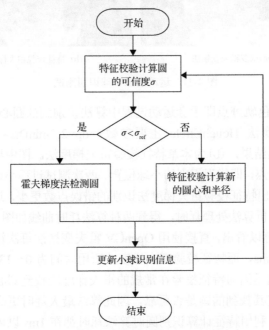

图 4-20　特征校验霍夫梯度法检测圆流程

从图 4-20 中可以看出，特征校验霍夫梯度法的圆球检测算法首先按照霍夫梯度法找到圆心位置，然后在下一次处理时先根据特征校验的方法计算圆的可信度，如果可信度低于下限阈值 σ_{ref}，则继续按照霍夫梯度法检测圆；否则，按照特征校验的边缘点质心作为新的圆心，如此循环下去。

4. 位置追踪算法效果

在面向个人体验的应用场合，对识别算法的准确性和实时性都有较高要求。本节设计了两组实验对识别效果进行验证，测试环境为 Windows 8 系统、Intel Core i7 主机、8GB 内存、GTX780 显卡，图像采集装置使用的是罗技 BCC950 摄像头，测试图像基本无畸变。

首先使用特征校验的霍夫梯度法和 OpenCV 霍夫变换法分别在有灯光环境识别发光小球 "8" 字形轨迹，并在图像上标记，得到识别结果如图 4-21 所示。

(a) OpenCV霍夫变换法　　　　　(b) 特征校验霍夫梯度法

图 4-21　运动图像小球识别测试

图 4-21 中浅色轨迹点即手套运动过程中算法识别到的圆心坐标轨迹，(a) 为 OpenCV 霍夫变换法（HoughCircle 主要参数：dp=2, minDist=100, param1=210, param2=30）的识别结果，(b) 为本章特征校验霍夫梯度法。图中黑色圈出部分为位置偏离轨迹的奇异点，即错误识别的小球位置。两次测试过程小球的移动速度变化保持一致，可以看出特征校验霍夫梯度法识别的错误点数更少，运动过程识别的轨迹点更多。详细分析算法处理耗时，得到两种算法耗时曲线如图 4-22 所示。

从图 4-22 中可以看出，直接使用 OpenCV 霍夫变换法每次算法运行所使用的时间集中为 4～10ms，而特征校验霍夫梯度法所用时间为 0～13ms，而且 1ms 内所占比例较大，这是因为特征校验在常规的霍夫梯度法找到圆心后还需要进行特征校验操作以确定其找到的圆是否可靠，因此算法最大耗时更高。在运用霍夫梯度法找到圆之后，利用特征计算识别圆时算法耗时都在 1ms 以内，整体识别效率得以提升。但从图中也可以看出，本算法的鲁棒性存在不足，在小球离的较近以及画面闭合图形较多时，算法执行时间较长。

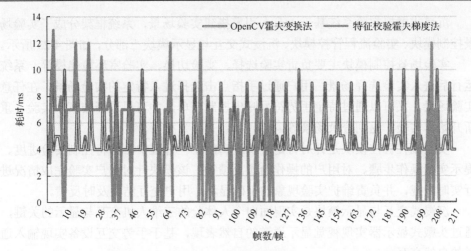

图 4-22 算法耗时比较

在七种不同复杂程度的环境下采集发光小球图像，采集的图像使发光小球出现在图像的不同位置区域，用 OpenCV 霍夫变换法和特征校验霍夫梯度法识别图片中的发光球，统计其准确率和时间消耗，得到结果如表 4-4 所示。

表 4-4 不同背景图片识别圆算法比较

算法	平均耗时/ms	平均准确率/%
OpenCV 霍夫变换法	6.60	84.3
特征校验霍夫梯度法	5.15	85.7

从表 4-4 中可以看出，在识别准确性方面，本章算法先提取一条连续的发光球边缘点集，然后等间距选取投票点进行投票，合理地控制投票点数量，能够使算法运行耗时和识别准确率都达到较好的水平。

4.3.5 基于手势识别的交互系统应用设计

1. 系统背景与设计方案

在科技高速发展、技术更新迭代的今天，教育资源发展速度并不理想。初高中学生实验就是一个方面，由于教育资源不均衡，部分地区学生没有接触实验的机会；实验危险性高，中学生做实验造成爆炸伤害的事件时有发生；实验废物污染环境，实验室三废处理已经成为一大环保问题。

沉浸式虚拟实验系统是运用虚拟现实技术实现的全沉浸、自由操作的虚拟仿真实验系统，主要针对初、高中学生教学实验进行模拟仿真。该系统基于虚拟现实交互技术实现模拟学生实验操作，能够带来安全性高、临场感强、操作自然、交互友好的虚拟实验教学体验。

　　沉浸式虚拟实验系统基于 Unity 引擎搭建实验场景，系统框架分成了实验场景控制模块、实验流程管控模块、沉浸式交互与显示模块三部分，如图 4-23 所示。

　　实验场景控制模块主要负责实验选择、实验切换、实验室环境建模等。系统运行后进入实验选择场景，用户通过手指点击选择进入特定的实验场景。在任意实验场景，又可以通过特定手势符号呼出控制菜单，并可以选择结束本实验、重新开始本实验、返回登录场景等。

　　实验流程管控模块是针对特定实验逻辑的流程管理中心，将控制实验进度、提示实验操作步骤、对用户的操作给予反馈等。该模块针对用户实验完成情况进行实时监视，并负责维护实验现象的正确显示、用户交互结果及时反馈。

　　沉浸式交互与显示模块是实现面向个人体验的三维人机交互与显示的关键，通过头戴式显示器实现视觉显示通道的自然表现，基于手势交互设备实现输入通道的自然交互。

　　本节面向个人体验的人机交互技术设计了两种沉浸式交互的具体实现。方案一采用 Oculus 作为头戴式显示设备，使用 Leap Motion 作为手势输入体感器，并基于高配主机运行平台提供了优秀体验效果。方案二采用 Cardboard 外置智能终端的头戴显示，使用 Visual Glove 作为交互输入设备，以低成本方案同样提供了沉浸感强烈的交互体验。

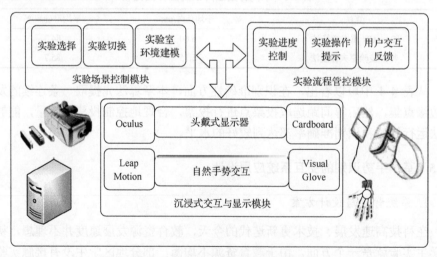

图 4-23　沉浸式虚拟实验系统框架

　　基于 Oculus 与 Leap Motion 设备的沉浸式虚拟实验系统方案虽然具有较好的体验与使用效果，但由于设备成本昂贵，系统投入超出普通用户的承受能力，在系统推广方面显得十分困难。作为具有推广潜力的入门级体验方案由 Cardboard VR 盒子和自主研发的 Visual Glove 实现。Cardboard 的开发应用了 Google VR SDK for Unity 辅助开发工具，其帮助 VR 开发者很好地实现了头部追踪、画面反畸变等功能。Visual Glove 是自己开发的 SDK 接口，在 Unity 中调用 AndroidJavaClass 中的交互类 "com.unity3d.player.UnityPlayer" 和 AndroidJavaObject 实例与 Android 底层代码逻辑通信，Android 系统中基于 OTG（USB on-the-go）功能模拟串口通信与手套 MCU 建立数据交互，并调用 Android 手机自带的前置摄像头实现特征校验的霍夫变换识别发光球位置。该方案在 Android 系统平台进行了较好的实现，在终端平台实测帧率在 30 帧/s 左右。系统运行结果如图 4-24 所示。

图 4-24　Cardboard 与 Visual Glove 方案演示

图 4-24 是 Cardboard VR 体验方案的实际运行效果示意图。作为简单示范，该方案仅使用了单只手套设备，设计为右手单手操作，通过做出 Okay 手势可以呼出菜单 UI，以食指触碰点击按钮对应相应的选择操作。该方案设计了直升机组装趣味实验、酸碱中和实验、还原糖检测实验、小白鼠氧气实验四个实验。在实验场景中，用户完全根据实际操作方式，可以随意抓取、拖放实验仪器，拼装直升机模型，抓取小白鼠到密闭容器等。

2. 系统测试与分析

通过设计用户体验测试实验以测试所设计系统的体验效果，将本节所设计的两款沉浸式虚拟实验系统与普通鼠标键盘操作的虚拟实验系统进行比较，为了控制比较的统一性，要求被试者分别使用三种交互系统完成直升机拼装趣味实验，三种系统的交互过程描述如下。

普通虚拟实验：采用键盘鼠标操作，鼠标点击进入趣味组装实验场景，然后鼠标点击相应零部件后通过键盘方向键控制其在虚拟实验桌上移动，移动到合适位置按下空格键将零部件弹起，当零部件弹起时到达目标装配点附近即会自动播放动画示意完成零件的安装。按下 "Z" 字母键并滑动鼠标可控制视角自由转动，拖动滑动条控制视角空间移动，最终正确装配完成直升机所有零部件并展示螺旋桨转动效果。

Oculus 与 Leap Motion 沉浸式虚拟实验：被试者佩戴加装 Leap Motion 的

Oculus 设备，左手手心面向自己脸部呼出菜单，右手食指点击组装实验进入体验场景，通过双手直接抓取直升机零部件并放到正确装配点实现装配操作。在一定范围内头部移动可映射到虚拟场景中视角位移，最终正确装配完成直升机所有零部件并展示螺旋桨转动效果。

　　Cardboard 与 Visual Glove 沉浸式虚拟实验：被试者佩戴 Cardboard VR 头戴显示设备和 Visual Glove 设备，通过头部转动控制视角转动；右手实现"Okay"手势呼出菜单 UI；右手实现"Tap"手势并用食指点击菜单点击按钮进入组装实验场景；右手实现"Shoot"手势并食指指向上控制视角上移，食指指向下控制视角下移，头前后左右倾斜可分别控制视角在一定范围内移动；右手实现"Fist"手势关闭菜单或抓取零部件。通过右手抓取零部件并放置到装配点实现模拟装配操作，最终正确装配完成直升机所有零部件并展示螺旋桨转动效果。

　　实验邀请多位测试志愿者参与测试，其中部分成员有近视，但三款系统都支持佩戴眼镜操作，不会对实验造成负面影响。首先对志愿者进行简单培训，让其充分了解交互操作的方法，然后根据装配实验要求完成趣味直升机组装实验，并记录下每个系统中完成实验所用时间，做完三个系统的实验后让志愿者根据实验过程中的体验效果填写一份主观体验评估表，得到志愿者完成实验的时间和主观体验的评分统计结果如图 4-25 和图 4-26 所示。实验测试平台为 Windows 10 系统，Intel Core i7 主机，8GB 内存，GTX780 显卡，Oculus Rift DK2，Leap Motion Orion。Cardboard VR 测试在小米 4（主频 2.5GHz，运行内存 3GB）智能手机上完成，调用手机自带的摄像头识别小球，Cardboard HMD 为暴风魔镜 3 代虚拟现实头盔。

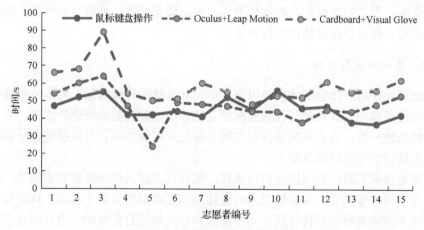

图 4-25　三种交互系统任务耗时

　　整体来说，使用鼠标键盘操作的效率最高，因为大部分人都习惯了这种操作方式，但是 5 号志愿者因为对 Oculus 与 Leap Motion 操作熟悉，因而可以非常快地完成测试任务。Cardboard 与 Visual Glove 交互方式因平台处理速度的限制，要求交互过程较缓慢地移动，因而完成任务所用时间较长，其中，3 号志愿者在交互过程移动太快，多次出现追踪不到手掌的情况，因此完成任务的时间激增。

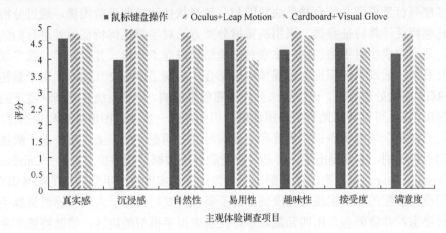

图 4-26 三种虚拟实验系统用户评分

图 4-26 中展示了用户体验评分的平均值。三种系统都使用了相同的模型，但是 Cardboard 与 Visual Glove 沉浸式虚拟实验系统降低了光照渲染级别，并将实验桌模型替换成了低面数简单模型以减少系统渲染任务量，尽可能提升系统刷新率，因而 Cardboard 与 Visual Glove 沉浸式虚拟实验系统的真实感受到影响。沉浸感和自然性方面 Oculus 与 Leap Motion 沉浸式虚拟实验和 Cardboard 与 Visual Glove 沉浸式虚拟实验系统都比鼠标键盘虚拟实验系统得分更高，这是新一代人机交互以用户为中心的体现。易用性方面，因为目前实现的 Cardboard 与 Visual Glove 沉浸式虚拟实验系统还不能达到流畅、快速反应的交互，所以易用性得分较低。趣味性表现力系统激发用户参与实验的兴趣，虚拟现实交互的方式比传统鼠标键盘得分更高，更可能吸引学生参与到实验中。接受度指标主要对系统成本的接受程度进行评估，在调查表中提示了志愿者 Oculus 与 Leap Motion 沉浸式虚拟实验系统需要配置 5000 元左右的硬件设备，Cardboard 与 Visual Glove 沉浸式虚拟实验系统成本在 300 元左右，而鼠标键盘交互方式是零成本实现的。可见在考虑到成本以后，Oculus 与 Leap Motion 沉浸式虚拟实验系统的接受度反而评分较低。综合评价的满意度方面是 Oculus 与 Leap Motion 沉浸式虚拟实验系统得分最高，鼠标键盘虚拟实验系统和 Cardboard 与 Visual Glove 沉浸式虚拟实验系统相当，可见本章设计的 Visual Glove 交互方式有望应用到传统键盘鼠标操作的虚拟实验系统中。

4.4 本 章 小 结

本章主要对基于视觉和数据手套的手势识别与交互技术进行了探讨。对于基于视觉的手势识别，通过实时手势交互应用特点的分析，提出了基于几何特征的手势识别方法，使用图像处理技术进行手势的分割、建模、分析和识别；采用一种多序列背景模型并结合肤色块跟踪和几何形状估计提取手势图像，通过分析手势几何特征计算特征参数，采用决策树分类方法对手势几何特征属性进行归纳判定，从而完成实时手势识别。本章对实验结果进行了分析，并设计了一款多媒体交互系统，通过手势识别与多媒体应用结合，实现了虚拟交互功能。由于最初采用 RGB 图像处理方法，识别算法易受光照效果影响，导致系统在复杂环境下的识别精度下降。可以考虑结合红外图像进行识别并进一步改进图像处理和识别算法，以达到在复杂环境下识别精确度和交互实时性之间更好的平衡。对于基于数据手套的手势识别，本章提出了一种基于视觉融合的数据手套解决方案——Cardboard 与 Visual Glove，该方案通过搭配三个弯曲传感器实现整个手掌姿势的简易识别，采用模板匹配的方法实现弯曲度到虚拟手姿态的映射；基于六轴传感器解算手掌旋转姿态，并将姿态角用四元数表示，控制虚拟手模型的旋转；借助特殊颜色发光球和单目摄像头图像实时处理识别手套在视野空间的位置，采用特征校验霍夫梯度法快速稳定地获取圆球信息。该手套以低成本实现了直接三维的交互方式，符合面向个人体验的人机交互特性。

参 考 文 献

[1] 郭雷. 动态手势识别技术综述[J]. 软件导刊, 2015, 14(7): 8-10.

[2] 沈世宏, 李蔚清. 基于 Kinect 的体感手势识别系统的研究[C]. 第八届和谐人机环境联合学术会议, 广州, 2012: 55-62.

[3] Shen J H, Luo Y L, Wu Z K, et al. CUDA-based real-time hand gesture interaction and visualization for CT volume dataset using Leap Motion[J]. The Visual Computer, 2016, 32(3): 359-370.

[4] 朱继玉, 王西颖, 王威信, 等. 基于结构分析的手势识别[J]. 计算机学报, 2006, 6(12): 2031-2037.

[5] 张良国, 吴江琴, 高文, 等. 基于 Hausdorff 距离的手势识别[J]. 中国图象图形学报, 2002, (11): 1144-1150.

[6] 常红, 王涌天, 华宏, 等. 基于计算机视觉技术的手形手位跟踪方法[J]. 北京理工大学学报, 1999, 19(6): 739-743.

[7] 张彤, 赵莹雪. 基于肤色与边缘检测及排除的手势识别[J]. 软件导刊, 2012, 11(7): 151-152.

[8] 于美娟, 马希荣. 基于 HMM 方法的动态手势识别技术的改进[J]. 计算机科学, 2011, 38(1): 251-252.

[9] 黄季冬. 动态手势识别技术研究与实现[D]. 武汉: 华中科技大学, 2012.

[10] Vogler C, Metaxas D. Adapting hidden Markov models for ASL recognition by using three dimensional computer vision methods[C]. Proceedings of the IEEE International Conference on Systems, Man, and Cybernetics: Computational Cybernetics and Simulation, Orlando, 1997: 156-161.

[11] 祝远新, 徐光祐, 黄浴. 基于表观的动态孤立手势识别[J]. 软件学报, 2000, 11(1): 54-61.

[12] 刘玉进, 蔡勇, 武江岳, 等. 一种肤色干扰下的变形手势跟踪方法[J]. 计算机工程与应用, 2009, 45(35): 164-167.

[13] 万华根, 肖海英, 邹松, 等. 面向新一代大众游戏的手势交互技术[J]. 计算机辅助设计与图形学学报, 2011, 23(7): 1159-1165.

[14] 熊巍, 王清辉, 李静蓉. 面向虚拟装配的层次化交互手势技术[J]. 华南理工大学学报(自然科学版), 2016, 44(1): 78-84.

[15] 孙丽娟, 张立材, 郭彩龙. 基于视觉的手势识别技术[J]. 计算机技术与发展, 2008, 18(10): 214-216.

[16] 武汇岳, 张凤军, 刘玉进, 等. 基于视觉的手势界面关键技术研究[J]. 计算机学报, 2009, 32(10): 2030-2041.

[17] Kakumanu P, Makrogiannis S, Bourbakis N. A survey of skin-color modeling and detection methods[J]. Pattern Recognition, 2007, 40(3): 1106-1122.

[18] 江冬梅, 王玉芳. 基于方向直方图矢量的手势识别[J]. 信息技术与信息化, 2006, (2): 53-55.

[19] Lourakis A A. Real-time tracking of multiple skin-colored objects with a possibly moving camera[C]. Proceedings of the 8th European Conference on Computer Vision, 2004, (3): 368-379.

[20] Papadourakis V, Argyros A. Multiple objects tracking in the presence of long-term occlusions[J]. Computer Vision and Image Understanding, 2010, 114(7): 835-846.

[21] 任海兵, 祝远新, 徐光祐, 等. 基于视觉手势识别的研究综述[J]. 电子学报, 2000, 28(2): 118-121.

[22] Grimes G J. Digital data entry glove interface device: US Patent[P]. US4414537. [1983-11-8].

[23] 易靖国, 程江华, 库锡树. 视觉手势识别综述[J]. 计算机科学, 2016, 43(6A): 103-108.

[24] 张文龙, 贺申. 虚拟现实与数据手套的研究[J]. 常州工学院学报, 2005, 18(5): 25-31.

[25] 吕蕾, 张金玲, 朱英杰, 等. 一种基于数据手套的静态手势识别方法[J]. 计算机辅助设计与图形学学报, 2015, 27(12): 2410-2418.

[26] 高龙琴, 王爱民, 黄惟一, 等. 基于 18 传感器数据手套手部交互模型的建立[J]. 传感技术学报, 2007, 20(3): 523-527.

[27] 吴江琴, 高文, 陈熙霖, 等. 基于 ANN/HMM 的中国手语识别系统[J]. 计算机工程与应用, 1999, 35(9): 1-4.

[28] Parvini F, McLeod D, Shahabi C, et al. An approach to glove-based gesture recognition[C]. International Conference on Human-Computer Interaction, Diego, 2009: 236-245.

[29] 林水强, 吴亚东, 陈永辉. 基于几何特征的手势识别方法[J]. 计算机工程与设计, 2014, 35(2): 636-640.

[30] 成琳, 陈俊杰, 相洁. 图像颜色征提取技术的研究与应用[J]. 计算机工程与设计, 2009, 30(14): 3451-3454.

[31] Tang H K, Feng Z Q. Hand's skin detection based on ellipse clustering[C]. Proceedings of International Symposium on Computer Science and Computational Technology, Shanghai, 2008: 758-761.

[32] 刘超, 周激流, 何坤. 基于Canny算法的自适应边缘检测方法[J]. 计算机工程与设计, 2010, 31(18): 4036-4039.

[33] Medina-Carnicer R, Muñoz-Salinas R, Yeguas-Bolivar E, et al. A novel method to look for the hysteresis thresholds for the canny edge detector[J]. Pattern Recognition, 2011, 44(6): 1201-1211.

[34] Witten I H, Frank E. Data Mining: Practical Machine Learning Tools and Techniques[M]. Burlington: Morgan Kaufmann Publishers, 2011: 300-305.

[35] 张琳, 陈燕, 李桃迎, 等. 决策树分类算法研究[J]. 计算机工程, 2011, 37(13): 66-70.

[36] Kalman R E. A new approach to linear filtering and prediction problems[J]. Journal of Basic Engineering, 1960, 82D(1): 35-45.

[37] 吴闻. 游戏程序设计中若干问题的探讨[J]. 电脑知识与技术, 2009, 5(16): 4331-4336.

[38] Kang J. Affective multimodal story-based interaction design for VR cinema[C]. Advances in Intelligent Systems and Computing, 2017, 483: 593-604.

[39] 秦开怀, 王海颖, 郑辑涛. 一种基于 Hough 变换的圆和矩形的快速检测方法[J]. 中国图象图形学报, 2010, 15(1): 109-115.

[40] 陈泽森. 随机 Hough 变换在 Robocup 机器人小球识别中的应用[J]. 工业控制计算机, 2016, 29(5): 95-97.

第5章 人体动作识别技术

人体动作是一种有目的的行为[1]，或者说人体动作是指包括头、四肢、躯干等各个身体部分在空间中运动的过程，其目的在于人与外界环境进行信息互换，并且得到响应。人体动作分析是人机交互系统的重要支撑技术，通过特定的硬件设备对人体进行检查、动作跟踪、动作数据记录，对数据进行处理和分析，从而使计算机系统能够"善解人意"，理解人的动作指令，理解人与周围环境的交互关系[2]，并最终智能化地为人类提供服务的目标。基于人体动作识别的人机交互语义丰富、表达自然，具有巨大的理论和实用价值及广阔的应用前景。

完整的人体动作识别分析过程包括动作捕捉、动作特征描述和动作分类识别三部分，相关的研究工作各有侧重，其中三维人体动作分析研究是人体动作识别领域的重要问题。本章首先对人体动作识别的相关研究工作进行归纳，对三类主要的动作识别算法，即基于模板匹配的方法、基于状态空间的方法和基于语法分析的方法的基本含义和特点进行分析，进而围绕着动作姿势特征描述、动作关键姿势帧提取、动作分类识别及应用展开讨论；基于深度传感器和深度图像序列的方法获取三维人体动作骨架序列数据，分析动作姿势特征描述方法并建立研究所需的动作数据集；分别实现基于关键姿势和动态时间规整(dynamic time warping，DTW)的人体动作识别和基于姿势序列有限状态机(finite state machine，FSM)的人体动作识别，并对各种方法的特性和实验结果进行分析比较；结合本章提出的方法，以基于人体动作识别的虚拟交警指挥动作训练系统为例，详细阐述人体动作识别应用系统的设计流程。

5.1 人体动作识别技术概述

5.1.1 人体动作识别技术的应用

随着近年计算机软硬件技术的不断发展，传统以键盘和鼠标为主的人机交互方式已不再满足人们生活的需要，人类对人机交互方式提出了更高的需求，当前交互方式也发生了巨大的改变：交互的主客体从以计算机为中心的交互方式转换为以人为中心，并且让计算机适应人的行为习惯。此外，交互的模式，也从单一模态输入向多模态输入改变，最终达到智能和自然的目的[3]。人体动作是人表达意愿的重要信号，包含了丰富的语义，在人机交互系统中发挥着重要的作用，所以自然人机交互领域中，人体动作分析工作具有举足轻重的作用。目前已有许多基于人体动作交互的系统。典型的人机交互应用如图 5-1 所示。

图 5-1　基于动作分析的人机交互应用

与此同时，人体动作分析是一个多学科交叉的研究课题，在研究方法上，使用了数学建模、图形图像分析、模式识别、人工智能等知识，因而具有重要的理论研究价值。此外，在人机交互以外的智能监控、体育运动分析及康复训练、体感游戏控制、虚拟人动画制作等诸多领域，人体动作分析也都有着广泛的应用。

1. 智能监控

公共安全与人们的生活息息相关。近年来，随着社会对公共安全的重视，公共场所的重要位置都安装了摄像头，能够记录下不法分子的犯罪行为，作为事后的调查依据。然而，目前绝大多数的摄像头都只能记录现场视频，而不能判断人类的犯罪行为并及时报警。基于视频的人体动作分析研究能有效地解决这一问题：检测场景中人的活动，并对其动作行为进行分析和识别，当检测到动作行为异常时，立即报警，从而能有效地保障人民的财产安全。图 5-2 表示了人体动作分析在智能监控中的应用。

图 5-2　动作分析在智能监控中的应用

2. 体育运动分析与康复训练

人体动作分析可以应用到运动员体育训练中，传统的体育训练存在一些缺点，如过分依赖运动员的经验、训练过程枯燥单调、训练数据难以记录等，从而不便于培养运动员。人体动作分析可以针对不同体育项目中的动作姿态进行理论和数字化分析，判断运动员动作训练是否合理和准确，从而找到他们的不足，进而给运动员提供科学和有效的训练指导，如图 5-3(a)所示，通过传感设备对体操运动员的动作进行分析。此外，医院患者的康复训练中，也需要进行人体动作分析，如图 5-3(b)所示，通过运动传感器，医生可以获得患者详细的步伐数据，通过分析这些动作数据，可以为患者提供个性化的康复训练计划。

 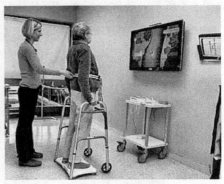

(a) 运动员动作分析 (b) 患者康复训练

图 5-3 动作分析的体育运动应用

3. 体感游戏控制

体感游戏脱离了传统利用手柄和按键控制角色完成游戏任务的束缚，能让玩家更身临其境地体验，是目前游戏一大发展趋势。在体感游戏的控制中，往往需要检测和识别人体的手势动作，将识别命令作为输入去控制角色和虚拟场景中的人和物进行互动。如图 5-4(a)所示是微软 Xbox360 平台的体感游戏，(b)所示的是以羌族文化为背景的虚拟旅游互动体验系统。

(a) Xbox360体感游戏 (b) 虚拟旅游互动体验系统

图 5-4 动作分析的体感游戏应用

4. 虚拟人动画制作

虚拟人动画制作中，一般都需要利用特殊的硬件设备实时捕获真实人体的三维运动数据，并在对动作数据进行关键帧采样和识别分析后，将其映射到事先建立好的虚拟人模型上，生成动画序列。近年来，随着传感设备的不断发展，运动捕捉设备能够高精度地采集人体三维动作数据，使得数据驱动方式成为三维电影和动画制作的重要手段，人体动作分析在虚拟人动画制作中也变得越来越重要。如图 5-5 所示，动作分析在《阿凡达》、《猩球崛起》等三维电影中大量应用。

(a)《阿凡达》　　　　　　　　　　　(b)《猩球崛起》

图 5-5　动作分析在三维电影中的应用

此外，人体动作分析在智能机器人、智能家居等领域中也有着广泛的应用。由此可见，基于人体动作分析进行研究不仅具有重要的学术价值，还具有广阔的应用前景和丰厚的经济价值。当然动作分析也是一个具有挑战性的课题，因为动作是一个复杂的时变信号，复杂环境中动作特征信息的提取、多视角、动作类内差异和类间相似等问题都给动作分析带来很大的困难。

5.1.2　人体动作识别技术相关研究

人体动作识别分析技术由于具有巨大的应用价值和理论价值，吸引了众多高校、科研机构、企业的关注并得以持续发展。目前不论是在学术理论方面，还是在工程应用方面都取得了丰硕的成果，近 10 年来，也有大量的综述文献[4-18]对人体动作分析工作从不同角度和深度进行了总结。根据外部环境和执行复杂度的不同，人体动作有四种不同的表现形式：静态姿势(pose)、由静态姿势序列组成的动作(action)、人与物或人与人的交互(interaction)动作、群体行为(activities)[6]。目前大部分研究集中于静态姿势和单人简单动作的描述和识别，只有少部分的工作是基于交互动作和复杂行为分析的。

总体来说，一个完整的人体动作分析过程主要包括动作捕捉、动作特征描述和动作分类识别三大部分。当前的研究工作也是基本按照这个过程进行开展的，只是侧重点有所差异。动作捕捉一般需要借助特定的传感器设备，如彩色摄像机、三维动作捕捉系统、深度传感器等对人体进行检测、跟踪和动作数据记录。不同的动作设备捕获得到的动作数据类型不同，当前根据动作数据类型的不同，人体动作分析方法主要分为三大类：基于二维视频图像序列的人体动作分析方法、基于深度图像序列的人体动作分析方法以及基于三维人体骨架序列的动作分析方法。这三类动作分析方法的主要区别在于动作特征的描述，而动作分类识别方法原理大致相同，可相互借鉴，主要是模板匹配识别、状态空间分类识别和基于语义的识别方法。典型的算法包括 DTW、HMM、支持向量机（support vector machine，SVM）、ANN、FSM 等。本章的研究主要基于 Kinect V2 采集得到的三维人体骨架序列进行动作分析，重点介绍三维人体动作分析研究现状，而对基于二维视频序列和基于深度图像序列的人体动作分析研究现状只做简单回顾。

1. 基于二维视频图像序列的人体动作分析

基于二维视频图像序列的人体动作分析方法是计算机视觉比较老的一个研究点，自从 1960 年以来就有大量的研究工作[7]，这类方法主要是利用彩色或者黑白摄像机获取动作的视频图像序列，这些图像包括 RGB 图像、灰度图像和二值化图像，统称为强度图（intensity image）。在获取得到强度图后，利用图像处理算法从图像中提取出能够描述动作姿态的图像特征，最后设计动作分类器进行高层动作语义描述[8]。从 20 世纪 70 年代发展到现在，已经存在着大量的基于二维视频图像序列的人体动作分析研究工作，最近也有许多学者对这些工作进行了总结[10-18]。本章在此不再一一总结，主要回顾一些业界比较经典的研究工作，并分析其中存在的问题。

Yamato 等利用剪影轮廓特征描述动作，并首次将 HMM 作为动作分类模型引入人体动作分析，开始了基于状态空间的动作分类方法[19]。描述动作的图像特征主要分为静态特征、动态特征和时空特征。Ahmad 和 Lee 提出了一种称为剪影能量图（sihouette energy image，SEI）的剪影时空方法，利用一系列由图像剪影构成的 SEI 作为动作描述特征[20]。Boisvert 等提出了利用先验集合和统计经验，从人体正面和侧面的剪影重构人体的轮廓来描述人体[21]。Wu 和 Shao 通过考虑动态姿势顺序之间的相关性研究人体剪影对人体动作的表征[22]。静态特征多使用原始的图像特征，如剪影轮廓[19-22]、颜色直方图[23]及各种描述灰度纹理的特征描述子[24,25]。剪影轮廓特征由于受图片颜色和纹理的影响较小，能直观地描述动作区域。

基于动态特征的动作分析主要是利用视频图像中的运动信息，如光流场和运动轨迹等。光流场描述了图像序列中动作幅度和方向如何随时间变化，光流的计算可以参考文献[26]。在实际的应用中，光流对光照的变化和图像的噪声很敏感。

因此，Efros 等针对低分辨率和远距离的动作主体使用校正的方法提高光流场对噪声的鲁棒性[27]。Ahad 等基于 Efros 等提出的方法对光流特征进行处理，取得了较好的动作识别效果，同时也解决了人体自身遮挡的问题[28]。Li 将光流方向直方图用于动作描述，从而增强光流特征的稳定性[29]。光流也可以同其他特征融合使用，针对使用光流法计算耗时严重的问题，施家栋等提出了基于差分图像绝对值和与光流相结合的人体动作特征提取方法[30]。张飞燕等提出利用不同动作的梯度和光流的统计特征对动作进行描述，并通过计算标准动作集视频和测试动作集视频的马氏距离进行动作识别[31]。

时空特征的位置和种类决定了视频图像行为序列的表示，主要包括时空立方体、时空上下文等。其中最为经典的是 Bobick 和 Davis 提出的运动能量图（motion energy images，MEI）和运动历史图（motion history images，MHI）[32]。MEI 是一幅二值图像，描述了动作在空间上出现的区域；MHI 是一幅灰度图像，MHI 中像素的灰度值表示动作发生的时间，灰度值大的对应时序在前面的动作，反之对应时序在后面的动作。随后，Weinland 等基于 Bobick 和 Davis 的工作提出了三维 MHI 特征，即运动历史卷积（motion history volume，MHV）。考虑到多视角问题，Weinland 等将 MHV 转换到柱状坐标系，提取 Fourier 变化特征描述动作，并采用线性分类器进行识别[33]。Laptev 等检验了时空兴趣点方法在简单行为识别中的可靠性[34]。Wang 等通过获取多尺度时空上下文域中各兴趣点之间的上下文相互关系来描述特征[35]。

总体来说，基于二维视频图像序列的动作分析方法可以直接利用图像处理算法得到描述动作的特征，在过去的数十年也取得了很大的进展，但由于二维图像依靠目标图像的稳定分割，此外，复杂背景、相机视角、光照条件的变化，以及自遮挡和遮挡等综合问题，使得基于二维视频图像序列的动作分析方法仍存在很多挑战。

2. 基于深度图像序列的人体动作分析

深度图相比于强度图，其像素点记录的是场景的深度，在人体动作分析中具有很大的优势，能够极大地简化目标人体的检测和分割。深度图像已经被研究和使用很长时间，在智能机器人控制和场景重构等应用中，过去也形成了许多建立场景深度图像的技术，但只有最近几年才得以迅速发展，尤其是 Kinect 深度传感器的发布。相比于传统的 RGB 摄像头，深度传感器不受光照条件的影响，具有颜色和纹理不变性，从而极大地推进了人体动作分析研究及其应用[36]。

基于深度图像序列的人体动作分析工作，其描述特征主要分为整体特征和局部特征。整体特征主要是使用投影、时-空体等全局特征对动作特征进行描述。投影主要是指将深度图像映射到特定的平面视图上，然后提取有意义的描述子来建模人体动作。Yang 等在三维正交平面上投影深度图,提出深度运动映射(depth motion map,DMM)[37]。DMM 在整个图像序列的每个平面上叠加运动能量,将深度图投影到预定义的三个正交平面上并做归一化。通过在每个投影面上计算连续两帧图像的差分得到一幅二值图,并在每一个视角上,将二值图累加得到 DMM,对每一个 DMM 使用梯度直方图方式提取特征,并将三个视角下提取的特征连接起来形成 DMM-HOG(histogram of oriented gradient,方向梯度直方图)描述子,最后使用 SVM 训练特征和识别人体动作。与投影特征不同,Wang 等将动作深度图像序列看成一个由时间和空间构成的四维体模型,从四维体模型的不同位置采用不同大小的四维体来获取子体,并计算落入子体的像素个数,以此构成一种新的随机占有模式(random occupancy pattern,ROP)特征,然后对这些特征进行稀疏编码,将编码系数作为 SVM 的输入进行动作分类[38]。

相对于整体特征,基于局部特征的方法主要是首先提取兴趣点,然后在兴趣点相邻领域内计算局部特征描述子,相比于 RGB 图像序列,深度图像序列拥有更多的噪声,所以对深度图像序列直接使用 RGB 图像序列的局部特征描述子效果很不理想[39]。因此,一些文献提出了针对深度图像的局部特征描述子,如比较编码[40]、局部深度模式(local depth pattern,LDP)[41]、深度长方体相似特征(depth cuboid similarity feature,DCSF)[42]等描述子。这些局部特征描述子相比于全局特征,对噪声、视角和遮挡具有更好的鲁棒性。

3. 基于三维人体骨架序列的动作分析

基于三维人体骨架序列的动作分析最早可以追溯到 1973 年。心理学家 Johansson 为了从二维动作模式中探索三维动作感知,在表演者的 12 个关节点处安装上亮灯,然后让他们在黑暗中运动并利用摄像机录制视频,通过观察小灯在空间中的轨迹变化,就能推断出表演者的动作行为[43]。通过该实验,Johansson 等证明了利用人体的若干关节的运动就能描述人的动作行为,并且关节点的增多能够消除对动作行为的模糊理解。如图 5-6 所示,Johansson 实验中,通过观测亮点的轨迹变化,可以看出是两个人"从靠近,到相遇,到离开"的行为。

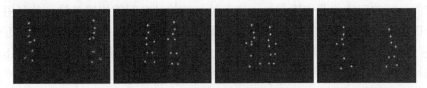

图 5-6　Johansson 的移动灯实验

受 Johansson 研究的影响,越来越多的学者开始了三维人体骨架序列的动作分析研究,其中主要的工作包括三维人体姿势估计、姿态特征描述和动作识别[44-46]。

早些时候受限于计算机硬件，描述动作的三维人体骨架关节主要是利用多视角的二维图像进行姿势估计得到[47]。然而，由于人体包含了大量变化的姿势序列，不同时刻的人体关节点具有自然的对称性，而且二维彩色图像缺失深度信息，所以很难利用二维的 RGB 图像建立三维人体关节点间的对应关系，很难对人体动作姿势准确估计。利用运动捕捉技术是获取三维人体骨架数据的另一方法，该方法虽然能够获得高精度和低噪声的三维人体关节点坐标参数，但是运动捕捉系统价格昂贵，而且动作捕捉方法通常需要标记特定的人体关节，所以只能在特殊的室内环境中使用，极大限制了动作分析结果的普遍适用性。

随着传感器技术的发展，深度传感器设备得到了普及，尤其是体积小、价格低廉、采样率高的深度传感器 Kinect 等的发行，并且一些比较有意义的动作，如 Shotton 等从 Kinect 采集的深度图像序列中准确估计了三维人体骨架关节的位置，使得人体骨架关节的位置估计与跟踪只需要一台深度摄像机，从而给基于三维人体骨架序列的动作分析研究带来极大的方便，也促进了人机交互、游戏娱乐等应用的发展[48]。由于人体动作数据以骨架关节坐标的形式表示非常直观，也能有效地分析关节点之间的相应变化，基于三维人体骨架数据的动作分析已经成为当前的一大研究趋势，相关研究工作也不胜枚举。归纳起来研究工作集中在三维人体动作的特征描述和动作识别方面，其中大多以人体关节三维坐标、三维旋转角度、关节向量角度、关节相对距离等进行动作姿态描述。前述文献[2]和[3]对此进行了比较详细和全面的总结。

人体动作姿势可简单地利用人体两两关节之间的距离来描述，然而这种表示方法缺乏时序信息，会导致动作序列的模糊描述。因此，Ellis 等利用距离特征组合来描述动作姿势，即身体姿势被描述成了当前时间所有可能关节点之间的距离、当前帧与前面帧对应关节间的距离，以及当前帧与通过计算所有动作序列的初始帧的平均而得到的中立帧之间的距离[49]。然后每一个独立特征值被利用 K-Means 算法聚类成 5 个群集中的一个，并且使用一个二维向量来代替每一个群集的索引。最后使用 Logistic Regression 实例方法学习得到每一个动作的规范化姿势序列。类似的，Yang 和 Tian 使用了相同骨架关节之间的位置差异(不是关节距离)、当前帧与前一帧的三维关节位置差异、当前帧与初始帧之间的位置差异，并利用主成分分析(PCA)进行降维得到动作姿势特征描述，最后使用朴素贝叶斯最邻近分类器进行动作分类识别。基于三维骨架关节位置动作描述方法，大多采用词袋(bag of word)技术来建立姿势数学模型[50]。Li 等采用骨架关节位置处的时空描述特征来构造单词，用每一个单词描述一个关键的运动姿势，然后用单词出现的频率来表示动作，从而得到每个动作对应的单词直方图，最后将单词直方图作为 SVM 的输入进行动作分类识别[51]。也有一些研究工作将三维人体骨架转化为图像，如 Hammond 等提出了一种基于小波变换的谱图的金字塔描述，并使用该特征在不同的时空尺度上捕获三维关节轨迹信息，并利用 PCA 进行归一化降维处理，最后使用标准的 SVM 进行识别[52]。在其他方面，也有一些代表性的工作，林水强等采用肢体节点特征向量描述肢体动作特征数据，通过对预定义的肢体动作序列进行采样分析，建立肢体动作的轨迹正则表达式，通过轨迹正则表达式构造姿势序列FSM，从而实现对肢体动作的分析和识别[53]。

与此同时，由于传感设备的高频采样，人体动作数据量也越来越大，如何从冗余大量的动作序列中提取出有效的关键姿势序列来描述动作，也成了当前学者们关注的一个研究点。Barnachon 等利用 Hausdorff 距离将构成动作的所有姿势序列组合成一组群集，每一个群集利用姿势簇中的中心姿势进行描述，然后利用骨架姿势序列中的中心姿势元素的集合积分直方图表示动作姿势序列。最后通过计算两个动作直方图之间的距离来进行动作识别[54]。文献[55]也讨论了三维人体动作识别及其在交互舞蹈系统上的应用。本章的研究动作分析工作也是基于三维人体骨架关节和关键姿势帧，将在后续章节对表示动作的关键姿势帧序列提取方法进行总结。得益于深度传感器的发展以及已有三维人体姿势估计的研究，相比基于视频图像序列和深度图像序列的动作分析方法，基于三维人体骨架序列的动作分析能够较好地适应复杂背景、光照条件的变化，更容易解决视角问题。总体来说，人体动作分析虽然取得了巨大的进步，但远未成熟，仍存在一些问题和挑战：

(1)遮挡问题。遮挡问题一直是计算机视觉研究中的一个难题，使用单台深度摄像机存在的自遮挡或者互遮挡问题使得三维人体骨架关节估计准确度低，严重影响动作识别结果。

(2)动作类内差异和类间相似问题。类内差异主要是指相同语义的动作，由于人的体型、体态、运动速度、面对摄像机的方向等方面的差异，采集到的动作数据也存在很大的差异，即使是相同的人，在不同的时间完成的动作数据都是不一样的；类间相似主要指不同语义的动作可能包含大量相似的动作姿势。这些差异无疑给人体动作分析带来困难。

(3)连续动作的分割问题。人在执行动作时，往往是执行完成一个动作后马上开始另一个动作，这使得各个动作的边界点很难提取，严重影响动作的分割。连续动作由于包含了多个动作模式，无疑加大了动作的识别难度。

(4)关键姿势数据的提取问题。随着计算机硬件的发展，深度传感器和三维动作捕捉系统的采集精度和采样率也越来越高，一个很简单的动作都可能产生成千上万帧的数据，这对于数据存储、检索及重用带来麻烦，而且高精度多维度的动作数据给计算机带来很大的计算量，因此如何快速和准确地从大量的三维动作数据中得到关键帧数据，也是当前三维人体动作分析面临的一个问题。

5.1.3　三维人体动作识别方法

人体动作识别是人体动作分析研究的重要工作,是实现自然人机交互的前提。当前人体动作识别研究主要是围绕着视角受限或不受限的、实时的或者离线的、已分割的或者连续的、单人或多人的动作模式识别。

人体动作识别研究属于模式识别范畴,在对动作姿势特征进行数学模型描述后,主要包括标准动作分类器设计和动作分类识别两个基本任务。当前根据算法的特点,动作识别算法主要分为三类:基于模板匹配的方法、基于状态空间的方法和基于语法分析的方法。

1. 基于模板匹配的方法

基于模板匹配的方法是动作模式识别中最容易理解和常用的方法。这类算法的分类器就是描述各种标准动作模式的原始姿势特征值序列的集合。在指定或者利用语义上能代表某种动作模式的多个动作样本综合得到标准动作模板后,对待分类识别的动作样本,只要比较它与标准动作模板的各个姿势特征之间的差异值的大小就可以对动作进行分类,通常将待识别的动作样本归类为对应差异值最小的动作模式。模板匹配、动态规划、DTW就是这类算法的典型代表。

2. 基于状态空间的方法

基于状态空间的方法是将组成动作的各个静态姿势视为一个状态节点,并且状态与状态的转化以概率关系关联,即动作的当前姿势以一定的概率转移到下一个姿势、返回上一个姿势或者保持在当前姿势,整个动作姿势系列因此可以被看作是不同姿势节点的一次遍历过程。基于状态空间的动作识别方法的核心就是训练描述分类器的参数,这些参数包括动作姿势状态节点的个数、节点与节点之间的概率关联关系等,通常需要利用大量的动作样本训练得到。对于一个待识别的动作,在已知各个状态的先验概率转移情况下,如果能计算出整个动作过程中各个姿势状态遍历的联合概率,则根据概率的大小就可以对动作进行分类识别。该方法也是目前模式识别研究的主流算法,这类算法包括HMM、ANN等。

3. 基于语法分析的方法

语法分析(syntactic analysis)技术一直被用于自然语言处理,近年来也有学者将语法分析技术应用到人体动作识别中。基于语法分析的人体动作识别方法是按照一定形式化的语法结构,如主(人)谓(动作)宾(动作对象),将人体动作姿势系列描述成一连串的符号,其中每一个符号都是从动作样本中按照一定的规则分解和定义得到的。在动作的识别阶段,首先需要将待识别动作姿势系列转换成预定义的符号，然后按照语法规则进行分类识别。

总体说来，基于模板匹配、状态空间和语法分析的动作识别方法各有优缺点。基于模板匹配的方法实现简单，无需大量的训练动作样本，计算量也很小，并且在参考模板质量和参数最优的情况下，具有更高的识别率。但是该方法对动作姿势序列的长度及噪声点敏感，鲁棒性也不够好，通常适合于简单动作的分类识别。基于状态空间的方法能有效地克服模板匹配对噪声敏感的问题，算法的鲁棒性较高，能识别简单的动作和连续的动作，是目前主流的动作识别方法，应用比较广泛。但是该方法也存在不足，为了得到理想的分类器模型，需要大量的动作样本以供训练，对于参数较多的分类器模型，计算量也比较大。基于语法分析的方法有利于对复杂动作结构的理解以及对先验知识的有效利用，但目前的研究仍处于初级阶段，通常与前面两种方法结合使用。

5.2　三维人体骨架数据获取与姿态描述

5.2.1　人体骨架数据的获取

三维人体骨架关节数据和动作姿势特征数学描述是基于三维骨架序列的人体动作分析的基础。在计算机视觉中，获取三维人体动作骨架序列的方法主要有三种：基于多视角二维视频图像序列重构、基于三维动作捕捉系统(motion capture system，MoCap)采集和基于深度图像序列映射。基于二维视频图像的三维人体骨架估计目前依然是一个充满挑战的课题，主要是人体的外形差异、二维图像缺乏深度信息以及部分自我遮挡等，使得三维人体骨架很难被准确估计。当前主要通过后面两种方法获取三维人体骨架关节数据，需要说明的是，基于三维动作捕捉系统得到的三维人体骨架关节数据精度更高，噪声点少，但动作捕捉设备昂贵，使用麻烦，普遍适用性不强。相反地，基于深度图像序列映射的方法，三维人体骨架关节的预测通常会存在误差，深度图像也会含有噪声，但深度传感器体积小，更具有普遍适用性。本章在考虑到人机交互系统交互的自然性后，基于深度传感器和深度图像序列的方法获取三维人体骨架序列数据，下面对该方法进行简单介绍。

在准确和快速进行三维人体骨架关节估计的研究工作中，深度图像序列被证实是相当有用的。尤其是近来深度传感技术的快速发展，许多高采样率和低价格的深度传感器被发布，表 5-1 给出了常见的部分深度传感器信息。这些传感器提供的高分辨率和高采样率的深度图像序列能够为三维人体骨架关节估计提供准确和充分的视觉信息。当前也有许多基于深度图像序列映射获取三维人体骨架关节数据的研究工作，但最有意义的是 Shotton 等从 Kinect 采集的深度图像序列中准确估计了三维人体骨架关节的位置。这种方法被应用到了 Kinect 传感器的人体骨架跟踪和骨架关节三维坐标数据获取中，本章的三维人体骨架关节坐标获取也是基于该工作。为了能更好地进行三维人体动作分析研究，本章将对 Shotton 等提出的方法进行简单的回顾，并介绍获取骨架关节数据的深度传感器 Kinect V2。

表 5-1　常见深度传感器设备

传感器名称	描述
ZED Stereo Camera	基于被动立体视觉的轻量级深度传感器
DepthSense 325	短距离深度传感器，内嵌有彩色摄像机和麦克风阵列
Kinect V1	深度传感器，内嵌有彩色摄像机、红外发射器和一组麦克风阵列
Kinect V2	内嵌有彩色摄像机、TOF 摄像机和一组麦克风阵列
Inter RealSense 3D Camera	内嵌有彩色摄像机、红外摄像机和红外激光投影仪
Asus Xtion PRO Live	红外传感器，内嵌有彩色摄像机和麦克风阵列

Shotton 等利用 Kinect 采集的逐帧组成的深度图像序列获取三维人体骨架序列的整体流程如图 5-7 所示。首先将单幅深度图像分割成一个覆盖了整个人体的概率体局部标签，且相邻不同的部位使用不同的颜色标记，然后在不考虑时间或运动的限制的情况下，利用随机决策森林分类器和分割的身体部位像素点从正面、侧面和俯视角度来估计三维人体骨架关节位置。概括地说，每个身体部位的像素分布都是通过分类推测得到的，像素体分类器使用的是一个由多个决策树集合组成的深度随机决策森林，并且通过使用大量不同身高和体重的人的动作深度图像序列来训练分类器，从而避免了个体差异和过度匹配问题。

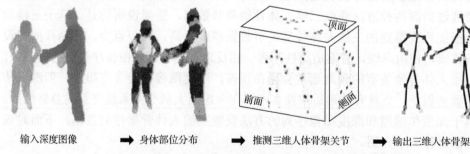

输入深度图像　➡　身体部位分布　➡　推测三维人体骨架关节　➡　输出三维人体骨架

图 5-7　Shotton 等利用深度图像序列获取三维人体骨架序列的方法

为了更好地方便游戏玩家进行体感交互和推广 Kinect 深度传感器，微软将 Shotton 等的研究工作成功应用到了 Kinect V1。Kinect V1 相比传统光学动作捕捉系统价格低廉，并且具有出色的人体骨架跟踪和骨架坐标数据获取能力，因而受到了计算机视觉研究学者的重视，一时之间出现了大量基于 Kinect V1 的人体动作分析工作。2014 年，微软在 Kinect V1 的基础上进行了改进，发布的 Kinect for

Windows V2 深度传感器和 Kinect SDK 2.0，Kinect V2 硬件如图 5-8 所示。

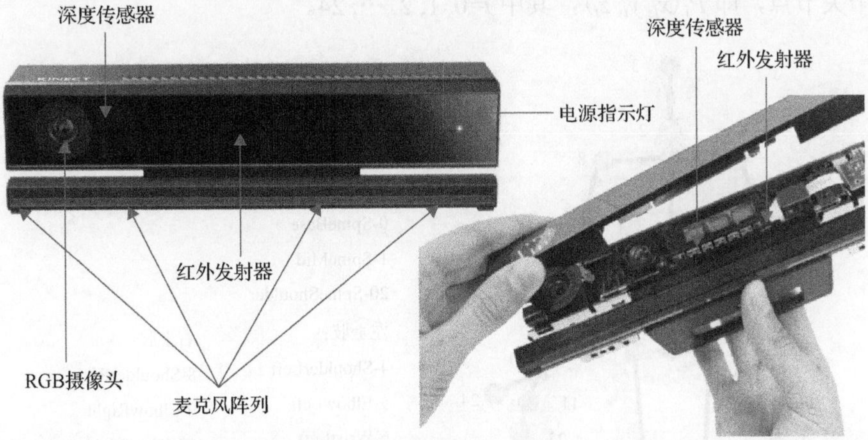

图 5-8　Kinect V2 硬件结构

相比于 Kinect V1，Kinect V2 拥有高保真和低噪声的深度数据、更高清的视频、更宽广的视野及更强的骨架跟踪能力，因此本章选择 Kinect V2 作为获取三维人体骨架关节序列的深度传感器。Kinect V2 和 Kinect V1 的具体对比参数见表 5-2。

表 5-2　Kinect 参数对比

功能	Kinect V1	Kinect V2
视野范围	水平：57.5° 垂直：43.5°	水平：70° 垂直：60°
深度感应技术	基于结构光推测	光飞行时间
深度感应范围	0.8～4.0m	0.5～4.5m
深度视频流参数	320×240 30 帧/s	512×424 30 帧/s
骨架跟踪	最多 2 个人，每个骨架 20 个关节点	最多 2 个人，每个骨架 25 个关节点
彩色视频流参数	640×480 30 帧/s 1280×960 30 帧/s	1920×1080 30 帧/s
主动红外视频流	无	512×424 30 帧/s
接口	USB2.0	USB3.0
延迟	带处理 90ms	带处理 60ms

5.2.2　三维人体骨架模型

利用人体骨架的参数或者运动轨迹可以表示一个姿势或者动作，因此，人体姿势可以通过三维人体骨架模型相关关节的位置参数来定义。Johansson 首次提出了计算机视觉组织以人体的头、躯干、四肢的位置定义了一个骨架原理图模型。本书将人体骨架分为了头、左上肢\左下肢、躯干、右上肢\右下肢四大部分，利用

Kinect V2 深度传感器获得的三维人体骨架模型如图 5-9 所示，包括了人体主要的 25 个关节点，即 $P_i(x_i, y_i, z_i)$，其中 $i=0, 1, 2, \cdots, 24$。

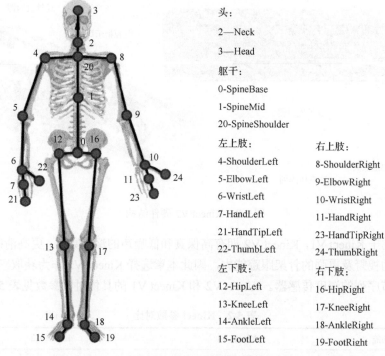

头：

2—Neck

3—Head

躯干：

0-SpineBase

1-SpineMid

20-SpineShoulder

左上肢：	右上肢：
4-ShoulderLeft	8-ShoulderRight
5-ElbowLeft	9-ElbowRight
6-WristLeft	10-WristRight
7-HandLeft	11-HandRight
21-HandTipLeft	23-HandTipRight
22-ThumbLeft	24-ThumbRight
左下肢：	右下肢：
12-HipLeft	16-HipRight
13-KneeLeft	17-KneeRight
14-AnkleLeft	18-AnkleRight
15-FootLeft	19-FootRight

图 5-9　三维人体骨架模型

5.2.3　动作姿势特征描述

1. 肢体坐标系的建立

由于基于 Kinect V2 获取得到的人体骨架关节数据是在设备笛卡儿坐标系下的，并且在运动过程中，人体也很难保持与设备空间平面垂直，因此需要将人体运动原始骨架关节坐标数据从图 5-10 中的 Kinect V2 空间坐标系 $O'X'Y'Z'$ 映射到人体空间坐标系 $OXYZ$。

考虑到人体重心是整个身体位置变化最稳定的点，所以人体坐标系 $OXYZ$ 以人体重心，即如图 5-9 的 "SpineBase" 节点[56]作为原点 O，并以右手方向为 X 轴正方向，以头部正上方为 Y 轴正方向，以人体正前方为 Z 轴正方向。设 $P'(x', y', z')$ 为关节点在设备空间坐标系 $O'X'Y'Z'$ 下的三维坐标，$P(x, y, z)$ 为 P' 对应在人体空间坐标系 $OXYZ$ 下的坐标，则根据三维图形空间坐标的平移和旋转变换：

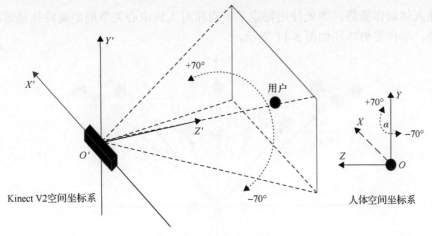

图 5-10　空间坐标变换

$$(x,y,z,1)=(x',y',z',1)\begin{bmatrix} 1 & 0 & 0 & 0 \\ 0 & 1 & 0 & 0 \\ 0 & 0 & -1 & 0 \\ -x_0' & -y_0' & z_0' & 1 \end{bmatrix}\begin{bmatrix} \cos\alpha & 0 & -\sin\alpha & 0 \\ 0 & 1 & 0 & 0 \\ \sin\alpha & 0 & \cos\alpha & 0 \\ 0 & 0 & 0 & 1 \end{bmatrix} \tag{5-1}$$

得到：

$$\begin{cases} x = (x' - x_0')\cos\alpha + (z_0' - z')\sin\alpha \\ y = y' - y_0' \\ z = (x_0' - x')\sin\alpha + (z' - z_0')\cos\alpha \end{cases} \tag{5-2}$$

其中，x_0'、y_0'、z_0' 分别对应 "SpineBase" 节点 O 在 Kinect V2 空间坐标系下的坐标量；α 表示人体相对 XOY 平面的旋转角度，且 $\alpha \in [-70°,+70°]$，可通过标定特定关节点获取。由于 "HipLeft" 和 "HipRight" 相对 Y 轴对称，所以选择这两个点为标定点，假设它们在 $O'X'Y'Z'$ 坐标系下的坐标分别为 (x_l', z_l') 和 (x_r', z_r')，则 $\alpha = \arctan((x_r' - x_l')/(z_r' - z_l'))$。

2. 姿势特征描述

人体动作可以看成是多个姿势在时间轴上的组合，姿势序列的长度取决于用户动作空间的复杂度和动作的持续时间。一个持续时间较长的动作将会产生大量的姿势数据，如果直接采用 Kinect V2 获取得到的 25 个关节点坐标数据描述姿势，不仅计算量大，也破坏了人体动作关节点之间固有的联系，所以需要将原始关节点的坐标数据转换为人体结构特征描述量。目前有大量的研究工作将关节点坐标数据转化为角度、角速度、相对角度、关节点向量等数学特征[57]，并用这些特征描述人体动作姿势。本处使用特定关节点相对人体中心关节的距离特征描述动作姿势。动作姿势特征如图 5-11 所示。

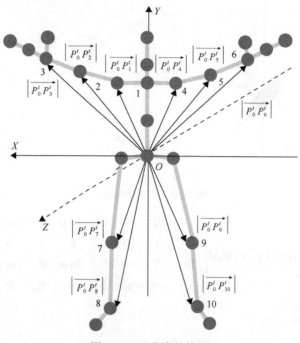

图 5-11　动作姿势特征

在人体运动过程中，四肢关节是整个身体变化最为明显的部分[58]，所以利用人体四肢（左上肢、右上肢、左下肢、右下肢）关节点的变化特征来描述动作姿态是一种合理和有效的方式。考虑到四肢边缘关节点的坐标数据易受噪声等因素的影响，所以选择运动过程肢体变化最稳定的 10 个关节点作为特征关节点。图中关节点 1 到 10 即人体模型的特征关节点，它们依次对应图 5-9 中 ShoulderLeft、ElbowLeft、WristLeft、ShoulderRight、ElbowRight、WristRight、KneeLeft、AnkleLeft、KneeRight、AnkleRight。利用 10 个特征关节点 $P_i^t = (x_i^t, y_i^t, z_i^t)$ 同"SpineBase"节点 $P_0^t = (x_0^t, y_0^t, z_0^t)$ 的相对距离描述 t 时刻人体动作姿势，其中 $i=1, 2, \cdots, 10$。相对距离特征可以利用欧氏距离计算，如式（5-3）所示：

$$\left|\overrightarrow{P_0^t P_i^t}\right| = \sqrt{(x_i^t - x_0^t)^2 + (y_i^t - y_0^t)^2 + (z_i^t - z_0^t)^2} \tag{5-3}$$

其中，t 表示姿势帧的时序信息；P_i^t 表示 t 时刻第 i 个特征关节点的空间坐标信息。

同时为了尽可能地消除不同的人因为身高、体形等带来的动作差异，需要对不同人的距离特征进行比例化处理。由人体骨架学可知，人体关节骨架的长度与其身高的比值近似于一个常数，所以将特征关节的距离特征相对人的身高进行比例化，即将所有的距离特征乘上一个身高比例因子 ξ。实际计算中，将人的身高近似为"Head"关节坐标 y 值与"FootLeft"关节坐标 y 值的差的绝对值 Δy，则 $\xi=1/\Delta y$。所以对于一个具有 T 帧的姿势序列，可得到如下的 $n \times T$ 的距离特征矩阵式(5-4)，其中 $n=10$：

$$
\text{Action} = \begin{bmatrix} \text{Pose}_1 \\ \text{Pose}_2 \\ \vdots \\ \text{Pose}_t \\ \vdots \\ \text{Pose}_T \end{bmatrix} = \xi \times \begin{bmatrix} \overline{P_0^1 P_1^1} & \overline{P_0^1 P_2^1} & \cdots & \overline{P_0^1 P_n^1} \\ \overline{P_0^2 P_1^2} & \overline{P_0^2 P_2^2} & \cdots & \overline{P_0^2 P_n^2} \\ \vdots & \vdots & & \vdots \\ \overline{P_0^t P_1^t} & \overline{P_0^t P_2^t} & \cdots & \overline{P_0^t P_n^t} \\ \vdots & \vdots & & \vdots \\ \overline{P_0^T P_1^T} & \overline{P_0^T P_2^T} & \cdots & \overline{P_0^T P_n^T} \end{bmatrix} \tag{5-4}
$$

5.2.4　动作数据集的建立

目前由于没有基于 Kinect V2 采集的三维人体动作公开数据集，为了实际应用的需要，根据实际项目经验，本节总结了人机交互系统中一些常用的肢体动作，并参考了微软剑桥研究院的 MSRC-12-Gesture[59]数据集，利用 Kinect V2 作为动作采集设备(采样率为 30 帧/s)，KinectStudio V2 作为数据记录工具，建立了自己的三维人体动作数据集 Visswust_3DMotion。

Visswust_3DMotion 数据集包含 25 人(男性 15 人，女性 10 人)执行的 10 个不同类型的动作，其中包括 3750 个动作实例，250 个包含了彩色图像、深度图像和三维人体骨架关节信息的 xef 文件，250 个包含了所有骨架关节三维坐标的 txt 文件和 250 个由 10 个姿势特征值组成的 txt 文件。

需要说明的是，所有的动作都是在室内采集的，对光线、实验者的衣着都没有特殊要求，并且所有动作的执行是在指导后完成的。此外，在采集过程中，Kinect V2 的位置是固定的，相对地面高度为 85cm，实验者只要在 Kinect V2 的视角范围内即可，即人相对设备的水平距离为 0.5~4.5m，视角在[−70°,+70°]范围内。10 种动作的详细定义见表 5-3。

表 5-3　Visswust_3DMotion 数据集

序号	动作语义	描述文字	静态图片和骨架图
1	开始系统	双手向上举，然后自然放下	

序号	动作语义	描述文字	静态图片和骨架图
2	结束系统	双手在身体前方做圆周运动，右手顺时针，左手逆时针	
3	上一级菜单	右手在胸前从左向右滑行，然后放下	
4	下一级菜单	左手在胸前从右向左滑行，然后放下	
5	原地走	原地踏步，"左-右-左"共四次	
6	右侧踢	右腿右侧45°踢出	
7	左侧踢	左腿左侧45°踢出	
8	潜伏	左腿向前走一步，右腿再后退一步，然后迅速蹲下	
9	扔东西	右腿向后撤出一步，然后使用右手手臂，做一个自由式的投掷运动，然后收回腿	

续表

序号	动作语义	描述文字	静态图片和骨架图
10	挥拳	左脚向前跨出一步，左手做一个防御姿势，右手向前击打	

5.3　基于隐马尔可夫模型的人体动作识别

基于状态空间的人体动作识别方法是当前人体动作识别研究的主流，HMM作为其中具有代表性的一种，具有既能描述时序信号的短时平稳特性，又能描述整个信号的非平稳特性，而且本身包含了 DTW 能力，能处理不同长度的时序信号[60]等优点，所以被广泛应用到语音识别、生物信息识别、自然语言处理等领域。由于人体动作是各个姿势状态按照一定顺序和周期进行的过程，并且动作过程中的各个姿势状态只和前一个状态有关，而与其他状态无关，比较符合马尔可夫模型，所以本章将研究 HMM 在人体动作识别中的应用。

5.3.1　隐马尔可夫模型

1. HMM 数学描述

HMM 是一个关于时序状态的双重随机过程，由一个不可观测的隐藏状态随机序列（马尔可夫链）和一个由各个隐藏状态生成的可观测状态序列组成[61]。如图 5-12 所示，HMM 通常用一个五元组模型描述，即 $\lambda=(N, M, \pi, A, B)$。其中，$N$ 是隐藏状态集合 $Q=\{q_1, q_2, \cdots, q_N\}$ 的个数，设 t 时刻模型所处的状态为 i_t，则 $i_t \in Q$；M 是每个状态对应的所有可能的观测集合 $V=\{v_1, v_2, \cdots, v_M\}$ 的个数；设 t 时刻模型的观察值状态为 o_t，则 $o_t \in V$；π 表示初始状态概率分布，见式(5-5)；A 是状态转移概率分布矩阵，见式(5-6)，式中 a_{ij} 表示模型从 t 时刻的 q_i 状态转移到 $t+1$ 时刻 q_j 状态的概率；B 表示观测概率分布矩阵，见式(5-7)，式中 b_{jk} 表示 t 时刻模型处于状态 q_j 条件下生成观测 v_k 的概率分布。由于 N 和 M 主要取决于动作复杂度，通常由人为确定和调整，故 HMM 也可以使用三元组模型进行描述，即 $\lambda=(\pi, A, B)$。

$$\pi = \{\pi_i\} = \{P(i_1 = q_i), 1 \leqslant i \leqslant N\} \tag{5-5}$$

$$A = \{a_{ij}\} = \{P(i_{t+1} = q_i \mid i_t = q_i), 1 \leqslant i \leqslant N, 1 \leqslant j \leqslant N\} \tag{5-6}$$

$$B = \left\{ b_{jk} \right\} = \left\{ P(o_t = v_k \mid i_t = q_j), 1 \leqslant k \leqslant M, 1 \leqslant j \leqslant N \right\} \tag{5-7}$$

图 5-12　HMM 示意图

2. HMM 的三个基本问题及其解法

1)概率计算问题及其解法

概率计算问题是指在已知 HMM 的三元组模型 $\lambda=(\pi, A, B)$ 的情况下,计算观测序列 $O=\{o_1, o_2, \cdots, o_T\}$ 出现的概率,通常用来进行模式分类。假设当前有 H 种已知模型参数分别为 $\lambda_1, \lambda_2, \cdots, \lambda_i, \cdots, \lambda_H$ 的模式类别,对于一个待归类的观测序列 O,分别计算条件概率 $P(O|\lambda_i)$, $i=1, 2, \cdots, H$,并找出其中的最大值,进而将 O 划分到对应的类别中去。

概率计算问题通常利用前向算法解决,主要是基于前向概率进行递推得到观测概率 $P(O|\lambda)$ 的。前向概率即 t 时刻部分观测序列为 $o_1, o_2, \cdots, o_t$ 且隐藏状态为 q_i 的概率,定义如式(5-8)所示:

$$\alpha_t(i) = P(o_1, o_2, \cdots, o_t, i_t = q_i \mid \lambda) \tag{5-8}$$

对应的前向算法描述如步骤 1~步骤 3 所示:

步骤 1　初始化

$$\alpha_1(i) = \pi_i b_i(o_1), \quad i = 1, 2, \cdots, N \tag{5-9}$$

步骤 2　递推计算,对于 $t=1,2,\cdots,T-1$,有

$$\alpha_{t+1}(i) = \left[\sum_{j=1}^{N} \alpha_t(j) a_{ji} \right] b_i(o_{t+1}), \quad i = 1, 2, \cdots, N \tag{5-10}$$

步骤 3　终止

$$P(O|\lambda) = \sum_{i=1}^{N} \alpha_T(i) \tag{5-11}$$

与前向算法对应的是后向算法,通常利用前向算法就可以解决概率计算问题,后向算法主要用在 HMM 的学习问题中,所以在此也对后向算法进行简单介绍。后向算法类似前向算法,需要先定义一个后向概率,即在时刻 t 模型状态为 q_i 的条件

下，从 $t+1$ 时刻到 T 时刻的部分观测序列为 $o_{t+1}, o_{t+2}, \cdots, o_T$ 的概率，如式(5-12)所示：

$$\beta_t(i) = P(o_{t+1}, o_{t+2}, \cdots, o_T, i_t = q_i \mid \lambda) \tag{5-12}$$

对应的前向算法描述如步骤 1～步骤 3 所示。

步骤 1　初始化

$$\beta_T(i) = 1, \quad i = 1, 2, \cdots, N \tag{5-13}$$

步骤 2　递推计算：对于 $t=T-1, T-2, \cdots, 1$，有

$$\beta_t(i) = \sum_{j=1}^{N} a_{ij} b_j(o_{t+1}) \beta_{t+1}(j), \quad i = 1, 2, \cdots, N \tag{5-14}$$

步骤 3　终止

$$P(O|\lambda) = \sum_{i=1}^{N} \pi_i b_i(o_1) \beta_1(i) \tag{5-15}$$

利用前向概率式(5-11)和后向概率式(5-15)，可将 $P(O|\lambda)$ 统一写成式(5-16)：

$$P(O|\lambda) = \sum_{i=1}^{N} \sum_{j=1}^{N} \alpha_t(i) a_{ij} b_j(o_{t+1}) \beta_{t+1}(j), \quad t = 1, 2, \cdots, T-1 \tag{5-16}$$

2) 学习问题及其解法

学习问题是 HMM 中最重要和最难解决的问题，是指在已知观测序列 $O=\{o_1, o_2, \cdots, o_T\}$ 的情况下，估计模型 $\lambda=(\pi, A, B)$ 的参数，并使得 $P(O|\lambda)$ 的值最大。求解该类问题的算法很多，其中最常用的是 Baum-Welch 算法。Baum-Welch 算法是期望最大化(expectation maximization, EM)算法的典型应用，主要按照以下步骤进行参数估计：

步骤 1　确定完全数据的对数似然函数。

假设观测序列为 $O=\{o_1, o_2, \cdots, o_T\}$，隐藏状态数据为 $I=\{i_1, i_2, \cdots, i_T\}$，则对应的完全数据为 $(O,I)=\{o_1, o_2, \cdots, o_T, i_1, i_2, \cdots, i_T\}$，对数似然函数为

$$\ln P(O, I|\lambda) = \sum_I \ln P(O \mid I, \lambda) P(I \mid \lambda) \tag{5-17}$$

步骤 2　EM 算法的 E 步。

假设 λ' 表示当前 HMM 参数的估计值，λ 表示需要极大化的 HMM 参数，则 Q 函数 $Q(\lambda, \lambda')$ 为

$$Q(\lambda,\lambda') = \sum_I \ln P(O\,|\,I,\lambda) \ln P(O\,|\,I,\lambda') \tag{5-18}$$

又因为有

$$\ln P(O,I|\lambda) = \pi_{i_1} b_{i_1}(o_1)\alpha_{i_1 i_2} b_{i_2}(o_2)\cdots\alpha_{i_{T-1} i_T} b_{i_T}(o_{i_T}) \tag{5-19}$$

则 Q 函数为

$$
\begin{aligned}
Q(\lambda,\lambda') = &\sum_I \pi_{i_1} \ln P(O,I\,|\,\lambda') \\
&+ \sum_I \left(\sum_{t=1}^{T-1} \ln \alpha_{i_t i_{t+1}}\right) P(O,I\,|\,\lambda') + \sum_I \left(\sum_{t=1}^{T} \ln \alpha_{i_t}(o_t)\right) P(O,I\,|\,\lambda')
\end{aligned} \tag{5-20}
$$

步骤 3　EM 算法的 M 步，即极大化 Q 函数得到 A、B、π。

由式(5-20)可知，对 Q 函数的极大化即对式(5-20)中的各个求和项进行极大化。依次对三个求和项采用拉格朗日乘子法得到估计值，见式(5-21)和式(5-22)：

$$\pi_i = \frac{P(O,i_1=i\,|\,\lambda')}{P(O\,|\,\lambda')} \tag{5-21}$$

$$\alpha_{ij} = \frac{\displaystyle\sum_{t=1}^{T-1} P(O,i_1=i,i_{t+1}=j\,|\,\lambda')}{\displaystyle\sum_{t=1}^{T-1} P(O,i_1=i\,|\,\lambda')} \tag{5-22}$$

$$b_j(k) = \frac{\displaystyle\sum_{t=1}^{T} P(O,i_t=j\,|\,\lambda')I(o_t=v_k)}{\displaystyle\sum_{t=1}^{T} P(O,i_1=j\,|\,\lambda')} \tag{5-23}$$

又由前向算法和后向算法可得，在给定 HMM 的 λ 和观测序列 O 情况下，时刻 t 时模型状态为 q_i 的概率为

$$\gamma_t(i) = P(i_t=q_i\,|\,o,\lambda) = \frac{\alpha_1(i)\beta_1(i)}{\displaystyle\sum_{j=1}^{N}\alpha_1(j)\beta_1(j)} \tag{5-24}$$

在时刻 t 模型状态为 q_i 且在时刻 $t+1$ 处于状态 q_j 的概率为

$$\xi_t(i,j) = P(i_t = q_i, i_{t+1} = q_j \mid o, \lambda) = \frac{\alpha_t(i)\alpha_{ij}b_j(o_{t+1})\beta_{t+1}(j)}{\sum_{i=1}^{N}\sum_{j=1}^{N}\alpha_t(i)\alpha_{ij}b_j(o_{t+1})\beta_{t+1}(j)} \tag{5-25}$$

则对应的估计值可写成：

$$\pi_i = \text{在}t=1\text{时刻处于状态}q_i\text{的期望次数} = \gamma_1(i) \tag{5-26}$$

$$\alpha_{ij} = \frac{\text{从状态}q_i\text{转移到}q_j\text{的期望次数}}{\text{从状态}q_i\text{转移出去的次数}} = \frac{\sum_{t=1}^{T-1}\xi_t(i,j)}{\sum_{t=1}^{T-1}\gamma_t(i)} \tag{5-27}$$

$$b_j(k) = \frac{\text{状态}q_j\text{和观测}v_k\text{的期望次数}}{\text{状态}q_j\text{的期望次数}} = \frac{\sum_{t=1,o_t=v_k}^{T}\gamma_t(j)}{\sum_{t=1}^{T}\gamma_t(j)} \tag{5-28}$$

则对应的式(5-26)~式(5-28)即 Baum-Welch 算法的具体实现。

步骤 4　用 λ' 更换 λ，并重复进行步骤 2~步骤 3，直到 $P(O|\lambda') \geqslant P(O|\lambda)$。

3) 解码问题及其解法

解码问题是指在给定 HMM 参数 λ 和观测序列 $O=\{o_1, o_2, \cdots, o_T\}$ 的情况下，求条件概率 $P(I|O)$ 最大时对应的隐藏状态序列 $I=\{i_1, i_2, \cdots, i_T\}$，通常使用 Viterbi 算法解决。

Viterbi 算法实际上是利用动态规划求概率最大值对应的隐藏状态序列。假设 t 时刻状态为 i 的所有单个状态序列 $\{i_1, i_2, \cdots, i_t\}$ 中最大概率值为

$$\delta_t(i) = \max P(i_t = i, i_{t-1}, \cdots, i_1, o_t, \cdots, o_1 \mid \lambda), \quad i = 1, 2, \cdots, N \tag{5-29}$$

则由定义可得

$$\begin{aligned}\delta_{t+1}(i) &= \max P(i_{t+1} = i, i_t, \cdots, i_1, o_{t+1}, \cdots, o_1 \mid \lambda) \\ &= \max\left[\delta_i(j)\alpha_{ji}\right]b_i(o_{t+1}), \quad j = 1, 2, \cdots, N; t = 1, 2, \cdots, T-1\end{aligned} \tag{5-30}$$

且最大概率值对应的状态序列 $\{i_1, i_2, \cdots, i_t\}$ 中的第 t–1 个节点为

$$\psi_t(i) = \arg\max\left[\delta_{t-1}(j)\alpha_{ji}\right], \quad i = 1, 2, \cdots, N; j = 1, 2, \cdots, N \tag{5-31}$$

则 Viterbi 算法按照步骤 1~步骤 4 得到最优状态序列：

步骤 1 初始化

$$\delta_1(i) = \pi_i b_i(o_1), \quad \psi_1(i) = 0, \quad i = 1, 2, \cdots, N \tag{5-32}$$

步骤 2 递推计算，对于 $t=2,3,\cdots,T$，有

$$\delta_t(i) = \max\left[\delta_{t-1}(j)\alpha_{ji}\right]b_i(o_t), \quad i = 1, 2, \cdots, N \tag{5-33}$$

$$\psi_t(i) = \arg\max\left[\delta_{t-1}(j)\alpha_{ji}\right], \quad i = 1, 2, \cdots, N \tag{5-34}$$

步骤 3 终止

$$P^* = \max \delta_T(i), \quad i = 1, 2, \cdots, N \tag{5-35}$$

$$i_T^* = \arg\max\left[\delta_T(i)\right], \quad i = 1, 2, \cdots, N \tag{5-36}$$

步骤 4 最优状态序列为 $I^* = \{i_1^*, i_2^*, \cdots, i_t^*, \cdots, i_T^*\}$，且

$$i_t^* = \psi_{t+1}(i_{t+1}^*), \quad t = T-1, T-2, \cdots, 1 \tag{5-37}$$

3. HMM 分类

当前，按照状态转移概率分布矩阵 A 结构的不同，HMM 主要分为全遍历型和左右型，而左右型又可以分为无跨越左右型、有跨越左右型和并行左右型，如图 5-13 所示。

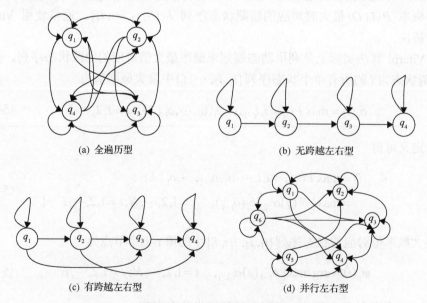

(a) 全遍历型   (b) 无跨越左右型

(c) 有跨越左右型   (d) 并行左右型

图 5-13 常见的 HMM 结构

根据观测概率分布 B 的不同，HMM 又可以分为离散性 HMM(discrete HMM，DHMM) 和连续型 HMM(continuous HMM，CHMM)。对于 DHMM，B 为一个 $N \times M$ 的概率矩阵，用于表示各个隐藏状态与观测符号之间的概率关系。而 CHMM 的观测序列是连续信号，此时的 f 是一组观测概率密度函数，且 $f = \{f_j(X), j = 1, 2, \cdots, N\}$。

对于概率计算问题和解码问题，CHMM 同 DHMM 使用相同的解法，而对于学习问题，π 和 A 的估计依旧采用 Baum-Welch 算法进行计算，但 B 的估计算法却有所不同。

通常根据概率密度函数 $b_j(X)$ 所选择的概率分布不同，f 所采用的训练模型也不一样。由于高斯函数具有较好的计算性能，所以高斯混合模型(Gaussian mixture model，GMM) 被广泛使用，如果对应的观测序列为 $O = \{o_1, o_2, \cdots, o_t, \cdots, o_T\}$，则观测 o_t 在状态 q_j 下的高斯概率密度函数如式 (5-38) 所示，且满足约束 (5-39)：

$$b_j(o_t) = \sum_{k=1}^{K} c_j^{(k)} b_j^{(k)}(o_t) = \sum_{k=1}^{K} c_j^{(k)} N(o_t, \mu_j^{(k)}, \Sigma_j^{(k)}), \quad j = 1, 2, \cdots, N \quad (5\text{-}38)$$

$$\int_{-\infty}^{\infty} b_j(x)\mathrm{d}x = 1, \quad 1 \leqslant j \leqslant n \quad (5\text{-}39)$$

其中，K 代表组成 GMM 的单高斯模型(single Gaussian model，SGM) 的个数；$c_j^{(k)}$ 表示状态 j 对应观测中的第 k 个 SGM 的权值因子，满足 $\sum_{k=1}^{K} c_j^{(k)} = 1$；$N(X, \mu_j^{(k)}, \Sigma_j^{(k)})$ 代表 GMM 中的第 k 个 SGM；$\mu_j^{(k)}$ 为其样本均值；$\Sigma_j^{(k)}$ 为方差矩阵，则

$$N(o_t, \mu_j^{(k)}, \Sigma_j^{(k)}) = \frac{1}{\sqrt{2\pi \left| \Sigma_j^{(k)} \right|}} \exp\left[-\frac{1}{2}(o_t - u_j^{(k)})^{\mathrm{T}} (\Sigma_j^{(k)})^{-1} (o_t - \mu_j^{(k)}) \right] \quad (5\text{-}40)$$

此时，如果对应的观测序列为 $O = \{o_1, o_2, \cdots, o_T\}$，则利用极大似然估计得到高斯模型各个参数，重估公式如式 (5-41)～式 (5-44) 所示，式中 $\gamma_t^{(k)}(j, k)$ 为辅助因子，见式 (5-41)：

$$\gamma_t^{(k)}(j, k) = \left[\frac{\alpha_t^{(k)}(j)\beta_t^{(k)}(j)}{\sum_{j=1}^{N} \alpha_t^{(k)}(j)\beta_t^{(k)}(j)} \right] \times \left[\frac{c_j^{(k)} N(o_t \mid \mu_j^{(k)}, \Sigma_j^{(k)})}{\sum_{k=1}^{K} c_j^{(k)} N(o_t \mid \mu_j^{(k)}, \Sigma_j^{(k)})} \right], \quad j = 1, 2, \cdots, N \quad (5\text{-}41)$$

$$\overline{c}_j^{(k)} = \frac{\displaystyle\sum_{t=1}^{T}\gamma_t(j,k)}{\displaystyle\sum_{k=1}^{K}\sum_{t=1}^{T}\gamma_t(j,k)}, \quad j=1,2,\cdots,N \tag{5-42}$$

$$\overline{\mu}_j^{(k)} = \frac{\displaystyle\sum_{t=1}^{T}\gamma_t(j,k)o_t}{\displaystyle\sum_{k=1}^{K}\sum_{t=1}^{T}\gamma_t(j,k)}, \quad j=1,2,\cdots,N \tag{5-43}$$

$$\overline{\Sigma}_j^{(k)} = \frac{\displaystyle\sum_{k=1}^{K}\sum_{t=1}^{T}\gamma_t(j,k)(o_t-\overline{\mu}_j^{(k)})(o_t-\overline{\mu}_j^{(k)})^{\mathrm{T}}}{\displaystyle\sum_{t=1}^{T}\gamma_t^{(k)}(j,k)}, \quad j=1,2,\cdots,N \tag{5-44}$$

5.3.2　基于连续型隐马尔可夫模型的人体动作识别

人体动作是一个连续、时变的信号，对应的观测姿势序列也是连续的。虽然当前存在各种矢量量化编码的方法将连续信号离散化，但人体动作是一种复杂的连续时变信号，通过矢量量化编码后可能导致有效的信息大量丢失，所以本章选择 CHMM 进行人体动作识别。对于人体动作姿势的描述依旧使用三维骨架特定关节之间的相对距离，人体动作识别采用 CHMM 算法，主要包括模型参数初始化、模型参数训练及动作样本归类。

1. 模型参数初始化

根据前文的分析，CHMM 的模型参数可以表示成 $\lambda=(\pi, A, C, \mu, \Sigma)$。$C$ 表示混合权值系数矩阵，μ 为均值矩阵，Σ 为协方差矩阵，对于一个具有 N 状态和由 M 个高斯分布组成的 CHMM 模型，各参数描述如下：

$$C = \begin{bmatrix} c_1^{(1)} & c_1^{(2)} & \cdots & c_1^{(M)} \\ c_2^{(1)} & c_2^{(2)} & \cdots & c_2^{(M)} \\ \vdots & \vdots & & \vdots \\ c_N^{(1)} & c_N^{(2)} & \cdots & c_N^{(M)} \end{bmatrix} \tag{5-45}$$

其中，$c_j^{(k)}$ 表示状态 q_j 对应第 k 个权值因子，满足

$$\sum_{k=1}^{M} c_j^{(k)} = 1, \quad c_j^{(k)} \geqslant 0, \quad j = 1, 2, \cdots, N \tag{5-46}$$

均值矩阵定义如 (5-47) 所示，其中 $\mu_j^{(k)}$ 表示状态 q_j 对应第 k 个高斯分布的均值向量：

$$\mu = \begin{bmatrix} \mu_1^{(1)} & \mu_1^{(2)} & \cdots & \mu_1^{(M)} \\ \mu_2^{(1)} & \mu_2^{(2)} & \cdots & \mu_2^{(M)} \\ \vdots & \vdots & & \vdots \\ \mu_N^{(1)} & \mu_N^{(2)} & \cdots & \mu_N^{(M)} \end{bmatrix} \tag{5-47}$$

协方差矩阵定义如 (5-48) 所示，其中 $\Sigma_j^{(k)}$ 表示状态 q_j 对应第 k 个高斯分布各个观测的协方差矩阵：

$$\Sigma = \begin{bmatrix} \Sigma_1^{(1)} & \Sigma_1^{(2)} & \cdots & \Sigma_1^{(M)} \\ \Sigma_2^{(1)} & \Sigma_2^{(2)} & \cdots & \Sigma_2^{(M)} \\ \vdots & \vdots & & \vdots \\ \Sigma_N^{(1)} & \Sigma_N^{(2)} & \cdots & \Sigma_N^{(M)} \end{bmatrix} \tag{5-48}$$

首先将动作看成是"开始—中间—结束"的运动过程，采用三状态左右无连接跨越型的 CHMM 对动作模型进行描述，则初始概率矩阵 $\pi=[1,0,0]$，对应的初始转移状态概率为

$$A = \begin{bmatrix} 0.5 & 0.5 & 0 \\ 0 & 0.5 & 0.5 \\ 0 & 0 & 1 \end{bmatrix} \tag{5-49}$$

则对于参数 C、μ、Σ 的初始化，首先利用平均分段的方式将第 z 类动作的所有动作样本按照时序平均分成三部分，然后对每部分利用 K-Means 聚类聚成三个簇，并利用各个簇的姿势样本的均值作为 μ，最后计算 Σ，C 则取各个簇的姿势样本数占动作总样本数的比例。

2. 模型参数训练

对于模型参数 $\lambda=(\pi, A, C, \mu, \Sigma)$ 的训练，使用 Baum-Welch 算法、Viterbi 算法和 K-Means 聚类算法相结合进行训练，训练流程图如图 5-14 所示，算法主要步骤如下所示：

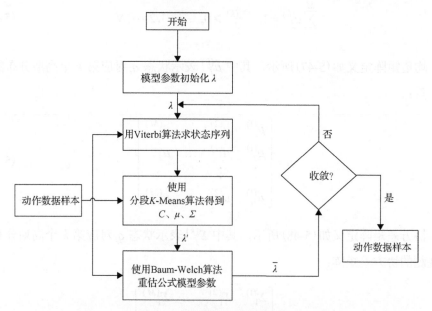

图 5-14　CHMM 训练算法流程

步骤 1　读入动作样本，初始化模型参数 $\lambda=(\pi, A, C, \mu, \Sigma)$。

步骤 2　根据初始 λ，利用 Viterbi 算法对动作数据进行划分得到更为合理的状态序列。

步骤 3　利用 K-Means 算法对参数 C、μ、Σ 进行重新估计，得到 λ'。

步骤 4　将 λ' 作为新的初始值，然后利用 Baum-Welch 算法进行参数重估得到 $\bar{\lambda}$。

步骤 5　判断模型参数是否收敛，即设置一个很小的收敛阈值，如果重估得到的模型参数与初始值的差值小于收敛阈值，则说明模型训练收敛，即训练成功执行步骤 6，否则利用 $\bar{\lambda}$ 更换 λ，继续执行步骤 2～步骤 5。

步骤 6　输出模型参数 λ。

3. 动作样本归类

通过模型参数训练的方法可以训练得到 Z 种动作类型的 CHMM 参数 $\lambda=\{\lambda_i, i=1, 2, \cdots, Z\}$，则对于待识别动作，在得到特征姿势序列后，利用前向算法就可以计算得到待识别动作与各种动作模型的相似度。为了避免大量的乘法运算，通常使用对数概率表示 $\ln P(O|\lambda_i)$，最后将待识别动作归类到对应对数概率最大的动作类型中去。CHMM 识别算法流程如图 5-15 所示。

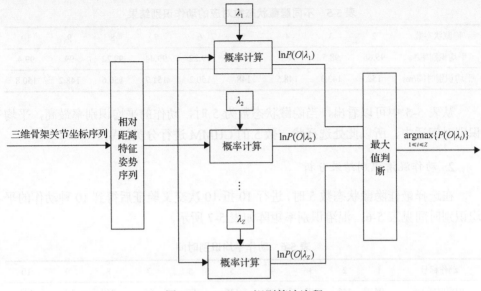

图 5-15　CHMM 识别算法流程

5.3.3　实验结果与分析

在 Intel Core（TM）i7-4790K、16GB 内存的 Windows 8 x64 操作系统上，采用 Visual Studio 2013 C++语言完成基于 CHMM 的人体动作识别实验。实验采用 Visswust_3DMotion 数据集的 10 种动作，总共 3750 个样本进行训练和识别。10 种动作的具体动作语义描述信息详见表 5-3。表 5-4 是各个动作的平均长度和动作类型。对每种动作样本，每次选择 90%的动作样本进行训练，余下 10%的样本作为测试集，进行 10 折 10 次交叉验证。

表 5-4　动作集信息

动作标号	1	2	3	4	5	6	7	8	9	10
动作类型	上肢	上肢	上肢	上肢	下肢	下肢	下肢	综合	综合	综合
动作平均长度/帧	158	350	256	256	272	224	257	399	331	333

1. 最优隐藏状态数确定

隐藏状态的个数与动作的识别率和识别时间有很大的关系，通常隐藏状态数越多，对 HMM 描述越精细，在一定范围内，动作的识别率也会越高。但隐藏状态数越多，计算量也越大。为了得到最好的识别效果，分别利用 2～10 个隐藏状态数进行动作训练和识别，然后得到最优的隐藏状态数。不同隐藏状态数下，动作的平均识别率和平均识别时间如表 5-5 所示。

表 5-5　不同隐藏状态数对应的动作识别结果

隐藏状态数	2	3	4	5	6	7	8	9	10
平均识别率/%	95.66	98.5	98.6	99.5	99.22	99.44	99.22	99	99.4
平均识别时间/ms	152	143.3	148.5	148	150.2	151.7	150.6	148.2	150.8

从表 5-5 中可以看出，当隐藏状态数为 5 时，动作的平均识别率最高，平均识别时间适中，所以此处选择状态数 5 的 CHMM 进行分类识别。

2. 动作混淆识别结果分析

在选择最佳隐藏状态数 5 时，进行 10 折 10 次交叉验证后得到 10 种动作的平均识别时间见表 5-6，混淆识别率矩阵如表 5-7 所示。

表 5-6　动作平均识别时间

动作标号	1	2	3	4	5	6	7	8	9	10
识别时间/ms	94	145	173	172	136	97	64	269	157	176
平均识别时间/ms					148					

表 5-7　动作识别测试结果混淆识别率矩阵

动作标号	1	2	3	4	5	6	7	8	9	10
1	**1.00**	0.00	0.00	0.00	0.00	0.00	0.00	0.00	0.00	0.00
2	0.03	**0.97**	0.00	0.00	0.00	0.00	0.00	0.00	0.00	0.00
3	0.00	0.00	**1.00**	0.00	0.00	0.00	0.00	0.00	0.00	0.00
4	0.00	0.00	0.00	**0.99**	0.00	0.00	0.00	0.00	0.01	0.00
5	0.00	0.00	0.00	0.00	**0.99**	0.01	0.00	0.00	0.00	0.00
6	0.00	0.00	0.00	0.01	0.00	**1.00**	0.01	0.00	0.00	0.00
7	0.00	0.00	0.00	0.00	0.00	0.00	**1.00**	0.00	0.00	0.00
8	0.00	0.00	0.00	0.00	0.00	0.00	0.00	**1.00**	0.00	0.00
9	0.00	0.00	0.00	0.00	0.00	0.00	0.00	0.00	**1.00**	0.00
10	0.00	0.00	0.00	0.00	0.00	0.00	0.00	0.00	0.00	**1.00**
平均识别率/%					99.5					

从表 5-7 可以看出，基于 CHMM 的人体动作识别方法对 Visswust_3DMotion 数据集中的大部分动作识别率都达到了 100%，最低识别率也达到了 97%，平均识别率为 99.5%，所以具有很高的识别率，同时从表中的灰色区域可以看出，该方法对三种不同类型的动作识别率都很高，没有明显的识别倾向，所以具有很高的鲁棒性。但是由于 CHMM 算法复杂度较高，从表 5-6 中可以得到，基于 CHMM 的人体动作识别方法对 10 种动作的平均识别时间达到了 148ms，动作识别速度较慢。

5.4　基于姿势序列有限状态机的人体动作识别

为避免出现肢体动作识别方法的不易扩展和识别效率低等问题，本节提出了一种姿势序列有限状态机(FSM)的动作识别方法[62]。特定的肢体动作可以看成由多个姿势在时间轴上的一组运动序列，即姿势序列来描述。本章方法主要采用肢体节点特征向量描述肢体动作特征数据，通过对预定义的肢体动作序列进行采样分析，建立肢体动作的轨迹正则表达式，通过轨迹正则表达式构造姿势序列 FSM，从而实现对肢体动作的分析和识别。

姿势序列 FSM 动作识别方法框架如图 5-16 所示。首先，将体感交互设备获得的肢体节点数据变换到以用户为中心的肢体节点坐标系，通过定义肢体节点特征向量，对肢体动作序列进行采样分析，建立预定义动作轨迹正则表达式，构造姿势序列 FSM，从而实现对预定义肢体动作的解析和识别。本章中所使用的体感交互设备为微软 Kinect for Windows 传感器设备。

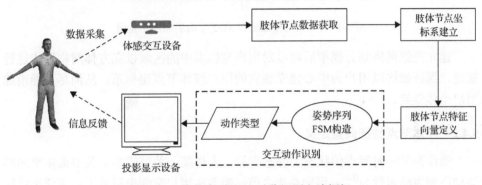

图 5-16　姿势序列 FSM 动作识别方法框架

5.4.1　三维网格划分模型的建立

用户坐标系下单位度量描述为单位立方体网格，对于不同身高的用户需要考虑其高度和肢体长度的比例对应关系，并用统一的方式对肢体动作进行描述。通过坐标系变换后，在用户坐标系中建立当前用户特有的空间网格模型，本节中将网格模型划分为 w^3 的三维立方体网格(w 为一维网格划分数，此处经验取值 $w=11$)，空间网格在 XOY 平面的截面示意图如图 5-17 所示。

在用户坐标系下，以原点为中心，分别对三维方向的网格进行比例划分，X 轴正负方向比例为 1:1，y 轴正负方向比例为 3:8，Z 轴正负方向比例为 6:5。通过计算出单位网格的边长 d，用统一的方式对动作类型进行描述，根据用户相对身高比例定义网格边长，单位网格边长 d 可描述为 $d=h/(w-1)$，其中，h 表示当前用户在用户坐标系下的相对高度，w 为一维网格划分数。

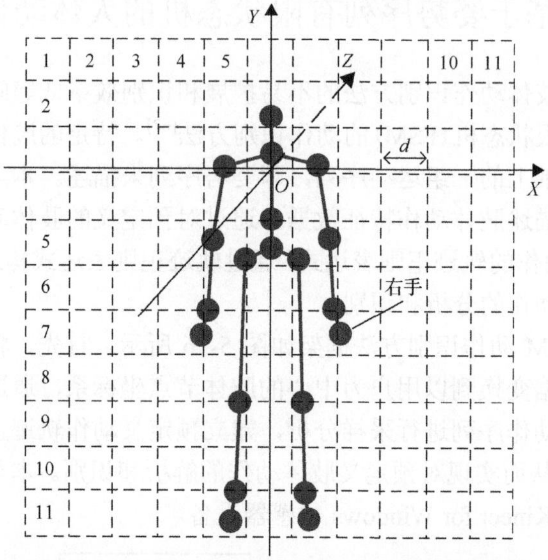

图 5-17 空间网格划分在 XOY 平面的截面示意图

建立三维网格划分模型后可以对用户坐标系中的区域以立方体网格形式进行描述，保证始终以用户为中心建立独立的用户肢体节点坐标系，从而尽可能消除用户个体差异。

5.4.2 肢体节点特征向量定义

动作在某一时间点的状态为静态姿势，人体某一关节或多个关节点在空间的运动序列为动态行为[63]。识别动作之前，需要在用户空间坐标系下描述通用特征数据，通用特征数据一般包括相对关节点的三维坐标信息、关节点空间运动矢量、关节点间空间距离等，肢体动作特征数据描述如图 5-18 所示。

定义肢体节点特征向量来描述动作特征数据，通过对肢体节点特征向量参数的计算和分析，实现对多个特定姿势组合形成的动态序列的识别，即对肢体动作的识别。肢体节点特征向量包括关节点空间运动矢量、关节点运动时间间隔和关节点空间距离，肢体节点特征向量 V 定义见式 (5-50)：

$$V(T,k) = \left[\bigcup_{i=0}^{s-1} J_k^i J_k^{i+1}, \Delta t_k^s, |P_m P_n|\right] \tag{5-50}$$

其中，T 表示动作类型；$k(0 \leq k \leq 19)$ 表示关节点索引；$i(i=0,1,\cdots,s)$ 表示当前采样帧；s 表示对应关节点到达下一个特定采样点的结束帧；$J_k^i J_k^{i+1}$ 表示关节点 k 从当前采样帧 i 运动到下一帧 $i+1$ 的空间运动矢量；J_k^i 表示关节点 k 在第 i 帧的空间坐

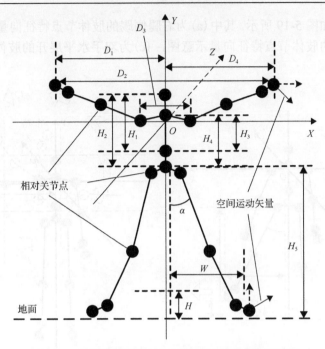

图 5-18　用户空间坐标系下的肢体动作特征数据表示

标点 (x_k^i, y_k^i, z_k^i)；Δt_k^s 表示关节点 k 从 J_k^0 坐标点通过轨迹运动到 J_k^s 坐标点的时间间隔；$|P_m P_n|$ 表示人体特定关节点之间的空间距离，该距离作为网格模型中的比例特征校验量。

　　每个关节点定义空间运动矢量 $J_k^i J_k^{i+1}$，计算出肢体节点的运动方向和轨迹，动作的每一步采样点转移所用时长可以通过时间间隔 $\Delta t_k^i = t_k^s - t_k^0$ 进行描述；其中，t_k^0 和 t_k^s 分别对应关节点 k 在每组起始采样帧和结束采样帧的时刻。由式 (5-50) 定义可知，$J_k^i = (x_k^i, y_k^i, z_k^i)$，$J_k^{i+1} = (x_k^{i+1}, y_k^{i+1}, z_k^{i+1})$，则空间运动矢量 $J_k^i J_k^{i+1}$ 表示为

$$J_k^i J_k^{i+1} = (x_k^{i+1} - x_k^i, y_k^{i+1} - y_k^i, z_k^{i+1} - z_k^i) \tag{5-51}$$

　　在 $|P_m P_n|$ 中，P_m 和 P_n 分别表示人体肢体部位的两端关节点，m 和 n 分别表示将关节点集合起始和终止索引号，其中 $m < n$，点 (x_j, y_j, z_j) 表示人体肢体部位对应关节点的空间坐标，$j(m \leqslant j \leqslant n-1)$ 表示在计算时对应关节点的索引变量，则肢体关节点之间的空间固定距离计算公式为

$$|P_m P_n| = \sum_{j=m}^{n-1} \sqrt{(x_j - x_{j+1})^2 + (y_j - y_{j+1})^2 + (z_j - z_{j+1})^2} \tag{5-52}$$

　　根据上述定义的肢体节点特征向量参数，可以定义各种交互动作。根据躯干部位和运动特性的不同，对动作类型进行分类阐述，三类代表动作的肢体节

点特征向量如图 5-19 所示。其中(a)为右腿侧踢的肢体节点特征向量示意图,(b)为右手画圆的肢体节点特征向量示意图, (c)为双手水平展开的肢体节点特征向量示意图。

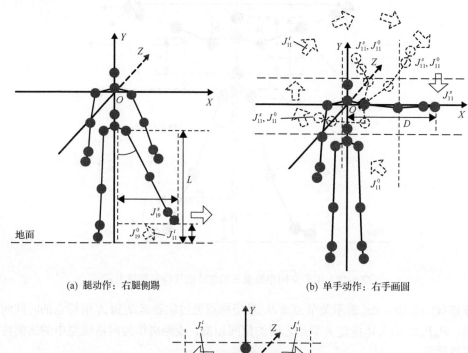

(a) 腿动作: 右腿侧踢　　　　　　　　　　(b) 单手动作: 右手画圆

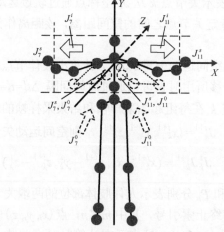

(c) 双手动作: 水平展开

图 5-19　三类代表动作的肢体节点特征向量示意图

根据式(5-50)定义可表示出三类代表动作的肢体节点特征向量 $V(T, k)$,当关节点 k 到达下一个特定采样点时,结束帧 s 被确定,将当前的特征向量作为状态转移函数的输入参数进行分析,将采样帧 i 置零,等待下一次的结束帧,再分析,再置零,直到最后一个采样点。

(1) 对于图 5-19(a) 中的右腿侧踢动作，提取右脚关节点 ($k=19$) 的通用特征数据，从而定义肢体节点特征向量：$V(\text{"右腿侧踢"}, 19) = \left[\bigcup_{i=0}^{s-1} J_{19}^i J_{19}^{i+1}, \Delta t_{19}^s, L\right]$，其中 L 为腿长度。

(2) 对于图 5-19(b) 中的右手画圆动作，提取右手关节点 ($k=11$) 的通用特征数据，从而定义肢体节点特征向量：$V(\text{"右手画圆"}, 11) = \left[\bigcup_{i=0}^{s-1} J_{11}^i J_{11}^{i+1}, \Delta t_{11}^s, D\right]$，其中 D 为手臂长度。

(3) 对于图 5-19(c) 中的双手水平展开动作，提取左/右手关节点 ($k=7, 11$) 的通用特征数据，从而定义肢体节点特征向量

$$V(\text{"双手水平展开"}, 7) = \left[\bigcup_{i=0}^{s-1} J_7^i J_7^{i+1}, \Delta t_7^s, D\right]$$

以及

$$V(\text{"双手水平展开"}, 11) = \left[\bigcup_{i=0}^{s-1} J_{11}^i J_{11}^{i+1}, \Delta t_{11}^s, D\right]$$

以此类推，采用此方法可以为其他肢体动作定义肢体节点特征向量，然后通过姿势序列 FSM 对肢体节点特征向量进行分析，从而实现动作识别。

5.4.3　姿势序列有限状态机构造

针对人体自然交互动作具有多样性和多变性的特点[64]，需要一种通用且高效的方法识别动作，每个动作由对应的肢体关节点的连续运动轨迹构成，连续运动轨迹可以由离散的关键点进行拟合，每个关键点对应特定的姿势状态，通过识别每个状态的转移变化过程，可以实现动作的判定。基于上述思想，本节提出姿势序列 FSM 方法识别预定义的肢体动作。姿势序列表示一个动作由多个姿势在时间轴上描述的一组运动序列，姿势序列 FSM 描述了每个动作的有限个状态以及各个状态之间的转移过程，本节定义了姿势序列 FSM 为 $\varLambda$，其五元组表达式为

$$\varLambda = (S, \varOmega, \delta, s_0, F) \tag{5-53}$$

其中，S 表示状态集 $\{s_0, s_1, \cdots, s_n, f_0, f_1\}$，对动作的每个特定的姿势状态进行描述；$\varOmega$ 表示输入的肢体节点特征向量集和限制参数字母表 $\{u, \neg p, \neg t\}$，其中符号 "$\neg$" 表示逻辑否定；δ 为转移函数，定义为 $S \times \varOmega \to S$，表示姿势序列 FSM 从当前状态转换到后继状态；s_0 表示开始状态；$F = \{f_0, f_1\}$ 为最终状态集合，分别表示识别成功状态和识别无效状态。

字母表 $\varOmega$ 中，变量 u 代表某个动作类型对应的所有肢体节点特征向量 V 的集

合，特征向量表示动作轨迹在空间网格中的离散点域规则，通过点域规则可以构造出动作的轨迹正则表达式。

路径限制 $p=\{xyz|x\in[x_{\min},x_{\max}],y\in[y_{\min},y_{\max}],z\in[z_{\min},z_{\max}]\}$ 对特定的姿势进行关键点的范围控制，在任何情况下超出预定义路径范围，即 $\neg p$ 为真，则被标记为无效状态。

时间戳 $t\in[t_{\text{start}},t_{\text{end}}]$ 规定了动作在当前状态到后继状态转移所需的时间，若动作的某个状态在规定的时间内未转移到后继有效状态，即 $\neg t$ 为真，则跳转到无效状态。

每个动作由几个典型的静态姿势构成，静态姿势对应已定义的状态量，每种状态量由关键点特征数据在空间网格中计算得到，动作状态转移必须满足路径限制 p 和时间戳 t 的条件，从而识别动作类型，理解用户交互意图。通过五元组可以描述姿势序列 FSM 的各项属性特性及每一步转移过程，姿势序列 FSM 运行过程的状态图模型如图 5-20 所示。

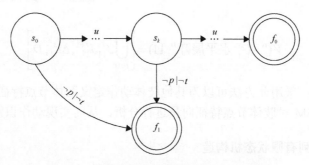

图 5-20　姿势序列 FSM 运行过程的状态图

在初始状态 s_0 下，按照预定义的动作达到第一个有效状态 s_1，如果下一时刻的姿势仍然在预定义的范围内，则达到后继有效状态 s_k，以此类推，直到达到成功状态 f_0，即识别动作成功。在任意有效状态下，如果行为超出路径限制或时间戳范围，则直接标记该序列动作为无效状态，即识别动作失败。在达到任意结束状态后，当前的姿势序列 FSM 运行完毕，重新初始化进行下一组肢体动作的识别。通过姿势序列 FSM 的状态图可以得到状态转移表 5-8。

表 5-8　姿势序列 FSM 状态转移表

S	Ω		
	u	$\neg p$	$\neg t$
s_0	s_k	f_1	f_1
s_k	s_{k+x}	f_1	f_1
s_{k+x}	f_0	f_1	f_1
f_0	—		
f_1	—		

表 5-8 中，$k, x = 0, 1, 2, \cdots, n$，且 $k \neq k+x \leqslant n$，n 表示识别动作所需要的中间有效状态总数。该姿势序列 FSM 接受的点域规则为 $L(\varLambda) = \{(u^n | u^* \neg p | u^* \neg t) \mid n \geqslant 1\}$。

由式(5-53)定义，采用姿势序列 FSM 对 5.4.2 节中的动作进行描述。输入字母表 $\varOmega = \{a_i, b_i, c_i, d_i, e_i, f_i, g_i, h_i, m_i\}$，$i = 0, 1$，每个字母变量描述了采样点在空间网格模型中所关联的空间范围，即点域。运动轨迹可采用多个点域进行拟合，点域字符串构成了对某个动作轨迹的离散化描述。

针对图 5-19 所示三类代表动作的轨迹示意图如图 5-21 所示。

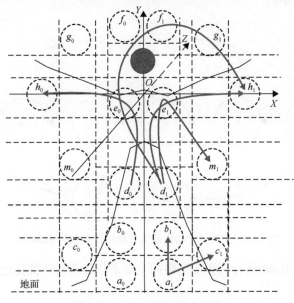

图 5-21　部分动作轨迹示意图

图 5-21 中，X 负方向空间中的点域用下标 $i = 0$ 表示，X 正方向空间中的点域用下标 $i = 1$ 表示。表 5-9 给出了三类代表动作的特征向量点域字符串。

表 5-9　三类代表动作的特征向量点域字符串

代表动作	特征向量点域字符串
右腿侧踢	$a_1 c_1$
右手画圆	$d_1 e_0 f_1 g_1 h_1$
双手水平展开	$(d_0 \wedge d_1)(e_0 \wedge e_1)(h_0 \wedge h_1)$

通过动作的特征向量点域字符串可以提取到动作的轨迹正则表达式。在字母表 $\varOmega$ 中，$\varOmega_{i(1-i)} = \varOmega_i \wedge \varOmega_{1-i}$，$i = 0, 1$，表示沿 YOZ 平面对称的空间点域同时成立。动作的轨迹正则表达式整理简化后为

$$R = a_i c_i \mid d_i e_{1-i} f_i g_i h_i \mid d_{i(1-i)} e_{i(1-i)} h_{i(1-i)} \tag{5-54}$$

根据式(5-54)得出三类代表动作及其对称动作类型的 FSM 图,如图 5-22 所示。其中,s_0 为初始状态,s_k 为过渡有效状态,f_0 代表可接受点域字符串的成功状态,省略了 f_1 无效状态。在初始状态和任意有效状态下,如果动作姿势超出路径限制或时间戳范围,则直接标记该系列动作为无效状态 f_1,即识别动作失败。在达到任意结束状态后,当前动作的姿势序列 FSM 运行完毕,重新初始化进行下一组动作行为的识别。

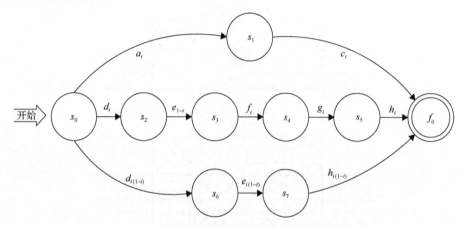

图 5-22　三类代表动作及其对称动作类型的 FSM 图

在姿势序列 FSM 运行过程中需要同步对动作集合进行优化处理,优化算法步骤如下:

(1)初始化所有可能动作的集合 {T}={ "右腿侧踢","右手画圆","双手水平展开",…},其中每个特定的动作对应了多个点域字符串表达式。

(2)在姿势序列 FSM 运行过程中,每一步状态转移后将所有不可能的动作从集合中排除,所有可能的动作在集合中进行保留。

(3)当到达结束状态时,如果最终状态为无效状态,则无任何输出,并重新开始;如果为可接受的成功状态,则当前集合的唯一元素即动作类型,进行动作类型输出,跳转到步骤(1),循环识别。

最后,由用户定义交互动作的语义和用途,用户通过得到的动作类型赋予新的语义,如左右抬腿代表场景漫游,左右手滑动代表文档翻页,双手水平展开代表拉开帷幕等,从而实现自然人机交互应用。

5.4.4　实验结果与分析

根据本节提出的姿势序列 FSM 模型和算法实现了 17 种肢体动作的识别,并在 Intel Xeon CPU X3440(2.53GHz)、4GB 内存的 Windows 7 x64 操作系统下进行了测试。肢体动作定义见表 5-10，根据运动特性和躯干部位的不同将动作类型分为腿部动作、单手动作和双手动作。

表 5-10　肢体动作定义表

动作分类	动作名称	对应标识	动作详细说明
腿部动作	左抬腿	A	左脚向上垂直提起
	右抬腿	B	右脚向上垂直提起
	左腿侧踢	C	左腿伸直向左侧踢出
	右腿侧踢	D	右腿伸直向右侧踢出
	起跳	E	双脚同时起跳
单手动作	左手滑动	F	左手从胸前向左滑出
	右手滑动	G	右手从胸前向右滑出
	左手向上举	H	左手向上举起
	右手向上举	I	右手向上举起
	左手向下按	J	左手抬起后快速向下按
	右手向下按	K	右手抬起后快速向下按
	左手画圆	L	左手在身体前方逆时针画圆弧
	右手画圆	M	右手在身体前方顺时针画圆弧
双手动作	双手斜向上推	N	双手从胸前向左右斜上方推出
	双手斜向下推	O	双手从胸前向左右斜下方推出
	双手水平展开	P	双手从胸前向左右外侧水平推出
	双手水平收缩	Q	双手从左右两侧向胸前合拢

图 5-23 展示了 17 种预定义肢体动作动态识别过程，图中人体胸前的浅色点表示识别过程的部分状态，深色点表示识别成功状态。

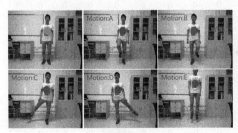

(a) 腿部动作

(b) 左/右手画圆

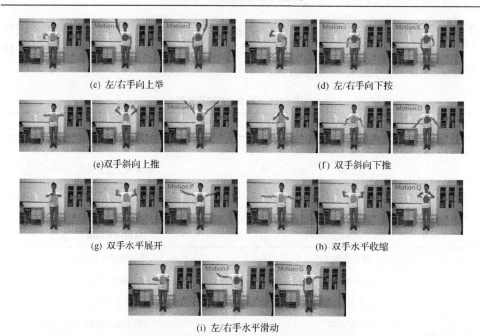

(c) 左/右手向上举 (d) 左/右手向下按

(e) 双手斜向上推 (f) 双手斜向下推

(g) 双手水平展开 (h) 双手水平收缩

(i) 左/右手水平滑动

图 5-23　动作识别实现效果

对 30 名不同身高和体形的志愿者进行实验测试，每名待测者对每一种肢体动作进行 3 次重复样本测试，总共 1530 个动作实例，对记录的所有动作实例进行分类和统计，动作识别测试结果混淆矩阵见表 5-11，其中 None 表示未检测到任何动作。

表 5-11　动作识别测试结果混淆矩阵　　　　（单位：%）

T	A	B	C	D	E	F	G	H	I	J	K	L	M	N	O	P	Q	None
A	100	0	0	0	0	0	0	0	0	0	0	0	0	0	0	0	0	0
B	0	100	0	0	0	0	0	0	0	0	0	0	0	0	0	0	0	0
C	0	0	98.9	0	1.1	0	0	0	0	0	0	0	0	0	0	0	0	0
D	0	0	0	98.9	1.1	0	0	0	0	0	0	0	0	0	0	0	0	0
E	0	0	0	0	94.4	0	0	0	0	0	0	0	0	0	0	0	0	5.6
F	0	0	0	0	0	97.8	0	1.1	0	0	0	0	0	0	0	0	0	1.1
G	0	0	0	0	0	97.8	0	1.1	0	0	0	0	0	0	0	0	0	1.1
H	0	0	0	0	0	0	100	0	0	0	0	0	0	0	0	0	0	0
I	0	0	0	0	0	0	0	100	0	0	0	0	0	0	0	0	0	0
J	0	0	0	0	0	0	0	0	100	0	0	0	0	0	0	0	0	0
K	0	0	0	0	0	0	0	0	0	100	0	0	0	0	0	0	0	0
L	0	0	0	0	0	2.2	0	0	0	0	96.7	0	0	0	0	0	0	1.1
M	0	0	0	0	0	0	3.3	0	0	0	0	95.6	0	0	0	0	0	1.1
N	0	0	0	0	0	0	0	0	0	0	0	0	96.7	0	0	0	0	3.3
O	0	0	0	0	0	0	0	0	0	0	0	0	0	94.4	0	0	0	5.6
P	0	0	0	0	0	0	0	0	0	0	0	0	0	2.2	95.6	0	0	2.2
Q	0	0	0	0	0	0	0	0	0	0	0	0	0	0	0	98.9	1.1

测试结果表明，本节方法的动作识别率均在 94%以上，并且大部分动作识别率达到 100%，平均识别率达 98%，能够满足体感交互应用的需求。其中，双脚起跳(E)在没有明显起跳幅度的情况下无法识别，左/右画圆(L、M)动作可能会被误识别为左/右手向上举(H、I)的动作，双手斜向上和向下推(N、O)动作可能出现未识别的情况，双手水平展开(P)可能会被误判为双手斜向下推(O)的动作。但在总体上，本节提出的方法能够很好地识别上述肢体动作，实际测试识别反馈时间在 0.060～0.096s，满足实时交互要求。

该方法的优势主要有：①动作识别准确率高，通过对 30 名不同身高和体形的用户进行重复 3 次样本测试，识别准确率在 94%以上；②动作识别反馈时间快，实际测试识别反馈时间为 0.060～0.096s，小于 0.1s；③在扩展动作类型时不需要收集大量动作数据进行离线训练，对于特定动作只需要定义肢体动作的轨迹正则表达式，通用性和扩展性强；④本节提出的姿势序列 FSM 模型中定义了初始状态和结束状态，通过肢体节点特征向量进行实时分析，能够处理未分割的动作数据流；⑤姿势序列 FSM 是一种以离散姿势序列来拟合连续动作轨迹的方法，因此，适用于简单和连续动作的识别。但本方法在鲁棒性上表现不够好，主要是由于在识别过程中任意状态不符合预定义规则即被视为无效状态，因此，姿势序列识别较为敏感，需要用户动作在个人风格范围内尽量规范。

5.5 基于关键姿势和动态时间规整算法的人体动作识别

由 5.3 节可知，基于 CHMM 的人体动作识别方法虽然识别率很高，但识别速率较慢，会影响用户对交互系统的实时体验；而基于姿势序列 FSM 的识别方法在鲁棒性上表现不够好，主要是由于在识别过程中任意状态不符合预定义规则即被视为无效状态，识别较为敏感，需要用户动作在个人风格范围内尽量规范。由于动态时间规整(DTW)算法利用动态规整曲线能有效地将不同长度的时变信号调整一致进行匹配识别，对于识别种类较少的场合更具有优势[65]，所以本节利用DTW 算法进行人体动作识别。在动作描述方法上，依然使用 5.2 节的特征关节相对距离描述静态姿势，并且针对 DTW 算法对动作姿势序列长度敏感的问题，利用关键姿势帧序列表征原始动作。在标准动作模板库建立方面，使用三维人体动作可视交互定义系统(3D human motion visual-interaction creat system，3D-HMVICS)建立标准动作模板库，最后基于 DTW 算法计算组成待识别动作的关键姿势帧序列与标准动作模板库中的动作关键姿势帧序列之间的相似度距离，将待识别的动作划分为与之相似度距离最小的动作类型。

5.5.1　三维人体动作关键姿势帧提取技术

随着人体动作捕捉系统及深度传感器技术的快速发展，三维人体动作数据可以被高频采集，如何快速地浏览和检索动作数据中的关键姿势帧也成了当前人体动作分析研究的一大热点和难点。

1. 三维人体动作数据特点

人体动作本身是一种时变连续信号，具有时间性和空间性。三维人体动作数据作为人体动作数据类型中的一种，主要是指在人体运动过程中，构成人体骨架的各个关节点在三维空间中产生的坐标数据流，其在保持时空性的同时，由于深度传感器或者动作捕捉系统的高精度和高采样率，所以也具有高维性和冗余性。三维人体动作数据的特点主要表现在以下几个方面：

(1) 时序性。三维人体动作数据是多帧姿势序列在时间轴上的集合，各个姿势帧在时间上存在先后关系，所以在分析三维人体动作数据时，应当充分考虑姿势时序性。

(2) 空间结构复杂性。三维人体动作数据通常包括了描述动作姿势的各个关节点的三维坐标。众所周知，人体运动是由局部或者整体的关节联动产生的，所以在描述单个姿势时，应该考虑各个关节点的联系性。同时，动作是一个连续的过程，所以还应该考虑姿势帧与姿势帧运动变化的结构连续性。

(3) 高维性。三维人体动作数据的高维性主要由两个原因造成：第一，组成姿势的三维关节点是一个在三维方向上的数值，单个姿势包含了多个关节点，以单个骨架由 25 个关节点组成为例，单个骨架姿势就由 75 个数值表示；第二，运动的复杂度和动作的持续时间将会产生大量的姿势帧序列，以 60 帧/s 的采样率来算，一个动作持续 5s 将产生 300 帧姿势，则一个动作将产生 300×75 个数值，动作持续时间越长，动作数据量越大，计算量也越大。

(4) 冗余性。随着深度传感器技术的快速发展，动作捕捉系统能够高采样率地获取人体动作各部分的三维运动数据，采样率越高，动作姿势的冗余度越大，从而加大了动作分析的困难度。

2. 典型的动作关键姿势帧提取方法

三维人体动作关键姿势帧，是指动作中最能体现动作变化的，且利用三维骨架关节坐标数据表示的姿势。动作关键帧提取技术是动作抽象描述的主要方法，提出的关键姿势帧序列能对动作姿势序列进行摘要表示，对于连续动作的压缩、检索、编辑及语义分析起着重要的作用。当前三维人体动作数据的关键帧提取方法主要分为均匀采样提取和自适应采样提取两类。均匀采样提取是指将运动序列按时间等间隔重新采样，这种方法因为存在欠采样和过采样的问题导致关键帧遗漏和冗余而没被广泛使用[66]。自适应采样提取关键帧的方法，往往采用将原始运动数据转化为运动特征描述量，通过分析动作姿势序列的运动姿势特征，自动提取关键帧姿势，从而能很好地解决均匀采样存在的问题。目前，自适应采样提取关键帧主要分为帧消减提取方法、曲线简化提取方法和聚类提取方法三大类。

1) 帧消减提取方法

帧消减提取方法[67]通常选择动作姿势序列的首帧作为关键帧，并设定一个消减阈值，通过不断计算当前姿势帧与上一个关键姿势帧之间的差异，将差异小于消减阈值的帧删除，并保留差异大于阈值的姿势帧作为关键帧。该方法最大的缺点就是未考虑到消减帧与候选关键姿势帧之间的联系性，刘云根和刘金刚在考虑了人体关节旋转运动的特点后，利用帧消减提取方法得到各个消减帧的重建误差，并根据误差大小对消减帧进行排序得到重建误差曲线，依据曲线确定最优压缩率来提取出相应数量的关键帧[68]。该方法在动作数据的实时压缩上具有很好的效果，但不能保证最优压缩率下得到的关键姿势帧具有最小的重建误差，并且也没有考虑关键帧的运动表示能力。李顺意等在帧消减的基础上，利用四元数球面插值方法进行重构，为了表示运动特征，利用人体姿势位置误差与人体关节运动速率之和表示原始运动与重建运动系列之间的重构误差[69]。

2) 曲线简化提取方法

曲线简化方法是基于运动曲线局部极值特征的关键帧提取方法。其思想是将动作姿势序列中的每一个姿势帧看成是高维空间曲线上的一个点，则所有的动作姿势帧在高维空间中将连成一条曲线，通过提取空间曲线上的局部极值点作为关键帧[70]。这种方法的最大优势是对动作姿势序列的长度不敏感，能够很好地提取动作中变化强烈的局部姿势，然而这种方法存在三个不足：第一，对噪声点数据敏感；第二，忽略了单个动作姿势内在的结构性和不同姿势之间的耦合性；第三，在算法提取过程中，由于动作内部存在速度和风格的差异，误差阈值往往不易调节，采样结果很难达到用户需求。为了解决以上问题，文献[71]提出了利用骨骼夹角作为动作特征，然后采用具有误差阈值自适应调节的两层曲线简化算法提取关键帧，该方法提取出的关键姿势帧虽然能满足用户对不同压缩率的需求，却依然存在提取冗余和遗漏的问题，并且运动序列较长时，误差阈值调节速度慢，过程较为耗时。

3) 聚类提取方法

聚类提取方法[72-74]将每一个动作姿势序列当成一个待聚类的样本，样本元素根据特征相似度进行划分集合，通常将聚类得到类中心点或者聚类簇的首帧作为关键帧，这种方法提取关键帧最大的优点就是可以很好地表示原始样本的内容。然而原始聚类方法没有考虑样本之间的时序性[75]，容易导致动作分析序列失真，并且对动作数据的长度敏感。此外，聚类算法大多需要人为设定聚类中心的个数，即动作姿势序列关键帧的个数，这种方式受人为主观性影响较大，因此需要一种能根据动作序列内容和长度自动确定关键帧个数的方法，文献[76]中提出了一种利用人工鱼群算法获取初始聚类的中心个数和基于 K-Means 聚类的关键帧提取方法，该算法能有效地提取出适当数量的关键帧，但算法复杂度较高。

3. 动作关键姿势帧提取原则

对于当前的关键帧提取技术没有一个确切和统一的标准，基于三维人体动作数据的特点，定义本节动作关键姿势帧的提取原则如下：

(1)提取出的动作关键姿势帧，在视觉上必须能够充分且全面地对原始动作姿势序列进行摘要描述。

(2)提取过程必须考虑动作的时序先后关系，即不能简单地使用文本挖掘的方式分析动作姿势特征之间的关系。

(3)充分考虑动作的运动变化的连续性，即应该考虑姿势帧之间的过渡过程。

4. 基于时间约束 X-Means 聚类的动作关键帧提取

针对当前利用聚类方法提取关键帧存在的关键帧个数难以自动确定，朴素聚类会破坏动作时序的问题，本节讨论了一种基于三维骨架关节点空间距离特征和时间约束 X-Means 聚类的动作关键帧提取方法[77]。借助深度传感器 Kinect V2 跟踪和捕获人体动作关节点的三维空间坐标数据，采用前文提出的特征关节相对空间距离对动作姿势进行描述，然后利用基于时间约束 X-Means 聚类的动作关键帧提取方法对动作姿势序列进行聚类筛选，得到最终的关键帧姿势序列组合。

1) X-Means 算法原理

X-Means[78]是一种针对 K-Means 存在的计算规模受限、聚类的个数 K 必须由人为指定等问题改进得到的聚类算法。它根据贝叶斯信息准则（Bayesian information criterion，BIC）确定聚类的个数：通过反复使用 K-Means 进行聚类，每次聚类完成后根据 BIC 评分值决定聚类后得到的簇是否为了更好地适应这个数据集而继续进行划分，此外，该算法通过嵌入树型的数据集及将节点存储为统计变量的方式来大幅提高算法的执行速度。

X-Means 算法的步骤如下：

步骤 0　输入待聚类的数据样本集 C。

步骤 1　初始化聚类簇 K 的范围为 $[K_{0min}, K_{0max}]$，并且确保 K_{0min} 是足够小的非零正整数。

步骤 2　对样本集 C 使用 $K=K_{0min}$ 的 K-Means 聚类得到初始聚类簇依次为 C_1，$C_2, \cdots, C_{K0min}$，其中 K-Means 聚类过程中，通过计算数据样本点 X_s 与聚类簇 C_i 的

中心点之间的欧氏距离来判断 X_s 是属于簇 C_i。

步骤 3　设定循环参数 $i \in [1, K_{0max}]$ 重复执行步骤 4~步骤 9。

步骤 4　将每一个聚类簇 C_i 利用 $K=2$ 的 K-Means 算法聚类得到两个新的子簇 C_i^1 和 C_i^2。

步骤 5　计算簇 C_i 的 BIC 值：假设数据样本点 X_s 在数据簇 C_i 的 P 维高斯分布为

$$f(\theta_i; X_s) = \frac{1}{(2\pi)^{p/2} |V_i|^{1/2}} \exp\left\{-\frac{(X_s - \mu_i)^{\mathrm{T}}(X_s - \mu_i)}{2V_i}\right\} \tag{5-55}$$

则簇 C_i 的 BIC 值可以按照式(5-56)计算得到：

$$\mathrm{BIC} = 2\ln L(\theta_i; X_s \in C_i) - 2p \ln n_i \tag{5-56}$$

其中，θ_i 是 P 维高斯分布指数；μ_i 是 P 维均值向量；V_i 是 $P \times P$ 的协方差矩阵；$\theta_i = [\mu_i, V_i]$ 是 P 维高斯分布的最大似然估计；$2p$ 是参数的维度；n_i 表示数据簇 C_i 中包含的数据样本的个数，$L(\cdot) = \prod f(\cdot)$ 代表似然估计函数。

步骤 6　计算对簇 C_i 的划分为 C_i^1 和 C_i^2 后的 BIC 值：假设数据簇 C_i^1 和 C_i^2 的 P 维高斯分布指数为 θ_i^1 和 θ_i^2，则两个簇的联合概率密度函数为

$$g(\theta_i^1, \theta_i^2; X_s) = \alpha_i \left[f(\theta_i^1; X_s)f(\theta_i^2; X_s)\right]^{1-\delta_i} \tag{5-57}$$

其中，δ_i 的取值为 0 或 1，如果 X_s 属于 C_i^1，则 δ_i 的值为 1，反之，如果 X_s 属于 C_i^2，则 δ_i 的值为 0；α_i 的值是一个常数，按照式(5-58)进行计算：

$$\alpha_i = 0.5 / K(\beta_i) \tag{5-58}$$

其中，β_i 代表数据簇 C_i^1 和 C_i^2 的规范化距离，可以根据式(5-59)计算得到，$K(\cdot)$ 代表的是簇 C_i^1 和 C_i^2 中高斯分布概率较低的一个，则划分后的 BIC 值按式(5-60)计算得到：

$$\beta_i = \|\mu_1 - \mu_2\|(|V_1| + |V_2|)^{-1/2} \tag{5-59}$$

$$\mathrm{BIC}' = 2\ln L'(\theta_i'; X_s \in C_i) - 4p \ln n_i \tag{5-60}$$

步骤 7　如果 BIC<BIC'，继续进行 $K=2$ 的 K-Means 聚类划分，并将 C_i^1 赋值给 C_i，而对于 C_i^2，将 C_i^2 的 P 维数据样本、聚类中心、对数似然值及 BIC 值存入堆栈空间，然后返回到步骤 4。

步骤 8　如果 BIC≥BIC′，停止聚类划分，并提取出步骤 7 中存储在堆栈中的参数，同时将 C_i^2 赋值给 C_i，返回到步骤 4，如果堆栈中的数据为空，则跳转到步骤 9。

步骤 9　输出每个聚类簇的中心、每个聚类簇中所有元素的标号和元素的总个数。

2) 基于时间约束 X-Means 聚类的关键帧提取原理

动作骨架序列中每一个静态姿势的特征向量可以按照 5.2 节的方法获得，即一个姿势使用 10 个特征距离进行描述，则整个动作姿势序列可以看成是式 (5-4) 矩阵的数据集。在获得动作姿势特征数据集后，考虑到直接使用 X-Means 聚类提取关键帧会破坏动作的时序性，所以对原始 X-Means 算法进行如下时间约束改进：

(1) 将动作姿势的时序属性当作一个姿势特征，参与到聚类中，即一个姿势 Pose 采用 1 个时间特征和 10 个距离特征进行描述。此时，由于时间属性和距离属性具有不同的量纲，所以需要进行数据标准化，本节采用最常用的 min-max 标准化将描述 Pose 的各个属性值映射到 [0,1] 之间，即对构成姿势特征 X 的每一个属性样本 x，利用式 (5-61) 转换函数进行转换，式中 x^* 为 x 转化后的值：

$$x^* = \frac{x - \mathrm{Min}(X)}{\mathrm{Max}(X) - \mathrm{Min}(X)}, \quad x \in X \tag{5-61}$$

(2) 在前面描述的 X-Means 算法步骤中，每次利用 K-Means 算法聚类时，进行三点限制：①选择动作数据序列 K 均等分后的各个部分的时序中心点作为聚类簇的初始中心点；②在每一次使用 K-Means 聚类后，在各个簇内使用距离特征与中心点欧氏距离最近的一个姿势代表该聚类簇；③在计算每个姿势帧样本与聚类中心的距离时，仅计算与该姿势帧时序相邻的两个聚类中心的距离，并将该姿势帧样本划分到满足距离最近的簇中去，从而保证了动作姿势的时序性。

3) 实验结果与分析

在 Intel Core(TM)i7-4790K、16GB 内存的 Windows 8 x64 操作系统上，利用 Kinect SDK 2.0 for Windows 和 Visual Studio 2013 作为开发工具，以基于 Windows 的用户界面框架 (Windows presentation foundation，WPF) 构建系统分析平台，在该平台上实现对动作序列的关键帧提取功能。目前由于对关键帧提取结果的评价尚无统一的标准，所以主要从视觉观察和人工对比分析来做评判。

(1) 实验数据集。

实验从建立好的 Visswust_3DMotion 数据集中选出了三个具有代表性的动作序列进行动作关键帧提取，动作序列具体信息如表 5-12 所示。其中动作复杂程度主要和参与运动的身体部分有关，即与表中的动作类型有关。

表 5-12　实验数据集

动作语义	动作标识	帧率/(帧/s)	总帧数	动作类型	动作复杂程度
潜伏	A	30	415	偏下肢	简单
停止系统	B	30	421	偏上肢	简单
扔物体	C	30	331	全身	复杂

(2)动作关键帧提取实验结果与分析。

实验一：本章方法同人工提取，以及均匀采样、曲线简化的关键帧提取方法进行实验对比，并以人工提取作为参考进行评价分析。实验中没有设定具体的压缩比，而是根据动作语义和动作的复杂程度，在 1%～7%的压缩比范围内提取关键帧，对三种动作分别提取出最佳的动作关键姿势帧进行对比。将"A-潜伏"作为测试动作，该动作是一个集中于下肢的运动，动作执行速度有快有慢，动作复杂度一般，主要动作过程包括：站立准备阶段，向前走一步(先左脚再右脚)，过渡站立阶段，再后退一步(先右脚再左脚)，过渡站立阶段，然后迅速蹲下。

首先对 A 动作进行人工分析。根据动作语义，并通过 Kinect Studio 对原始动作序列进行可视观察分析，可以将 A 动作细化为表 5-13 中的各个阶段，分别对各个阶段提取出合适的关键帧，得到最终的关键帧序列为 1—72—88—131—149—171—235—249—270—289—310—320—335—371，对应的可视化结果如图 5-24(a)所示。利用每隔 30 帧提取 1 帧的均匀采样方法提取得到关键帧序列为 1—30—60—90—120—150—180—210—240—270—300—330—360—390，对应的可视化结果如图 5-24(b)所示，然后利用误差阈值为 0.0654(反复多次调节)的曲线简化，得到结果关键帧序列为 1—68—85—115—150—177—297—311—349—354—363—365—415，对应的可视化结果如图 5-24(c)所示，最后使用本章的基于时间约束 X-Means 聚类的关键动作提取方法，初始化聚类个数设定范围[4,30]，经过反复迭代，最终得到 14 个关键姿势帧为 54—61—82—110—130—144—178—234—239—283—342—353—358—376，关键帧可视化结果如图 5-24(d)所示。

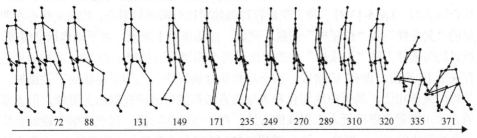

(a) 人工提取关键帧

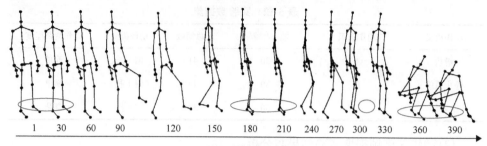

(b) 均匀采样提取关键帧

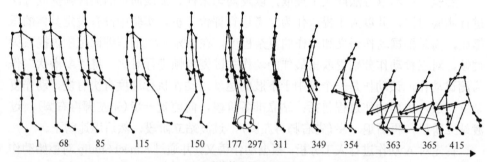

(c) 曲线简化提取关键帧

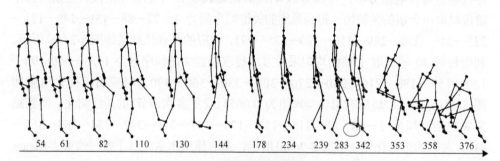

(d) 本章方法提取关键帧

图 5-24　对 A 动作提取关键帧

　　表 5-13 展示了三种方法对 A 动作的各个语义段提取出的关键帧个数和分布，结合图 5-24 和表 5-13 对三种方法进行详细的对比分析可以看出，均匀采样存在明显的"欠采样"和"过采样"问题，例如，在动作的 Ⅰ 阶段，由于动作运动缓慢，所以均匀采样方法"过采样"的提取出了两个相似的姿势帧 1 和 30，同样的问题存在于 Ⅲ 阶段，而在 Ⅴ 阶段，由于动作执行速度快，均匀采样错失了关键帧。与均匀采样相比，基于曲线简化和本章的方法都能自适应提取出关键帧，但本章的方法在视觉上更接近人工提取的方法，在一些动作阶段，提取出的关键帧也优于曲线简化的方法，例如：在 Ⅱ 阶段，130 帧左右的姿势是"边界帧"，本章方法能较好提取出关键帧，但是基于曲线简化的方法却错过了。此外，由于基于曲线

简化的方法对整个动作姿势序列使用同一个误差阈值，所以不可能对所有的阶段都提取出合适的关键帧，在 IV 阶段，人工分析提取出了 4 个关键帧，本章方法也提取出了 3 个关键帧，但曲线简化方法却错失该阶段的"退右脚"过程。与此同时，曲线简化对噪声点敏感，在 VI 阶段，曲线简化提取出的关键帧 363 和 365 在时序上比较相近，在视觉上也比较相似，尝试改变误差阈值去消除这两个冗余帧，发现它们同时消失，并且误差阈值较大时，也影响了其他有效的关键帧。通过分析可知，主要是由于下蹲过程中，相关节点"抖动"产生了噪声点数据。

表 5-13　各关键帧提取方法对比

原始动作序列	I-站立准备阶段 (1—56)	II-向前一步阶段 (57—167)		III-站立过渡阶段 (168—228)	IV-向后退一步阶段 (229—308)		V-站立过渡阶段 (309—317)	VI-下蹲阶段 (318—415)	
		出左脚 (57—130)	右脚靠拢左脚 (131—167)		退右脚 (229—269)	左脚靠拢右脚 (270—308)		下蹲前部分 (318—355)	下蹲后部分 (355—415)
人工提取	1	72, 88, 131	147	171	235, 249	270, 289	310	320, 355	371
均匀采样	1, 30	60, 90, 120	150	180, 210	240	270, 300	—	330	360, 390
曲线简化	1	68, 85, 115	150	177	—	297	311	349, 354	363, 365, 415
本章方法	54	61, 82, 110, 130	144	178	234, 239	283		342, 353	358, 376

综合以上分析，均匀采样方法提取关键帧时，无法适应动作的节奏变化，而曲线简化和本章的方法能自适应地提取出动作关键姿势帧序列，且最接近人工提取方法，在视觉上都能对 A 动作进行概括，但曲线简化的方法提取关键帧时，需要反复地调节误差阈值，而且对整个动作姿势序列使用同一个误差阈值，很难对所有的阶段都提取出合适的关键帧，此外也容易受噪声点数据影响。基于时间约束 X-Means 聚类的方法在"边界"帧的处理上要优于曲线简化的方法，本节提取出的关键帧序列在视觉上也能很好地对原始姿势序列进行描述。当然本章的方法也存在不足，对姿势序列长度很短的阶段也有错失关键帧的问题，如第二个"站立"过渡阶段，由于该阶段动作持续时间太短，所以没有提取出关键帧。

实验二：算法对不同类型、不同复杂度的动作提取关键帧对比。选择了表 5-13 中的 B 动作和 C 动作作为测试样例，B 动作和 C 动作是两种类型和执行速度都不相同的动作。B 动作类型简单，其动作过程为：使用双手在身体前方"画半圆"，并且左手逆时针运动，右手顺时针运动，可见 B 动作是一个完全由上肢完成的动作，但动作缓慢，利用 Kinect V2 捕获到的整个动作序列有 420 帧。C 动作相对 B

动作是一个复杂的动作，是一个综合了上肢、躯体和下肢的动作，动作过程包括：右腿向后撤出一步，使用右手手臂，做一个自由式的投掷运动，然后收回腿恢复站立。C 动作执行速度相对 B 动作较快，利用 Kinect V2 总共捕获了 331 帧姿势序列。对 B 和 C 两种动作分别利用人工分析和本章方法提取关键帧，其中在利用基于时间约束 X-Means 聚类的关键动作提取时，对 B 动作和 C 动作设定的初始化关键帧个数范围分别为[4,30]和[4,25]，对 B 动作利用人工分析提取出的 10 个关键姿势帧为：1—26—55—99—150—199—259—298—346—375，利用本章方法提取出的 12 个关键帧序列为：14—39—72—100—149—164—195—219—282—327—350—367，对应的姿势帧序列可视化结果如图 5-25 所示。

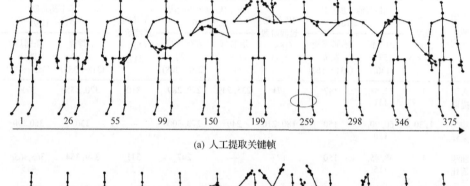

(a) 人工提取关键帧

| 1 | 26 | 55 | 99 | 150 | 199 | 259 | 298 | 346 | 375 |

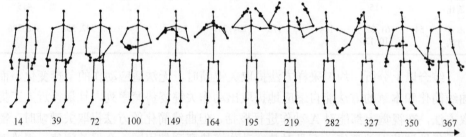

(b) 本章方法提取关键帧

| 14 | 39 | 72 | 100 | 149 | 164 | 195 | 219 | 282 | 327 | 350 | 367 |

图 5-25　对 B 动作提取关键帧

与此同时，对 C 动作分别利用人工分析和本章方法都提取出了 10 个关键帧序列，分别为 1—91—214—229—235—240—252—278—285—312 和 53—116—143—225—231—234—246—254—281—306，对应的姿势帧序列可视化结果如图 5-26 所示。

从图 5-25 和图 5-26 中可以看出，对于不同类型、不同执行速度和不同长度的动作序列，本章方法只需要设置聚类中心个数的大概范围，就能根据动作序列的长度和动作复杂度自动提取出合理的关键帧姿势。当然本节聚类的方法由于利用各个聚类簇的中心作为关键帧，所以会错过一些"边界"帧姿势，如图 5-25 中对 B 动作提取的时错过了 259 帧，图 5-26 中错过了 240 帧。

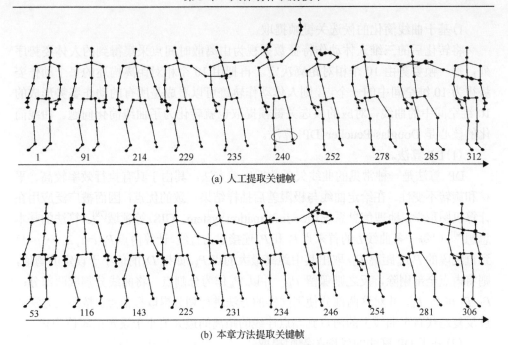

(a) 人工提取关键帧

(b) 本章方法提取关键帧

图 5-26　对 C 动作提取关键帧

　　总体来说，基于时间约束 X-Means 聚类的关键帧动作提取方法能提取出在视觉上很好地表示原始动作序列内容的关键帧，并且相对于传统聚类提取关键帧需要人为设定关键帧个数，本章方法只需要用户设置聚类中心个数的大概范围，就能根据动作序列的长度和动作复杂度自动提取出合理的关键帧姿势，并且在处理动作的过渡姿势变化过程时，优于基于曲线简化的动作关键帧提取方法。

5. 基于可视交互的三维人体动作关键帧提取

　　人工提取关键帧需要花费大量的人力和时间，聚类提取关键帧的方法对动作样本大小敏感，在执行动作快或者传感器采样率低时，关键帧提取也会存在遗漏的情况。曲线简化虽然对动作姿势帧之间的过渡过程处理不好，但在理想的误差阈值下，也能够提取出动作变化较明显的姿势，这也是一种有效的动作关键帧提取方法。本节针对当前曲线简化提取关键帧方法存在的误差阈值调节复杂、提取的关键帧难以满足用户需求的问题，提出了一种基于可视交互的三维人体动作关键帧提取方法，并据此设计了一套支持可视编辑的三维人体动作定义系统。首先，采用人体主要关节的相对距离对原始动作数据进行特征描述，并利用基于简单误差阈值调节的曲线简化算法得到候选关键帧集合。然后，通过对候选关键帧可视化，并设计交互方式让用户根据需求直观地对候选关键帧筛选，得到最终的关键帧序列。最后，对关键帧序列赋予语义并存入数据库。

1）基于曲线简化的候选关键帧提取

将转化后的三维人体动作特征数据视为由离散时间点采集得到的人体姿势序列，每一帧姿势由 10 个相对距离决定。再把用 10 个相对距离描述的每个动作姿势视为 10 维空间中的一个点，则人体动作轨迹可以看成是所有的动作姿势形成的 10 维空间中的曲线，对应的候选关键帧提取也就转化为了曲线简化问题。曲线简化的核心是 Douglas-Peucker（DP）算法。

（1）DP 算法。

DP 算法是一种常见的曲线矢量数据压缩方法，其由于具有执行效率较高、平移和旋转不变性，在给定曲线与极限差后抽样结果一致的优点，因而被广泛应用在计算机图形学、地理信息系统（geo-information system，GIS）等领域[79]。算法的基本思想[80]：取每一条曲线 L 的首末点 P_0 和 P_n 连接成为直线，计算内点 $P_i(i=1, 2, \cdots, n-1)$ 到直线段的 P_0P_n 距离 D_i，取出其中距离最大的点 P_k，如果 D_k 的值小于设定的阈值，则将内点全部剔除，反之则保留 P_k，并以 P_k 作为分割点，将曲线分割成两部分：P_1–P_k 和 P_k–P_n，并对这两部分使用同样的方法进行划分提取极值点。按照此方法通过反复迭代直至曲线上的内点到端点连线的距离的最大值小于设定的阈值为止。

（2）基于 DP 算法的候选关键帧提取。

假设动作姿势特征序列组成的 10 维空间曲线为 L，即 $L=\{P_t|t=1, 2, \cdots, T\}$，且 $P_t = (x_t^{(1)}, x_t^{(2)}, \cdots, x_t^{(10)})$，则对一个具有 T 帧的动作序列，候选关键帧提取过程如下：

步骤 0　读取动作姿势序列集合 L 到程序内存中。

步骤 1　初始化误差阈值 δ，且 $\delta \in [0,1]$，通常取一个很小的值。

步骤 2　设置曲线 L 起点和终点分别为 $P_{start} = (x_{start}^{(1)}, x_{start}^{(2)}, \cdots, x_{start}^{(10)})$ 和 $P_{end} = (x_{end}^{(1)}, x_{end}^{(2)}, \cdots, x_{end}^{(10)})$，首次 $P_{start} = P_1$，$P_{end} = P_T$。然后按照步骤 3～步骤 5 获取候选关键帧 K。

步骤 3　按照式（5-62）计算 10 维曲线 L 上每个内点 P_i 到直线 $\Gamma_{start}\Gamma_{end}$ 的距离 d_i 组成集合 $D = \{d_i, i \in (start, end)\}$

$$d_i = \sqrt{\sum_{k=1}^{10}(X_i^{(k)} - X_{start}^{(k)})^2 - \frac{\left[\sum_{k=1}^{10}(X_{end}^{(k)} - X_{start}^{(k)})(X_i^{(k)} - X_{start}^{(k)})\right]^2}{\sum_{k=1}^{10}(X_{end}^{(k)} - X_{start}^{(k)})^2}} \tag{5-62}$$

步骤 4　从 D 中找出最大值 d_{max} 对应的点 P_{max}，如果 $D_{max} < \delta$，剔除 $P_{start}P_{end}$ 直线段对应曲线上的所有点，否则将 P_{max} 存入集合 K。

步骤 5　P_{max} 将 L 二分为 L' 和 L'' 曲线，对曲线 L' 和 L'' 反复递归执行步骤 2～步骤 4，得到最终的候选关键帧集合 K。其中，每次递归时，修改的 P_{start} 和 P_{end}

分别为每个曲线段的起点和终点。

步骤 6　输出候选关键姿势帧序列，关键帧提取完毕。

2）可视交互精选关键帧

通过大量实验发现，在一段运动序列中，由于动作类型和运动速率不可能永远一致，所以在利用曲线简化提取关键帧时，为了获得不同压缩率的姿势帧，往往需要花费大量的时间进行误差阈值调节，并且由于动作内部姿势的差异，一个误差阈值往往难以满足整个动作序列，所以此处在通过简单的误差阈值调节获取得到候选关键姿势帧后，利用可视化展示技术，将候选关键姿势帧序列以图形图像的形式直观地展示给用户，并设计了人性化的交互方式，方便用户快速浏览动作关键姿势，并精确地筛选出合适的关键帧序列。

（1）候选动作关键姿势帧可视化。

通过曲线简化得到的候选关键帧序列集合 K，是一个包含了时序索引 t 和姿势相对距离特征 D 的数据结构，即 $K=\{t,D_t\}$，其中 $D_t=(d_t^{(1)},d_t^{(2)},\cdots,d_t^{(10)})$，$t=1$，2，3，$\cdots$，$T$。如果直接让用户分析这样的数值数据，用户很难理解动作候选关键帧的内容。所以从动作采集时保存的原始三维动作关节坐标数据序列中找到与候选关键帧序列时序索引相对应的坐标数据集 $P=\{t,P_i\}$，其中 $P_i(x_i,y_i,z_i)$，且 $i=0$，1，2，$\cdots$，24。以时序索引为时间轴，采用镜头展示的可视化表示方式，绘制出支持编辑的候选关键姿势帧的三维骨架图形序列。图 5-27 为某次实验得到的候选关键姿势帧的部分图形序列。

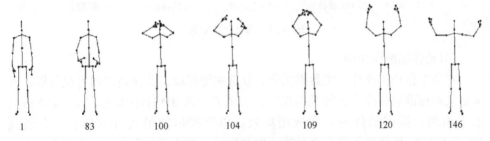

| 1 | 83 | 100 | 104 | 109 | 120 | 146 |

图 5-27　关键姿势帧可视化

与此同时，为了方便用户快速了解整个动作特征的变化情况及各个距离运动特征属性的变化情况，将各个 10 个距离特征序列以二维曲线的形式可视化出来，图 5-28 是对应图 5-27 的动作姿势特征可视化曲线图。

（2）人性化交互设计。

良好的交互设计能够帮助用户高效地查看动作候选关键帧内容和得到最终的关键帧序列。首先设计窗口滑动按钮，方便用户对候选关键姿势帧的全局浏览，然后针对单个姿势骨架图形设计了“选中”、“旋转查看”、“删除”和“状态重置”

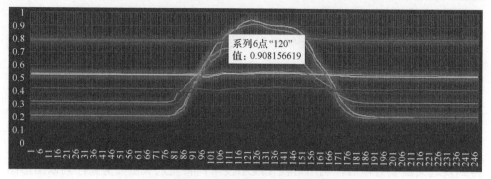

图 5-28 姿势特征可视化曲线图

等交互方式,方便用户对感兴趣的关键帧进行全面的查看,选择性删除认为的冗余帧,并且在删除冗余帧之后,后面的姿势帧能够自动补齐删除的空缺,形成新的关键帧序列。图 5-29 显示的是查看时的部分交互的效果。

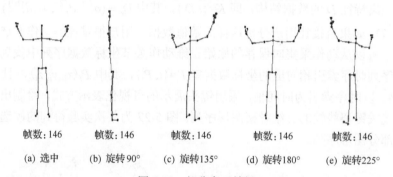

| 帧数:146 | 帧数:146 | 帧数:146 | 帧数:146 | 帧数:146 |
| (a) 选中 | (b) 旋转90° | (c) 旋转135° | (d) 旋转180° | (e) 旋转225° |

图 5-29 部分交互效果

(3)动作标准库生成。

本节中整合了动作三维数据采集、候选关键提取、关键帧序列可视分析、语义定义和标准动作库生成等功能模块,实现了一套 3D-HMVICS。其中动作语义主要由用户根据动作内容和应用场景,以字符串的形式自主命名。在通过 3D-HMVICS 界面输入自主命名的动作名称后,系统后台将自动生成两个依次由"动作名称+时序索引+距离特征"和"动作名称+时序索引+人体骨架关节坐标"的动作语义序列,并存入标准动作数据库,从而方便后续的动作分析等研究工作使用。系统整体框图如图 5-30 所示。

3)实验结果与分析

实验在 Intel Core(TM) i7-4790K、16GB 内存的 Windows 8 x64 操作系统上完成。首先在 Visual Studio 2013 上利用 C# 语言实现曲线简化的核心算法,并封装成可调用的动态链接库,然后采用 Unity3D 和 OpenGL 实现对候选关键姿势帧的可视化展示,最后编写交互脚本,完成支持用户可视编辑的。为了验证本节关键帧

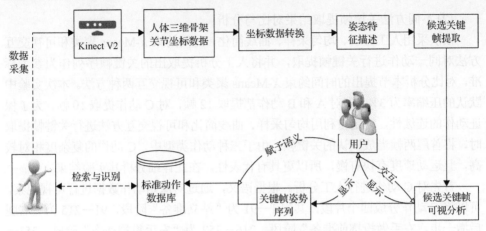

图 5-30　3D-HMVIC 框图

方法的有效性，利用 3D-HMVICS 完成对表 5-13 中的三种不同类型动作的关键帧提取，并同人工提取方法和曲线简化方法进行实验结果对比。同时，为了验证 3D-HMVICS 的实用性和有效性，让 20 名用户在使用系统后，进行客观的评价。

（1）3D-HMVICS 原型。

3D-HMVICS 原型如图 5-31 所示。

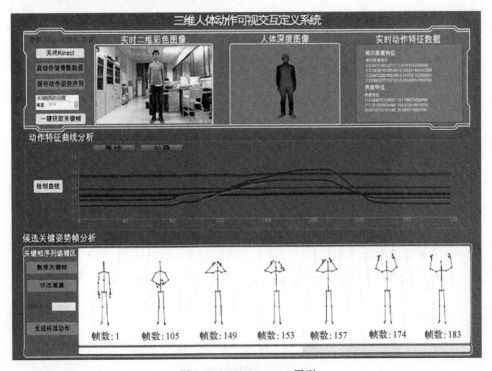

图 5-31　3D-HMVICS 原型

(2) 不同方法关键帧提取结果对比与分析。

依次采用人工分析、均匀采样、曲线简化、时间约束 X-Means 聚类和可视交互方法对同一动作进行关键帧提取，并将人工分析提取出的关键帧序列作为参考标准，对比分析本节提出的时间约束 X-Means 聚类和可视交互两种方法。本次实验中默认的压缩率为 3%，即对 A 和 B 动作都提取 12 帧，对 C 动作提取 10 帧，为了保证动作的连续性，规定在利用均匀采样、曲线简化和可视交互方法进行关键帧提取时，将首尾两帧当成默认的关键帧。由于三种动作类型中，C 动作的复杂度相对较高，且运动速度有快有慢，所以更具有代表性，在此详细分析其实验结果。

首先对 C 动作进行人工分析。根据语义，通过对原始动作数据进行可视观察，可以将 C 动作分成四个片段，其中 1—91 为"站立准备"阶段，91—215 为"右腿后撤一步，右手做投掷前准备"阶段，216—252 为"右手投掷动作"阶段，253—331 为"恢复站立"阶段，对各个片段进行反复分析和多次人工提取取平均，得到最终的关键姿势序列为 1—91—214—229—235—240—252—278—285—312，如图 5-32(a) 所示。然后依次采用每 37 帧提取 1 帧的均匀采样、误差阈值为 0.0458(根据压缩率反复调节得到) 的曲线简化方法、初始聚类中心个数为[4,15]的时间约束 X-Means 聚类方法依次对 C 动作提取出动作关键帧序列如图 5-32(b)～(d) 所示。最后采用本节可视交互方法进行动作关键帧提取。为了充分保留有效的姿势边界帧，

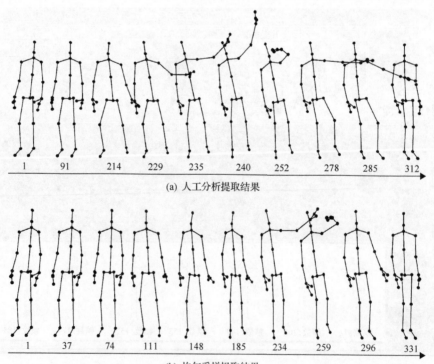

(a) 人工分析提取结果

(b) 均匀采样提取结果

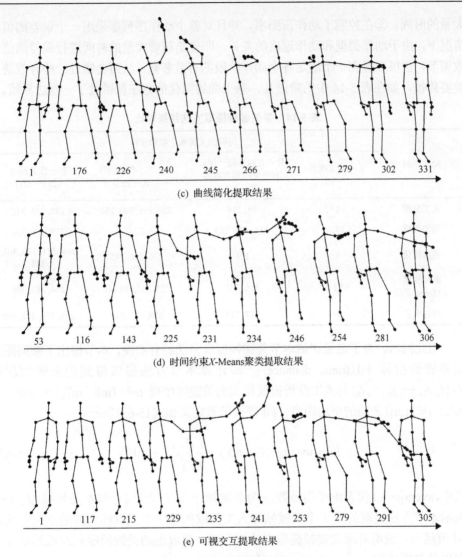

(c) 曲线简化提取结果

(d) 时间约束 *X*-Means聚类提取结果

(e) 可视交互提取结果

图 5-32　不同方法关键帧提取结果

首先利用误差阈值相对较小(实验中为 0.025)的曲线简化方法得到候选关键帧序列，然后通过可视化展示界面和简单的交互方式精选得到最终的关键帧序列为 1—117—215—229—235—241—253—279—291—305，如图 5-32(e)所示。

从图 5-32 可以看出，均匀采样依旧存在过采样和欠采样问题，本节提出的两种方法提取的关键姿势帧序列在视觉上最接近人工提取的方法，表 5-14 展示了各种方法对 C 动作 4 个阶段提取出的关键帧分布情况。结合图 5-32、表 5-14 及实际的误差阈值调节情况分析可知，曲线简化方法能有效地提取出姿势边界帧，如 240帧，但也存在着三个主要的问题：①曲线简化算法中误差阈值参数的调节需要花费大量的时间；②在控制了动作压缩率，并且对整个动作序列都采用一个误差阈值的情况下，由于动作类型和动作速度的差异，即使是花费大量的时间进行误差阈值参数调节，也很难得到一个满足各个动作阶段的有效参数，从而会错过一些有效的关键姿势帧，如在表 5-14 中的阶段Ⅱ，基于曲线简化的方法就错过了一些边界帧。

表 5-14　各关键帧提取方法结果对比

动作序列	提取的关键帧个数和分布			
	Ⅰ—站立准备 (1—90)	Ⅱ—右腿后撤一步， 右手做投掷前准备 (91—215)	Ⅲ—右手投掷动作 (216—252)	Ⅳ—恢复站立 (253—331)
人工分析	1	91, 214	229, 235, 240, 252	278, 285, 312
均匀采样	1,37,74	111, 148, 185	234	259, 296, 331
曲线简化	1	176	226, 240, 245	266, 271, 279, 302, 331
时间约束 X-Means 聚类	53	116, 143	225, 231,234,246	254, 281, 306
可视交互	1	117, 215	229, 235, 241	253, 279, 291, 305

与此同时，为了定量评估本节关键帧提取方法的有效性，本节提出了帧间距离误差评价指标 Fd(frame distance)，即计算本节方法提取得到的关键帧序列 $F=\{f_1, f_2, \cdots, f_i, \cdots, f_n\}$ 与人工分析提取得到的关键帧序列 $mF=\{mF_1, mF_2, \cdots, mF_i, \cdots, mF_n\}$ $(i\in[1,n])$ 之间的平均距离。Fd 评价函数定义如式(5-63)所示。

$$Fd = average(F - mF) = \frac{1}{n}\sum_{i=1}^{n}(|F_i - mF_i|) \tag{5-63}$$

其中，$average(\cdot)$ 代表求平均函数；n 为关键帧个数；F_i 为第 i 个特征姿势帧；$|F_i-mF_i|$ 表示本节方法提取的第 i 个关键帧与人工提取的第 i 个关键帧之间的欧氏距离。Fd 值越小，说明对应关键帧提取方法更有效，提取出的关键帧序列对原始动作内容更具有描述性。

采用各种关键帧提取方法依次对 A、B、C 三种动作提取关键帧，并计算帧间距离误差，计算结果如表 5-15 所示。

表 5-15　关键帧提取结果误差 Fd 对比

关键帧提取方法	动作 A	动作 B	动作 C	平均误差
均匀采样	0.05564	0.07055	0.08804	0.07147
曲线简化	0.04645	0.06478	0.05775	0.056327
时间约束 X-Means 聚类	0.048835	0.05725	0.05578	0.053955
可视交互	0.031268	0.02956	0.03074	0.030523

从表 5-15 对比数据可知，在对三种不同类型的动作进行关键帧提取时，本章基于可视交互方法提取的关键帧序列与人工分析提取的关键帧序列的平均帧间距离误差最小，说明可视交互提取的关键帧最接近人工分析提取的关键帧，提取的关键帧结果更能有效地概括原始动作姿势序列，并且对于三种不同动作类型，帧间距离误差都靠近了 0.3，变化不大，说明在利用本节方法进行关键帧提取时，结果准确度相对稳定。相比于曲线简化方法，本节的时间约束 X-Means 聚类提取出的关键帧帧间平均距离误差略微小于曲线简化的方法。

综合以上分析，可视交互提取关键帧的方法能较好地保留各个动作的过渡姿势和边界帧，提取出的关键帧集合能充分反映原始动作内容；实现方法上，在保留曲线简化方法优点的同时，加入了可视化交互技术，不仅让用户从繁杂的人工分析工作中解脱，也很好地解决了曲线简化方法存在的问题。

(3) 3D-HMVICS 测试评估。

3D-HMVICS 整合了动作骨架数据采集、基于曲线简化的候选关键帧提取、候选关键帧可视分析等功能，主要有五大特色：①支持离线动作数据和实时在线采集的动作数据的处理；②在利用单一的曲线简化方法提取关键帧时，误差阈值的参数可以通过界面输入，而不用更改代码就能很便捷地实现动态调整；③将整个动作的特征数据以曲线的方式表现出来，并且添加了与曲线的交互功能，能够帮助用户快速理解动作数据；④将候选关键帧以"镜头"的可视化方式展示，能够让用户直观地观测出提取关键帧的效果，并且设计了合理的交互方式，能让用户"随心所欲"地提取出自己需要的标准动作关键帧；⑤能方便用户根据实际需求和对动作语义的理解，快速生成自己的标准动作库。

为了客观评价 3D-HMVICS，让 15 个用户分别使用本系统进行原始动作数据采集、动作关键帧提取、动作语义定义和动作库生成，然后对系统关键帧提取的便捷性(主要与人工分析提取关键在时间上对比)、三维人体动作定义的合理性及系统的实用性进行综合评价。用户评价结果如表 5-16 所示。

从表中数据可以看出，15 名用户对系统关键帧提取的便捷性、三维人体动作定义的合理性以及系统的实用性平均评分都在 8.2 分以上，从而有效地说明了本系统具有一定的使用价值，可用于标准动作库定义和生成。

5.5.2　动态时间规整算法基本原理

DTW 是一种把时间规整和距离测量相结合的非线性规整技术，常用于测量两个长度不相等的时间序列数据的相似度。如图 5-33 所示，采用动态规划(DP)的思想，DTW 通过特定的时间弯折函数在测试序列 T 与参考序列 R 之间查找一条非线性弯折路径，沿着该路径两个序列之间的距离最小，则相似度最高[81]。

表 5-16　3D-HMVICS 评价结果

用户	关键帧提取 便捷性 （满分 10 分）	动作定义 合理性 （满分 10 分）	系统 实用性 （满分 10 分）	综合 （满分 10 分）
1	8	8	8	8
2	9	8	8.5	8.5
3	8.5	8	9	8.5
4	8.5	8	8.5	8.33
5	8	8	8	8
6	8	8.5	8.5	8.33
7	8	8	8.5	8.17
8	8.5	8.5	8.5	8.5
9	8	8	8	8
10	8.5	8	8.5	8.33
11	8	8.5	8	8.17
12	9	8.5	9	8.83
13	8	8.5	8.5	8.33
14	8	8	9	8.33
15	8	9	8.5	8.5
平均	8.27	8.23	8.467	8.32

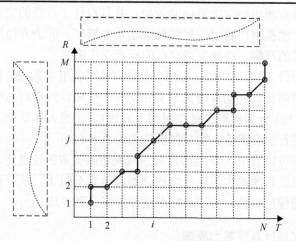

图 5-33　DTW 算法原理图

假设待测试的序列 $T=\{T_i, i \in [1, N]\}$，参考模板序列为 $R=\{R_j, j \in [1, M]\}$，其中 T_i 和 R_j 分别为离散时间 i 和 j 时刻对应的状态序列，且状态由数据特征值描述。为了将两个状态序列在时间轴上对齐，依次将它们映射在二维平面坐标的横轴和纵轴上，并在平面上构成如图 5-33 所示的一个 $N \times M$ 的网格平面，其中网络平面

的每一个网格点 (i, j) 代表的是对齐状态点 T_i 与 R_j 的距离 d_{ij}，通常利用欧氏距离式(5-64)进行计算：

$$d_{ij} = \sqrt{(T_i - R_j)^2} \qquad (5\text{-}64)$$

DTW 算法就是通过局部动态规划找到一条连接点 $(1,1)$ 和 (N, M) 的最优路径 W，并使 W 上的对齐点的累计距离最小。假设 $W = \{W_1, W_2, W_3, \cdots, W_k, \cdots, W_K\}$，$K \in [\mathrm{Max}(M, N), M+N-1]$，则最优路径代价函数如式(5-65)所示：

$$\mathrm{DTW}(T, R) = \min\left(\frac{1}{K} \left(\sum_{k=i}^{K} W_k \right)^{\frac{1}{2}} \right) \qquad (5\text{-}65)$$

其中，最优路径 W 需要满足如下约束条件：

(1)边界条件。W 的起点 W_1 和终点 W_K 必须满足开始于对角线的起点，终止于对角线的终点，即 W_1 为 $(1,1)$，W_K 为 (N, M)。

(2)单调性条件和步长条件。设 W 路径上相邻的两个点分别为 $W_{k(i,j)}$ 和 $W_{k-1(i',j')}$，则应该满足单调性 $i - i' \geqslant 0$，$j - j' \geqslant 0$，以及步长约束 $i - i' \leqslant 1$，$j - j' \leqslant 1$。在约束条件(1)和(2)下，对应 W 中的一点 $W_{k(i,j)}$，则 $W_{k-1(i',j')}$ 只可能是节点 $(i-1, j)$、$(i, j-1)$ 和 $(i-1, j-1)$ 中的一个。

假设 D_{ij} 代表 W 路径上由起点 $W_{1(1,1)}$ 到当前点 $W_{k(i,j)}$ 的累计差异距离，d_{ij} 代表当前对齐点 T_j 与 R_j 的相似度距离，则有

$$D_{ij} = d_{ij} + \min(D_{i-1,j}, D_{i-1,j-1}, D_{i,j-1}) \qquad (5\text{-}66)$$

5.5.3　基于关键姿势和动态时间规整算法的人体动作识别实现

在利用 Kinect V2 采集得到三维人体动作骨架关节坐标数据后，利用 5.2 节的特征关节相对距离描述静态姿势，并且为了增加动作识别的速率和准确性，利用本章提出的基于时间约束 X-Means 聚类算法，对原始动作姿势序列提取关键姿势帧进行描述，然后利用 DTW 算法进行动作识别。基于 DTW 算法的人体动作识别主要包括标准动作模板库建立和动作匹配识别两步。

1. 标准动作模板建立

当前动作标准模板建立主要有两种方法：方法一，以某一个动作姿势序列样本作为标准，该方法受人为主观性影响比较大，但能够快速建立动作模板；方法二，利用 DTW 算法计算同一语义的多个样本中各个样本同其他动作样本的距离，然后利用与其他动作样本距离之和最小的一个作为标准动作模板，该方法相对于

方法一充分考虑了动作的类内差异，但往往需要大量的动作样本。本章利用 3D-HMVICS 采集多个人的动作并可视交互提取关键帧，然后利用方法二建立动作标准库。

2. 动作匹配识别

已知待识别动作的关键姿势序列 $S=\{s_1, s_2, \cdots, s_m\}$ 和动作模板库 $T=\{R^{(1)}, R^{(2)}, \cdots, R^{(i)}, \cdots, R^{(M)}\}$，其中 T 中 $R^{(i)}=\{r_1, r_2, \cdots, r_n\}$ 表示一个标准动作的关键姿势帧序列，且动作 $R^{(i)}$ 的动作类型已知，M 表示标准动作类型的个数，则对动作 S 的识别即转化为计算 S 与 T 中 $R^{(i)}$ 之间的最小累积距离。由于实际中，可能待识别的动作并不存在标准动作模板库中，所以为了拒识别非动作模板库中的动作，需要计算一个相似度阈值 τ，τ 通常取标准动作模板中各个动作样本之间 DTW 距离的最大值。基于 DTW 算法的人体动作识别算法步骤描述如下：

步骤 1   输入待识别的姿势序列 S 和标准的动作姿势模板库 T。

步骤 2   初始化相似度阈值 τ，并按照步骤 3、步骤 4 分别计算 S 与 T 中参考动作姿势序列 $R^{(i)}$ 的距离 $d^{(i)}$ 并构成识别距离集合 $D=\{d^{(1)}, d^{(2)}, \cdots, d^{(M)}\}$。

步骤 3   分别计算 S 中每一个元素 s_i 与 $R^{(i)}$ 中的每一个元素 r_j 的欧氏距离 $d(s_i, r_j)$，构造一个 $n \times m$ 的距离矩阵 $\text{Matrix}=(d(s_i, r_j))$，$i \in [1,m]$，$j \in [1,n]$。

步骤 4   基于距离矩阵 Matrix，采用局部最优找到一条代价最小的规整路径 $W=\{W_1, W_2, \cdots, W_K\}$，且 $K \in [\max(m, n), m+n-1]$，$K$ 为路径的长度，路径代价函数见式(5-65)，此时式中 $W_k=d(s_i, r_j)$，k 为路径上的第 k 个元素，且 $d(s_i, r_j)$ 为 Matrix 矩阵中第 i 行和第 j 列的元素 (i, j) 值。假设 $\gamma(i, j)$ 是从起点 $(1,1)$ 到 Matrix 中元素 (i, j) 的累计距离，则可通过 $d(s_i, r_j)$ 求累计距离：

$$\gamma(i, j) = d(s_i, r_j) + \min\{\gamma(i-1, j-1), \gamma(i-1, j), \gamma(i, j-1)\} \qquad (5\text{-}67)$$

则 S 与 $R^{(i)}$ 的相似度距离 $d^{(i)}=\gamma(m, n)$，即 W_1 到 W_K 的距离，将 $d^{(i)}$ 加入识别距离集合 D。

步骤 5   查找出集合 D 的最小值 $d_{\min}^{(i)}$，如果 $d_{\min}^{(i)} < \theta$，则将动作 S 归类为模板库 T 中的第 i 种动作，否则将 S 视为未知动作类型。

步骤 6   输出 S 的动作类型，动作识别完毕。

5.5.4   实验结果与分析

实验在 Intel Core(TM) i7-4790K、16GB 内存的 Windows 8 x64 操作系统上完成。利用 Kinect SDK 2.0 for Windows 和 Visual Studio 2013 作为识别算法开发工具，并在 Visswust_3DMotion 数据集上进行相关测试。首先，为了测试 5.5.3 节中描述

的标准动作模板建立的两种方法对动作识别率和识别时间的影响，进行了实验一和实验二。然后为了验证利用 3D-HMVICS 建立标准动作库的合理性，以及基于关键帧姿势和 DTW 算法的人体动作识别的准确性、快速性和鲁棒性，进行了实验三和实验四。

1. 不同方法建立标准动作模板的动作识别结果对比分析

实验一：对于每一种动作类型，不提取关键帧，人为从该动作的多个动作样本中选择一个作为标准动作来建立标准模板，然后将其他动作样本作为测试样本。各个动作的混淆识别率直方图如图 5-34 所示，对应的动作识别时间如表 5-17 所示。

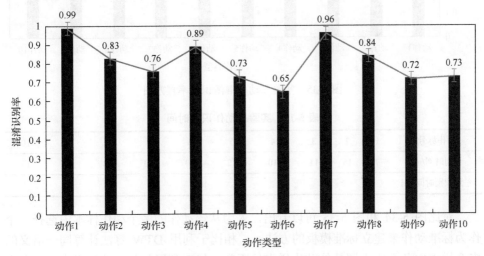

图 5-34　实验一动作混淆识别率直方图

表 5-17　实验一动作识别时间

动作标号	1	2	3	4	5	6	7	8	9	10
识别时间/ms	7	15	11	11	12	10	11	17	14	14
平均识别时间/ms	12.2									

实验二：对于每一种动作类型，不提取关键帧，每次选择动作样本的 90%作为训练样本，然后利用 5.5.3 节中动作模板建立的方法二得到标准模板，最后利用剩余 10%的动作样本进行测试，如此进行 10 次，最终得到动作的混淆识别率直方图如图 5-35 所示，对应的动作识别时间如表 5-18 所示。

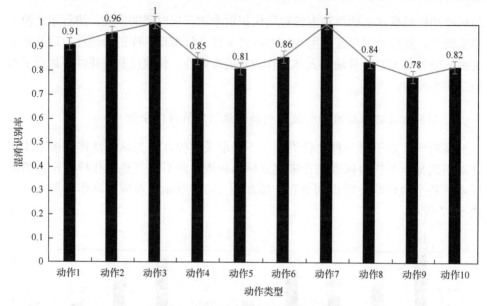

图 5-35　实验二动作混淆识别率直方图

表 5-18　实验二动作识别时间

动作标号	1	2	3	4	5	6	7	8	9	10
识别时间/ms	7	15	11	10	12	10	10	18	13	13
平均识别时间/ms					11.9					

对比图 5-34 和图 5-35 可以看出，人为从该动作的多个动作样本中选择一个作为标准动作来建立标准模板的方法一，相比于利用 DTW 算法计算同一语义的多个样本中各个样本同其他动作样本的距离，然后利用与其他动作样本距离之和最小的一个作为标准动作模板的方法二，平均动作混淆识别率较低，而且识别变化波动较大，所以建议利用方法二进行动作标准模板建立。此外，对比表 5-4、表 5-17 和表 5-18 发现利用 DTW 算法进行人体动作匹配识别时，动作识别时间主要随着动作序列长度的增加而增加，而且实验一和实验二的两种训练方法对动作识别时间基本没影响。

2. 本章方法动作识别结果分析

实验三：对于每一种动作类型，利用 3D-HMVICS 采集多个人的动作并提取关键帧，然后按照试验二的方法建立标准动作样本库，并且对待识别样本利用时间约束 X-Means 聚类提取关键帧进行识别，最终得到的各个动作的识别率直方图如图 5-36 所示，混淆识别概率矩阵如表 5-19 所示，动作识别时间如表 5-20 所示。

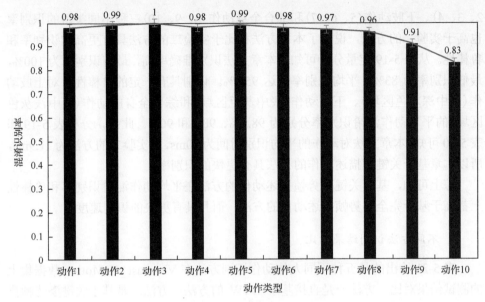

图 5-36　实验三动作混淆识别率直方图

表 5-19　动作识别测试结果混淆矩阵

动作标号	1	2	3	4	5	6	7	8	9	10
1	**0.98**	0.02	0.00	0.00	0.00	0.00	0.00	0.00	0.00	0.00
2	0.01	**0.99**	0.00	0.00	0.00	0.00	0.00	0.00	0.00	0.00
3	0.00	0.00	**1.00**	0.00	0.00	0.00	0.00	0.00	0.00	0.00
4	0.00	0.00	0.00	**0.98**	0.00	0.00	0.00	0.00	0.02	0.00
5	0.00	0.00	0.00	0.00	**0.99**	0.01	0.00	0.00	0.00	0.00
6	0.00	0.00	0.00	0.01	0.00	**0.98**	0.01	0.00	0.00	0.00
7	0.00	0.00	0.00	0.00	0.00	0.03	**0.97**	0.00	0.00	0.00
8	0.00	0.01	0.00	0.00	0.00	0.03	0.00	**0.96**	0.00	0.00
9	0.00	0.00	0.00	0.09	0.00	0.00	0.00	0.00	**0.91**	0.00
10	0.00	0.17	0.00	0.00	0.00	0.00	0.00	0.00	0.00	**0.83**
平均识别率/%					95.9					

表 5-20　动作识别时间

动作标号	1	2	3	4	5	6	7	8	9	10
识别时间/ms	5	13	10	9	11	8	9	14	10	10
平均识别时间/ms					10					

对比图 5-35 和图 5-36 可以定性看出，本章基于关键姿势帧描述动作的方法平均动作混淆识别率高于基于全部姿势序列描述动作的方法，而且对上肢动作(1、

2、3、4)、下肢动作(5、6、7)和综合全身动作(8、9、10)三种不同类型的识别率也高于实验二的方法，说明了本章方法相比于实验二的方法具有更高的识别率和鲁棒性。从表 5-19 定量分析可知，本章方法识别准确率高，最高识别率为 100%，最低识别率为 83%，平均识别率高达 95.9%。识别具有一定的鲁棒性，对上肢动作(表中深灰色区域)、下肢动作(表中灰色区域)和综合全身的动作(表中浅灰色区域)的平均动作混淆识别率分别为 98.5%、98%和 90%。此外，分析表 5-19 和表 5-20 可知，本章方法对动作的平均识别时间为 10ms，而实验二的方法为 11.9ms，所以本章基于关键帧描述动作的方法具有更快的识别率。

综上可知，基于关键姿势帧描述动作的方法在平均动作混淆识别率和鲁棒性上都高于基于完全姿势帧描述动作的方法，而且具有更快的识别速度。

3. 不同方法识别结果对比

表 5-21 给出的是五种不同人体动作识别方法在 Visswust_3DMotion 数据集上的测试结果对比。方法一是直接基于 DTW 的方法；方法二是基于关键姿势帧描述动作后的DTW人体动作识别方法；方法三是基于CHMM的人体动作识别方法；方法四是基于 DHMM 的人体动作识别方法；方法五是林水强等提出的基于姿势序列 FSM 动作识别方法。其中基于 DHMM 的人体动作识别方法中，通过反复调节得到模型的最佳参数为：隐藏状态数 5，并利用 K-Means 聚类得到的动作码本数为 50。

表 5-21　人体动作识别方法比较

识别方法	平均识别率/%	鲁棒性	计算复杂度	平均识别时间/ms	模型参数	离线训练	适合动作类别
DTW	88.3	低	低	12	少	不训练或者小样本训练	复杂度低
关键帧+DTW	95.9	中	低	10	少	不训练或者小样本训练	复杂度低、适中
CHMM	99.5	高	高	148	多	大样本训练	复杂度低、适中、高
DHMM	91.6	高	高	18	多	大样本训练	复杂度低、适中、高
FSM	96.7	中	中	58	多	不训练	复杂度低、适中

从表 5-21 可以看出，五种动作识别方法中，识别率和鲁棒性最高的都是基于CHMM 的方法，但该方法需要大量的动作样本作为训练，而且模型参数较多，需要反复调节，此外算法复杂度较高，所以识别速率相对较慢。识别率最低的是直接利用 DTW 匹配识别的方法，该方法适合于复杂度低的动作类型。在识别率上，基于姿势序列 FSM 的动作识别方法略高于本章基于关键帧提取后的 DTW 匹配识

别的方法，但该方法在添加新动作时，必须事先经过繁杂的规则定义，而且需要事先考虑动作之间的相似性和差异性，本章方法在识别率上具有较大的优势，识别率也较高，更加适合于在人机交互系统中的应用。

5.6　基于人体动作识别的虚拟交警指挥动作训练系统设计

5.6.1　系统背景

随着社会经济的快速发展，智能化和城市化的不断推进，城市交通拥挤已日趋严重，全球交通事故发生率也在不断上升，智能交通系统(intelligent transportation system)因此也成了一大研究热点。交通警察在交通活动中扮演着重要的角色，当交通灯系统出现故障时，仅能靠交警的手势动作指挥车辆的行驶，所以交警指挥动作的学习与训练是交警教学中的一大部分，对交警指挥动作进行识别，判断交警动作的标准与否具有重要意义，这也是实现无人驾驶汽车自动行驶和推进智能交通系统发展的前提。

当前，公安部发布的交警指挥手势动作主要有八种，分别是停止信号(不准前方车辆通行)、直行信号(准许右方直行的车辆通行)、左转弯信号(准许车辆左转弯)、左转弯待转信号(左方左转弯的车辆进入路口)、右转弯信号(准许右方的车辆右转弯)、变道信号(车辆腾空指定的车道，减速慢行)、减速慢行信号(车辆减速慢行)、示意车辆靠边停车信号(车辆靠边停车)。本节针对八种交警指挥动作训练中存在的训练过程枯燥、依赖于交警现场的指挥经验、训练数据难以记录等问题，基于 Unity3D 平台设计和开发了一款虚拟交警指挥动作训练系统。

根据前面提出的基于三维人体骨架关节点之间的相对距离描述静态姿势，并利用时间约束 X-Means 聚类和可视交互提取关键姿势帧表示原始动作姿势序列，最后利用 DTW 算法进行动作识别，本节讨论了一款基于人体动作识别的虚拟交警指挥动作训练系统的设计[82]。

5.6.2　系统原理与框架

基于人体动作识别的虚拟交警指挥动作训练系统主要由交警指挥动作的识别和虚拟交通活动场景仿真两大模块组成，其中交警指挥动作整体识别原理图如图 5-37 所示。首先，利用深度传感器 Kincet V2 采集到交警指挥动作的深度图像并转化为三维骨架模型，然后利用 5.2 节的特征关节相对距离描述静态姿势，并对整个指挥动作姿势序列进行关键姿势帧提取和采用前述 5.5 节的方法对姿势动作进行训练和识别，最后将动作识别的结果作为控制命令输入到利用 Unity3D 搭建的交通场景模型中去，其中虚拟交通活动场景模块主要包括场景模型、虚拟交警动画和车子动画等。

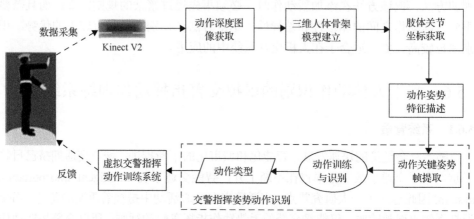

图 5-37　交警指挥动作整体识别模块原理图

5.6.3　系统软件功能的实现

　　基于人体动作识别的虚拟交警指挥动作训练系统针对某十字路口场景，利用 3ds Max 对场景所需模型进行三维建模、离线渲染及动画合成，将生成的模型资源导入 Unity3D 引擎中并编写驱动脚本，再通过通信接口与动作识别模块连接。该系统模拟了真实交通运行场景，基于本节提出的交警指挥动作识别方法，受训者通过执行指挥动作来控制虚拟场景中的交警，从而身临其境地完成相应的车辆运行指挥任务。基于人体动作识别的虚拟交警指挥动作训练系统包括指挥动作单项练习模式和考试模式。系统开始界面如图 5-38(a) 所示，主界面如图 5-38(b) 所示。

(a) 系统开始界面

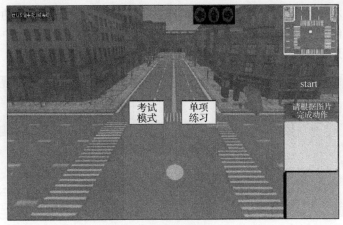

(b) 系统主界面

图 5-38 基于人体动作识别的虚拟交警指挥动作训练系统界面

1. 单项练习模式

单项练习模式包括了对八种交警指挥动作的学习和训练，其中道路指挥场景选择了四车道十字路口。用户在通过手势交互点击 5-38(b) 图中的"单项练习"按钮后，将会进入单项学习模式。如图 5-39 所示，通过手势交互选择进入需要学习的项目。

图 5-39 单项练习主界面

在此，以"右转弯信号"为例，如图 5-40 所示，用户可以根据图中右侧的动态图片学习和掌握该动作的基本要领，然后根据界面提示完成相应动作来发出指挥信号，控制当前的车流量，后台则实时跟踪、检测用户和识别用户交互动作，从而与虚拟场景进行虚拟互动。

(a) 用户与虚拟场景交互　　　　　　　　(b) 右转弯对应的虚拟场景

图 5-40　"右转弯信号"练习

2. 考试模式

考试模式是由系统随机给出车流环境和当前正确的指挥动作，用户需在规定时间之内做出相应的正确动作，控制车流的交通活动，在所有项目完成之后考试结束。由于车流环境与动作是随机给出的，考试灵活度强。系统根据考试项目的完成度进行评分，评分方式采用后台动作识别系统判定，主要检测玩家的动作是否与正确动作序列一致，按照用户的动作准确程度来评分。如图 5-41 是"直行信号"的考试情况。

(a) 用户与虚拟场景交互　　　　　　　　(b) "直行信号"对应的虚拟场景

图 5-41　考试模式运行界面

整个考试模式结束以后，系统将会根据用户完成指挥动作的实际情况进行评分，评分主要按照用户执行指挥动作的次数和成功指挥次数的比值进行评分，某次"考试结果"如图 5-42 所示。

图 5-42　考试模式结束界面

5.6.4　系统测试分析与评估

1. 系统识别效果测试分析

对交警指挥动作的准确识别是本系统能投入使用的前提，首先对虚拟交警指挥动作训练系统的识别模块进行测试。本实验在室内光照良好环境下，邀请了 20 名志愿者，并对他们进行交警指挥动作培训后进行动作采集，让他们对每个交警手势动作执行 10 次，利用 5.3 节的方法对"A-停止"、"B-直行"、"C-左转弯"、"D-左转弯待转"、"E-右转弯"、"F-变道"、"G-减速慢行"、"H-车辆靠边停车"、"None-未识别动作"八种交警指挥动作进行训练识别，识别结果的混淆矩阵如表 5-22 所示。

表 5-22　虚拟交警指挥动作训练系统动作识别测试结果混淆矩阵

动作标号	A	B	C	D	E	F	G	H	None
A	**1.00**	0.00	0.00	0.00	0.00	0.00	0.00	0.00	0.00
B	0.00	**1.00**	0.00	0.00	0.00	0.00	0.00	0.00	0.00
C	0.00	0.00	**1.00**	0.00	0.00	0.00	0.00	0.00	0.00
D	0.00	0.00	0.00	**1.00**	0.00	0.00	0.00	0.00	0.00
E	0.00	0.00	0.00	0.00	**1.00**	0.01	0.00	0.00	0.00
F	0.00	0.00	0.00	0.00	0.00	**1.00**	0.01	0.00	0.00
G	0.00	0.00	0.00	0.00	0.00	0.00	**1.00**	0.00	0.00
H	0.00	0.00	0.00	0.00	0.00	0.00	0.00	**0.99**	**0.01**
平均识别率/%				99.9					

从表 5-22 可以看出，在室内光线充足的条件下交警姿势动作识别率均大于 99%，平均识别率可达 99.9%，识别准确度很高，此外平均识别时间为 9ms，说明了本系统在识别准确率和识别速率上都有可靠的保障。

2. 用户使用评估

为了客观评价虚拟交警指挥动作训练系统的各项性能，让 15 个用户体验本系统，然后以问卷调查的方式使用户对系统的设计内容、系统的互动性、真实感及使用价值四个方面展开评价。

其中问卷调查内容如表 5-23 所示，表中的每个问题以 10 分制进行评分。问题 1 和 2 主要体现系统设计内容的合理性，问题 3～5 主要评价本系统的互动性，问题 6 主要评价系统的沉浸感，而问题 7 和 8 主要评价本系统的使用价值。在对用户评分结果进行统计和求平均之后，得到系统性能评价结果如表 5-24 所示，从表中可以看出，用户对本系统的平均综合评价为 8.03 分，从而充分肯定了本系统在内容合理性、交互性、沉浸感、使用价值等方面的性能，当然本系统在美工和沉浸感等方面仍有不足。

综上，本系统动作识别率很高、内容合理、交互性强、具有一定的真实感，不仅能让交警以娱乐形式来学习和训练指挥动作，而且能在一定程度上应对不同交通状况下的交通指挥，从而使交警尽快地适应和投入真实的交通活动指挥工作中去。同时，本系统能够及时对交警指挥动作的学习状况进行反馈，不仅时间和空间上体现出较强优势，而且成本低廉，所以在交警指挥动作教学和智能交通领域具有一定的应用价值。

表 5-23　虚拟交警指挥动作训练系统问卷调查表

问题序号	问题内容	评分(10 分)
1	系统中虚拟十字路口交通活动场景与真实场景是否对应？	
2	是否以真实的交警指挥动作进行车辆行驶指挥？	
3	在交警动作指挥中，您的动作被捕捉和正确识别到了吗？	
4	在交警动作指挥中，您对交互延迟可以接受吗？	
5	在与系统中的虚拟交通场景进行交互过程中，您认为交互方式自然吗？	
6	该系统的虚拟交通环境沉浸感强吗？	
7	您认为该系统对学习和训练交警指挥动作有用吗？	
8	您认为该系统的交警指挥动作训练模式能提升学员的现场指挥能力吗？	

表 5-24　虚拟交警指挥动作训练系统评价结果

用户	内容合理性 (10 分)	交互性 (10 分)	沉浸感 (10 分)	使用价值 (10 分)	综合 (10 分)
1	8	8	8	8.5	8.125
2	8.5	8	7	8	7.875
3	8	8	8	8.5	8.125
4	7.5	8.5	7.5	8.5	8
5	8	8	8	9	8.25
6	8	7.5	7.5	8	7.75
7	8.5	8	7	8.5	8
8	8.5	8.5	8	8	8.25
9	8	8	7	8.5	7.875
10	8.5	8	8	8	8.125
11	8	8	8.5	8.5	8.25
12	7.5	7.5	7.5	8	7.625
13	8	8	8	8.5	8.25
14	8	8	8	8.5	8.125
15	8	8	7.5	8	7.875
平均	8.07	8.03	7.7	8.33	8.03

5.7　本　章　小　结

　　三维人体动作分析研究一直以来都是人机交互领域的重要研究问题,在智能监控、运动分析、娱乐游戏、计算机动画等诸多领域都有广泛的应用。本章在总结和分析了人体动作分析相关的国内外研究现状及相关理论基础以后,基于三维人体骨架序列开展动作分析研究。由于传感器设备的高频率采样,动作姿势序列中存在大量冗余帧,所以本章的工作主要围绕着动作姿势特征描述、动作关键姿势帧提取、动作分类识别及应用展开。

　　在三维人体动作关键姿势帧提取方面,在分析了当前存在的主要关键帧提取方法后,针对利用聚类算法提取关键帧存在的关键帧个数难以自动确定,朴素聚类会破坏动作时序的问题,本章提出了一种基于三维骨架关节点空间距离特征和时间约束 X-Means 聚类的动作关键帧的提取方法。实验结果表明,该方法能根据动作姿势序列的内容自动确定关键帧数目,并能保存动作的时序特征,提取出的动作关键姿势帧,在视觉上能有效表征动作姿势序列的内容。然后针对当前曲线简化提取关键帧方法存在的误差阈值调节复杂、提取的关键帧难以满足用户需求的问题,提出了一种基于可视交互的三维人体动作关键帧提取方法,并据此设计了一套支持可视编辑的三维人体动作定义系统。实验结果表明，该方法能够更加方便、准确、高效地获取动作关键帧序列和生成标准动作库。

在人体动作识别方面，本章分析了当前主要的人体动作识别方法，分别实现了基于 DTW、基于姿势序列 FSM 和基于 CHMM 的人体动作分类识别方法，并且针对利用原始姿势序列和 DTW 匹配的动作识别方法存在的识别率低、识别速率慢、鲁棒性弱的问题，提出了基于关键姿势和 DTW 的人体动作识别方法。实验结果表明，该方法相比于基于原始姿势序列的 DTW 识别方法具有更高的识别准确率、更快的识别速率和更好的鲁棒性，相比于基于 CHMM 的人体动作识别方法，虽然识别率略低，但在算法的复杂度和识别速率上具有更大的优势，更加适用于实时人机交互系统。

本章最后介绍了针对交警指挥动作训练中存在的训练过程枯燥、过分依赖于交警现场的指挥经验、训练数据难以记录等问题，基于 Unity3D 平台和本章提出的人体动作分析方法，设计和开发的一款虚拟交警指挥动作训练系统。实验结果表明，该系统在交警指挥动作教学和智能交通领域具有一定的应用价值。

本章在三维人体动作关键帧提取技术、动作分类识别技术及交互应用的相关研究依然存在很多需要改进的地方。在动作静态姿势描述上采用特征单一、仅使用特征关节点之间的相对距离进行描述；在关键帧提取方面，对于聚类提取关键帧本身存在的对动作数据样本大小敏感的问题，仍需要提出更合适的解决方法。当前对于最终关键姿势帧结果的有效性，大部分主要靠主观视觉判断，具有一定的局限性，所以需要研究和提出更可靠的评价指标。在动作分类识别方面，只分析和实现了基于 HMM 的人体动作识别方法，后续可深入研究其他统计机器学习方法在人体动作识别方法中的应用。

参 考 文 献

[1] 徐光祐, 陶霖密, 邸慧军. 人机交互中的体态语言理解[M]. 北京: 电子工业出版社, 2014.

[2] Aggarwal J K, Xia L. Human activity recognition from 3D data: A review[J]. Pattern Recognition Letters, 2014, 48: 70-80.

[3] 吴亚东, 赵思蕊, 杨文超. 让人机交互更加真实[J]. 高科技与产业化, 2015, (11): 50-51.

[4] Presti L L, La Cascia M. 3D skeleton-based human action classification: A survey[J]. Pattern Recognition, 2016, 53: 130-147.

[5] Rautaray S S, Agrawal A. Vision based hand gesture recognition for human computer interaction: A survey[J]. Artificial Intelligence Review, 2015, 43(1): 1-54.

[6] Aggarwal J K, Ryoo M S. Human activity analysis: A review[J]. ACM Computing Surveys (CSUR), 2011, 43(3): 1-16.

[7] Chen L L, Wei H, Ferryman J. A survey of human motion analysis using depth imagery[J]. Pattern Recognition Letters, 2013, 34(15): 1995-2006.

[8] Turaga P, Chellappa R, Subrahmanian V S, et al. Machine recognition of human activities: A survey[J]. IEEE Transactions on Circuits and Systems for Video Technology, 2008, 18(11): 1473-1488.

[9] Ye M, Zhang Q, Wang L, et al. A survey on human motion analysis from depth data[M]//Grzegorzek M, Theobalt C, Koch R, et al. Time of-Flight and Depth Imaging. Sensors, Algorithms, and Applications. Berlin: Springer, 2013: 149-187.

[10] Cheng G, Wan Y, Saudagar A N, et al. Advances in human action recognition: A survey[J]. arXiv: 1501.05964, 2015.

[11] Lim C H, Vats E, Chan C S. Fuzzy human motion analysis: A review[J]. Pattern Recognition, 2015, 48(5): 1773-1796.

[12] Lun R, Zhao W B. A survey of applications and human motion recognition with microsoft Kinect[J]. International Journal of Pattern Recognition and Artificial Intelligence, 2015, 29(5): 1-48.

[13] 谷军霞, 丁晓青, 王生进. 行为分析算法综述[J]. 中国图象图形学报, 2009, 14(3): 377-387.

[14] 阮涛涛, 姚明海, 瞿心昱, 等. 基于视觉的人体运动分析综述[J]. 计算机系统应用, 2011, 20(2): 245-254.

[15] 胡琼, 秦磊, 黄庆明. 基于视觉的人体动作识别综述[J]. 计算机学报, 2013, 36(12): 2512-2524.

[16] 李瑞峰, 王亮亮, 王珂. 人体动作行为识别研究综述[J]. 模式识别与人工智能, 2014, 27(1): 35-48.

[17] 陈万军, 张二虎. 基于深度信息的人体动作识别研究综述[J]. 西安理工大学学报, 2015, 31(3): 253-264.

[18] Guo G D, Lai A. A survey on still image based human action recognition[J]. Pattern Recognition, 2014, 47(10): 3343-3361.

[19] Yamato J, Ohya J, Ishii K. Recognizing human action in time-sequential images using hidden Markov model[C]. IEEE Computer Society Conference on Computer Vision and Pattern Recognition, Champaign, 1992: 379-385.

[20] Ahmad M, Lee S W. Variable silhouette energy image representations for recognizing human actions[J]. Image and Vision Computing, 2010, 28(5): 814-824.

[21] Boisvert J, Shu C, Wuhrer S, et al. Three-dimensional human shape inference from silhouettes: Reconstruction and validation[J]. Machine Vision and Applications, 2013, 24(1): 145-157.

[22] Wu D, Shao L. Silhouette analysis-based action recognition via exploiting human poses[J]. IEEE Transactions on Circuits and Systems for Video Technology, 2013, 23(2): 236-243.

[23] Park U, Jain A K, Kitahara I, et al. Vise: Visual search engine using multiple networked cameras[C]. The 18th International Conference on Pattern Recognition, Hong Kong, 2006: 1204-1207.

[24] Wang X, Doretto G, Sebastian T, et al. Shape and appearance context modeling[C]. The 11th IEEE International Conference on Computer Vision, Rio DeJaneiro, 2007: 1-8.

[25] Hamdoun O, Moutarde F, Stanciulescu B, et al. Person re-identification in multi-camera system by signature based on interest point descriptors collected on short video sequences[C]. The 2nd ACM/IEEE International Conference on Distributed Smart Cameras, Stanford, 2008: 1-6.

[26] Beauchemin S S, Barron J L. The computation of optical flow[J]. ACM Computing Surveys, 1995, 27(3): 433-466.

[27] Efros A A, Berg A C, Mori G, et al. Recognizing action at a distance[C]. The 9th IEEE International Conference on Computer Vision, Nice, 2003: 726-733.

[28] Ahad M A R, Ogata T, Tan J K, et al. Motion recognition approach to solve overwriting in complex actions[C]. The 8th IEEE International Conference on Automatic Face & Gesture Recognition, Amsterdam, 2008: 1-6.

[29] Li X. HMM based action recognition using oriented histograms of optical flow field[J]. Electronics Letters, 2007, 43(10): 560-561.

[30] 施家栋, 王建中, 王红茹. 基于光流的人体运动实时检测方法[J]. 北京理工大学学报, 2008, 28(9): 794-797.

[31] 张飞燕, 李俊峰, 沈军民. 基于梯度和光流统计特性的人体行为识别[J]. 光电子·激光, 2015, 26(8): 1593-1601.

[32] Bobick A F, Davis J W. The recognition of human movement using temporal templates[J]. IEEE Transactions on Pattern Analysis and Machine Intelligence, 2001, 23(3): 257-267.

[33] Weinland D, Ronfard R, Boyer E. Free viewpoint action recognition using motion history volumes[J]. Computer Vision and Image Understanding, 2006, 104(2): 249-257.

[34] Laptev I, Marszalek M, Schmid C, et al. Learning realistic human actions from movies[C]. Proceedings of the IEEE Conference on Computer Vision and Pattern Recognition, Anchorage, 2008: 1-8.

[35] Wang J, Chen Z Y, Wu Y. Action recognition with multiscale spatio-temporal contexts[C]. Proceedings of the IEEE Conference on Computer Vision and Pattern Recognition, Colorado, 2011: 3185-3192.

[36] Zhao W B, Feng H, Lun R, et al. A Kinect-based rehabilitation exercise monitoring and guidance[C]. Proceedings of IEEE 5th International Conference on Software Engineering and Service Science, Beijing, 2014: 762-765.

[37] Yang X, Zhang C, Tian Y L. Recognizing actions using depth motion maps-based histograms of oriented gradients[C]. Proceedings of the 20th ACM International Conference on Multimedia, Nara, 2012: 1057-1060.

[38] Wang J, Liu Z C, Chorowski J, et al. Robust 3d action recognition with random occupancy patt erns[C]. European Conference on Computer Vision, Florence, 2012: 872-885.

[39] Oreifej O, Liu Z. Hon4d: Histogram of oriented 4d normals for activity recognition from depth sequences[C]. Proceedings of the IEEE Conference on Computer Vision and Pattern Recognition, Portland, 2013: 716-723.

[40] Cheng Z W, Qin L, Ye Y, et al. Human daily action analysis with multi-view and color-depth data[C]. European Conference on Computer Vision, Florence, 2012: 52-61.

[41] Zhao Y, Liu Z C, Yang L, et al. Combing RGB and depth map features for human activity recogni-tion[C]. Proceedings of the Asia Pacific Signal and Information Processing Association Annual Summit and Conference, Hollywood, 2012: 1-4.

[42] Xia L, Aggarwal J K. Spatio-temporal depth cuboid similarity feature for activity recognition using depth camera[C]. Proceedings of the IEEE Conference on Computer Vision and Pattern Recognition, Portland, 2013: 2834-2841.

[43] Johansson G. Visual perception of biological motion and a model for its analysis[J]. Percepti on & Psychophysics, 1973, 14(2): 201-211.

[44] Sadanand S, Corso J J. Action bank: A high-level representation of activity in video[C]. Proceeding of the IEEE Conference on Computer Vision and Pattern Recognition, Providence, 2012: 1234 -1241.

[45] Ciptadi A, Goodwin M S, Rehg J M. Movement pattern histogram for action recognition and retrieval[C]. European Conference on Computer Vision, Zurich, 2014: 695-710.

[46] Vemulapalli R, Arrate F, Chellappa R. Human action recognition by representing 3D skeletons as points in a lie group[C]. Proceedings of the IEEE Conference on Computer Vision and Pattern Recognition, Columbus, 2014: 588-595.

[47] Sigal L. Human Pose Estimation[M]. New York: Springer, 2014: 362-370.

[48] Shotton J, Sharp T, Kipman A, et al. Real-time human pose recognition in parts from single depth images[J]. Communications of the ACM, 2013, 56(1): 116-124.

[49] Ellis C, Masood S Z, Tappen M F, et al. Exploring the trade-off between accuracy and obse-rvational latency in action recognition[J]. International Journal of Computer Vision, 2013, 101(3): 420-436.

[50] Yang X, Tian Y L. Eigenjoints-based action recognition using naïve bayes nearest neighbor[C]. Proceedings of the IEEE Computer Society Conference on Computer Vision and Pattern Recognition Workshops, Providence, 2012: 14-19.

[51] Li W Q, Zhang Z Y, Liu Z C. Action recognition based on a bag of 3d points[C]. Proceedings of the IEEE Computer Society Conference on Computer Vision and Pattern Recognition Workshops, Providence, 2010: 9-14.

[52] Hammond D K, Vandergheynst P, Gribonval R. Wavelets on graphs via spectral graph theory[J]. Applied and Computational Harmonic Analysis, 2011, 30(2): 129-150.

[53] 林水强, 吴亚东, 余芳, 等. 姿势序列有限状态机动作识别方法[J]. 计算机辅助设计与图形学学报, 2014, 26(9): 1403-1411.

[54] Barnachon M, Bouakaz S, Boufama B, et al. Ongoing human action recognition with motion capture[J]. Pattern Recognition, 2014, 47(1): 238-247.

[55] 邓利群. 3D 人体动作识别及其在交互舞蹈系统上的应用[D]. 合肥: 中国科学技术大学, 2012.

[56] 左明雪. 人体解剖生理学[M]. 北京: 高等教育出版社, 2015.

[57] 蔡美玲. 3D 人体运动分析与动作识别方法[D]. 长沙: 中南大学, 2013.

[58] 彭淑娟. 基于中心距离特征的人体运动序列关键帧提取[J]. 系统仿真学报, 2012, 24(3): 565-569.

[59] Fothergill S, Mentis H, Kohli P, et al. Instructing people for training gestural interactive systems [C]. Proceedings of the SIGCHI Conference on Human Factors in Computing Systems, Austin, 2012: 1737-1746.

[60] 丁然, 林春丽, 夏余. 基于 CHMM 的行为识别系统设计[J]. 辽宁科技大学学报, 2011, 33(5): 474-477.

[61] 李航. 统计学习方法[M]. 北京: 清华大学出版社, 2012.

[62] 林水强. 自然人机交互关键技术研究及其应用[D]. 绵阳: 西南科技大学, 2015.

[63] 张毅, 张烁, 罗元, 等. 基于Kinect深度图像信息的手势轨迹识别及应用[J]. 计算机应用研究, 2012, 29(9): 3547-3550.

[64] Chaquet J M, Carmona E J, Fernandez Caballero A. A survey of video datasets for human action and activity recognition[J]. Computer Vision and Image Understanding, 2013, 117(6): 633-659.

[65] Carmona J M, Climent J. A performance evaluation of HMM and DTW for gesture recognition [C]. Iberoamerican Congress on Pattern Recognition, Buenos Aires, 2012: 236-243.

[66] 朱登明, 王兆其. 基于运动序列分割的运动捕获数据关键帧提取[J]. 计算机辅助设计与图形学学报, 2008, 20(6): 787-792.

[67] 沈军行, 孙守迁, 潘云鹤. 从运动捕获数据中提取关键帧[J]. 计算机辅助设计与图形学学报, 2004, 16(5): 719-723.

[68] 刘云根, 刘金刚. 重建误差最优化的运动捕获数据关键帧提取[J]. 计算机辅助设计与图形学学报, 2010, 22(4): 670-675.

[69] 李顺意, 侯进, 甘凌云. 基于帧间距的运动关键帧提取[J]. 计算机工程, 2015, 41(2): 242-247.

[70] Lim I S, Thalmann D. Key-posture extraction out of human motion data[C]. Proceedings of the 23rd Annual International Conference of the IEEE Engineering in Medicine and Biology Society, Istanbul, 2001: 1167-1169.

[71] Xiao J, Zhuang Y T, Wu F, et al. A group of novel approaches and a toolkit for motion capture data reusing[J]. Multimedia Tools and Applications, 2010, 47(3): 379-408.

[72] 张亚迪, 李俊山, 胡双演. 类模糊 C 均值聚类的关键帧提取算法[J]. 微电子学与计算机, 2009, 26(2): 89-92.

[73] Zhang Q, Yu S P, Zhou D S, et al. An efficient method of key-frame extraction based on a cluster algorithm[J]. Journal of Human Kinetics, 2013, 39(1): 5-14.

[74] 洪小娇, 彭淑娟, 柳欣. 基于拉普拉斯分值特征选择的运动捕获数据关键帧提取[J]. 计算机工程与科学, 2015, 37(2): 365-371.

[75] Liu X M, Hao A M, Zhao D. Optimization-based key frame extraction for motion capture animation[J]. The Visual Computer, 2013, 29(1): 85-95.

[76] 孙淑敏, 张建明, 孙春梅. 基于改进 K-means 算法的关键帧提取[J]. 计算机工程, 2012, 38(23): 169-172.

[77] Zhao S R, Wu Y D, Yang W C, et al. Key pose frame extraction method of human motion based on 3D framework and X-means[J]. Journal of Beijing Institute of Technology, 2017, 26(1): 75-83.

[78] Pelleg D, Moore A W. X-means: Extending K-means with efficient estimation of the number of clusters[C]. Proceedings of the 17th International Conference on Machine Learning, Stanford, 2000: 1-8.

[79] 杨得志, 闫国年. 矢量数据压缩的 Douglas-Peucker 算法的实现与改进[J]. 测绘通报, 2002, (7): 18-22.

[80] 谢亦才, 林渝淇, 李岩. Douglas-Peucker 算法在无拓扑矢量数据压缩中的新改进[J]. 计算机应用与软件, 2010, 27(1): 141-144.

[81] 陈建军, 段富. Kinect 骨骼信息下的动态手势识别研究[J]. 科学技术与工程, 2014, 14(34): 44-48.

[82] 赵思蕊, 吴亚东, 杨文超, 等. 基于 3D 骨架的交警指挥姿势动作识别仿真[J]. 计算机仿真, 2016, 33(9): 412-417.

第 6 章　裸眼 3D 技术

人机交互技术的方向始终朝着和谐自然的方向发展，人们希望得到更自然的人机交互方式，这不仅包括本书前文所述的各类手势与动作识别技术，这种需求同样体现在交互式显示与立体感知上。视觉是人体的主要信息感知方式，裸眼 3D 体技术属于面向个人体验的立体视觉显示技术典型领域，现有的研究成果中已经有多视点、高亮度、低串扰的裸眼 3D 产品问世，但是裸眼产品的体验效果依然没有达到人们预期，因此研究能够提升用户体验效果的裸眼 3D 设计方法具有较高社会价值。早在 19 世纪，人们就已发现人眼能够看到三维物体的根本原因是人的两只眼睛视角观察到的图像不同，经过近一个多世纪的研究，人类基于这种让左右眼观察到不同图像的原理研发出了各类三维图像展示技术，并将之运用到各个领域。非穿戴式裸眼 3D 技术将是今后显示器发展的重要分支。虽然在体感交互与裸眼显示领域都已经有过很多研究，但如何将这些自然、沉浸的交互方式结合到一起，形成可商业化运用的、用户容易与之交互的、临场感强烈的互动体验系统仍亟待研究[1]。

本章在回顾交互显示技术的发展历程并剖析立体感知与视觉显示技术基本原理的基础上，以柱状透镜式裸眼 3D 技术为对象，针对多用户、非定点观看的裸眼 3D 展示应用场景，提出针对立体图像显示效果和用户体验的裸眼图像质量评估方法——断层宽度测量方法，对成像质量进行最直观的评估。基于断层宽度测量的评估方法，同时以人眼接收断层图像极限参数作为参考，阐述提升个人体验的裸眼 3D 设计方法。结合裸眼 3D 与 Kinect 体感交互的人机交互方式，在 Unity3D 引擎中实现了两者融合的应用案例——面向个人体验的透镜式裸眼 3D 互动体验系统。

6.1　裸眼 3D 技术概述

6.1.1　交互显示技术及发展

数百年前就已出现在大教堂等场所的 360°壁画能够给观看者带来身临其境的感觉，表达了人类对于临场记录与显示方式的追求。1838 年，Charles Wheatstone 研究发现人类大脑是通过处理左右眼看到的不同视角图像来产生三维感觉的[2]，这一发现奠定了现代所有立体显示技术的理论基础，包括裸眼 3D、眼镜式 3D、沉浸式 VR 等。

1961 年，由 Philco 公司研发的 Headsight 问世，这是世界上第一款头戴式显示器，同时该设备首次融合了头部追踪功能，Headsight 主要用于隐秘信息的查看[3, 4]。

1985 年，美国国家航空航天局(NASA)研发出液晶显示器(liquid crystal display，LCD)光学头戴显示器，同时融合了头部、手部追踪功能，可实现更加沉浸的体验，其主要用于太空作业的模拟训练等。

1995 年，Illinois 大学研发出"CAVE"(cave automatic virtual environment，洞穴式自动虚拟环境)虚拟现实系统，通过三面墙壁投影空间配合立体液晶快门眼镜，实现了沉浸式体验。

2002 年，日本三洋电机株式会社研制出一种不需要佩戴眼镜就可以观看立体影像的显示器，称为裸眼立体显示器[5]。

2011 年，夏普、HTC、LG、长虹等相继推出具有裸眼 3D 功能的智能手机，但在社会上的影响度不是很高[6]。

2013 年，Oculus 公司推出具有良好体验效果的头戴式显示装置 Oculus Rift，迅速在社会上引起轰动。

2014 年，Facebook 以 20 亿美元收购 Oculus 公司及其开发团队，使得 VR 再次升温，虚拟现实技术迎来爆发期。

2015 年至今，继 Oculus Rift 问世之后，HTC 与 Valve 合作推出 HTC Vive，微软推出 HoloLens，Goggle 投资 Magic Leap，Sony 推出 Play Station VR，各大行业巨头在虚拟现实行业的布局引发了全球火热局面，国内也出现了暴风魔镜、Idealense、3Glass 等一大批虚拟现实设备制造及内容提供商，这极大地促进了 VR 技术的发展革新，同时也在无形地推进更好的用户体验产品研发。

以裸眼 3D 及佩戴式 3D 显示技术为代表的立体显示技术是一种面向个人体验的交互显示方式[7]。人们绝不满足于二维高清晰度画面显示，在科幻电影中描绘的全息显示、立体显示等方式正是人类对未来新型显示技术的展望。眼镜式 3D 已经成功商业化，3D 眼镜成为各大 3D 影院的观影体验工具。头戴式显示通过封闭的沉浸式体验能够给用户营造身临其境的感觉，成为虚拟现实显示的主要方式。裸眼 3D 技术因其观赏便捷的优点，一直以来吸引着无数研究者在这个领域深入探索，并取得突破性进展。但裸眼 3D 立体画面观看时间过长后容易造成视疲劳，极大地影响了用户体验性。研究面向个人体验的立体显示技术，让用户以更加舒适的方式观看到立体画面，感觉不到虚拟与现实的差别，这对于显示升级具有较大的推动作用。

6.1.2　立体感知与视觉显示技术

1. 立体感知原理

要研究立体观影过程中影响个人体验的因素，首先要了解人眼产生立体感的原理。人眼能够感受到立体视觉主要是因为左右眼图像的视差产生的[8]，这个早在 18 世纪就被人类发现的秘密是目前所有沉浸式立体成像技术的基本实现原理。

19 世纪中叶，人们对双野视线提出了 Panum 融像区的概念，将人眼可感知的画面分为三块感知区域，将双眼可见区域影像情况用双眼单视圆来表示，如图 6-1 所示。

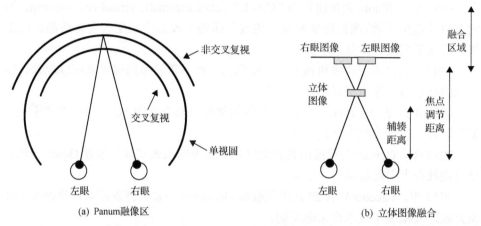

图 6-1　人眼立体视觉原理

单视圆指的是注视点和两眼节点所画的圆形，来自圆上的光线刺激都会落到两眼视网膜对应点上，形成双眼单视。在视区内两眼视差形成一个可以自动调节单视圆附近微距物点的区域，使得视网膜上非对应区的像点也能被双眼融合，称为 Panum 融像区。在 Panum 融像区以内，视线会形成交叉复视，而以外的区域会形成非交叉复视[9]，无论是哪种复视都将使得人眼不能正常融合双眼图像，造成双眼竞争[10]，容易造成视疲劳和不适感。人眼的调节与会聚功能为 Panum 融像区立体图像的基础，在制作双眼视差图像时，要充分考虑双眼调节与会聚的能力，保证左右眼视差大小在人眼能够融合的范围内。因此，人眼在经过双眼视差图像融合产生立体感时，对视差图像的范围有严格界限，而且是双向的。

双眼形成立体知觉往往会因人而异，双眼距离一般认为在 65mm 左右，Panum 融像区的大小更难以得到统一的界定，因此在立体图像制作过程往往需要多次调试以得到较为合理的参数。

在制作裸眼立体图像展示内容时，当摄像机与展示物品距离一定，多视点摄像机之间的间距越大，获得的立体"入屏"和"出屏"效果越明显，但当间距超过某个极限值时，将会失去立体感并引起视疲劳、眩晕感等不适症状[11]。

2. 立体视觉显示技术

立体视觉显示技术是相对于普通二维显示的概念，指的是通过一定技术使画面变得立体逼真，让观看者能够感受到画面深度，带来身临其境的观影体验。立体视觉显示技术可分为眼镜式 3D 显示技术、头戴式显示技术、裸眼 3D 显示技术、全息投影等。其中眼镜式 3D 显示技术因其成本低、佩戴容易等优势已成为各大影院采用的主流 3D 观影方式；头戴式显示技术沉浸性表现优秀，是虚拟现实产品的主要显示方式；裸眼 3D 显示技术因不需要佩戴任何设备就可以观看到 3D 画面，作为理想的下一代显示技术而得到广泛研究；全息投影尚处在研究初期，产品主要运用在娱乐显示、大型会演场所。

头戴式显示器(head mounted display，HMD)[12]是目前虚拟现实技术广泛应用的显示装置，通过佩戴在用户头部，实时检测用户头部动作，并映射到虚拟摄像机视角控制用户所看到的画面内容[13]。HMD 有左右两个显示区域，分别把左右眼图像画面投射到用户双眼，从而给用户营造强烈的沉浸感[14]。其主要部件包括显示屏、处理器、追踪传感器。显示屏是实现沉浸式显示的接口，其分辨率参数对用户体验具有重要影响，高分辨率有助于解决"纱窗效应"，较大尺寸的显示屏能够扩大视场角，足够高的显示屏的硬件刷新频率是输出流畅图像的重要保证；处理器包括 CPU 和 GPU，主要完成头部转动姿态解算、图像渲染显示等，对于控制显示刷新率起着决定性作用，而性能良好的 HMD 需要保持帧率在 60Hz/s 以上，为了提升帧率往往采用 TimeWarp 技术、动态分辨率渲染[15]等；追踪传感器也是 HMD 的必要组件，是实现用户头部动作映射的基础，一般采用惯性传感元件实现这样的功能。此外，一些高端的 VR 设备还提供了位置追踪的功能。目前，HMD 主要有以 Oculus 为代表的高端体验方案以及运用智能手机充当显示与处理中心的入门级 Cardboard 体验方案两类。

裸眼 3D 显示技术使观看者无须佩戴任何设备，直接以观看普通显示屏幕的方式就可以看到三维立体画面，从而体验虚实结合的影像。从技术原理上区分，裸眼 3D 可分为光屏障式和柱状透镜式等[16, 17]。光屏障式类似于偏正片式 3D 眼镜，通过在液晶面板前方设置光栅屏蔽掉左眼位置的右眼画面以及右眼位置的左眼画面。柱状透镜式用透镜阵列替代光栅的作用，利用透镜的分光能力将焦平面上的亚像素光线以不同的方向投射到可视空间。柱状透镜方式的裸眼 3D 在分辨率、亮度等方面能够达到比较好的效果，因此是大多数产品选用的技术方案。

无论哪种原理的裸眼 3D 显示屏幕，其最终效果都是在观看者左右眼投射不同图像，称为视差图像。在人眼接受范围内，视差图像差异越大，裸眼立体效果越明显。为了得到较好的立体效果，往往采用多幅视差图像合成立体图像[18]。观看者在不同位置只要同时看到多幅视差图像中的两幅正确图像就可以感受到立体效果，且随着观看者水平移动可以看到不同视角的画面，从而产生了运动视差，这种技术称为多视点技术。

以四视点透镜式裸眼 3D 为例，其裸眼展示内容的实现一般需要经历摄像机组获取多视点图像、算法合成立体图像、裸眼屏幕还原多视点图像等过程，如图 6-2 所示。

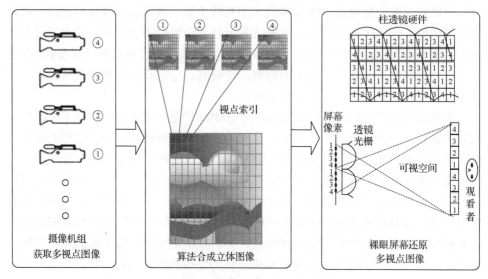

图 6-2 透镜式裸眼设计过程

实现裸眼 3D 观影可概括为以下过程：首先，模拟人眼观看位置的摄像机组获取场景多视点图像，每个摄像机对应一个视点；然后，在立体图像合成阶段，根据立体图像合成算法所描述的映射矩阵选取相应视点图像的 R、G、B 值复制到立体图像中，完成多视点图像的融合；最后，在裸眼屏幕显示阶段，立体图像的多视点信息被柱透镜阵列分离还原为多视点图像并投射到可视空间不同位置[19, 20]，观看者在可视空间合适位置，左、右眼分别看到相邻的视点图像，就好比直接看到了多视点摄像机的拍摄内容，即可在大脑中还原深度感知。如果左眼看到了右眼画面，右眼看到了左眼画面，此时不能在大脑合成立体感图像，称为"逆视现象"。图 6-2 最右边显示了多视点图像被还原的情况，视图①到④依次是从左到右的图像，但是在循环交替的时候，左右眼分别看到了视图④和视图①，此时不仅是逆视，而且两个视图对应的视点间距超过人眼间距，称为"断层现象"，而观看者如果看到该画面容易造成严重的眩晕感。现有的裸眼 3D 设计中单方面追求多视点技术，而对于用户最关心的体验效果上提升很少。

立体图像合成算法可参考文献[18]和[19]，其通常与裸眼屏幕的硬件参数有关，立体成像效果也与硬件设计关联。除此之外，获取多视点图像时摄像机的分布形式、合成立体图像时取得多视点图像的顺序等也会影响用户的观影体验。

6.2 基于断层宽度测量的裸眼 3D 评估方法

裸眼 3D 显示技术属于面向个人体验的立体视觉显示技术典型领域，现有的研究成果中已经有超多视点、高亮度、低串扰的裸眼 3D 产品问世，例如，裸眼

3D 显示的广告屏幕也出现在了部分城市的墙体广告场景中，这预示着非眼镜式 3D 显示技术逐步趋于成熟。针对其串扰、亮度等问题，Kim 等[21]根据最小可觉差(just noticeable difference, JND)模型提出基于二维图像的评估方法预测裸眼图像的串扰程度。Choi[22]通过在空间拍摄图像分析黑白画面重影宽度从而量化表示图像的串扰程度，该方法简便易实施，但用于测量的图像立体特征不突出，裸眼表现性不强[23]。但是裸眼产品的体验效果依然没有达到人们预期，因此研究能够提升用户体验效果的裸眼 3D 设计方法具有较高的社会价值。

6.2.1　断层宽度测量评估方法

目前针对裸眼 3D 图像的评估尚未形成统一标准，裸眼 3D 设备主要关注亮度、串扰度、视点个数、可视角度、最佳可视距离等信息。梁发云等[24]曾提出使用亚屏幕图像亮度的分析方法，该方法要求对空间位置精确定位且通过拍摄画面分析摄影器材测量精度对画面亮度带来的影响。谢雨桐等[25]提出使用专业光谱辐射度计进行光强测量提高测量数据的准确度，但是专业设备的昂贵开销与复杂的使用方法造成测试困难。Pan 和 Daly[26]通过帕西瓦尔模型根据不同的视差图像特征参数提取，用以表征不同的体验舒适度，文献[27]通过计算立体视频连续帧内和帧间变化模型，基于机器学习的方法来评估立体视频内容运动特征和体验度的关系，这类评估方法因量化方式不够直观而容易缺乏可信度。当双眼视差超出人眼调节范围，画面出现重影的时候，将会给观看者带来如眩晕感等不适，从而严重影响用户体验[28]。

本节讨论断层宽度测量的裸眼图像质量评估方法，并基于该方法研究摄像机组在空间的布局方式和立体图像合成过程中多视点图像的排列顺序对裸眼内容成像质量的影响。针对多用户、非定点观看的裸眼 3D 虚拟场景展示场合提出有助于提升用户体验效果的摄像机布局和视点排列的多种方式，并通过交叉实验对比和应用案例的用户体验测试，最终提出合理的选择方案建议[29]。

为了对成像质量进行最直观的评估，基于对断层处的画面效果分析，本节设计一种容易实现的裸眼 3D 图像质量评估方法，该方法通过选取易表现深度关系的虚拟模型(呈现 T 形外观)作为测试目标，将画面调试到良好的出屏立体效果，然后比较甜点处(裸眼画面最理想位置)图像和断层处(画面污染最严重位置)图像的出屏图像相对宽度大小，以量化表示画面重影的严重程度。该评估方法的具体计算过程如下所示：

步骤 1　在虚拟环境基于特定裸眼 3D 设计方法，使测试目标静止显示于裸眼屏幕中心，并调整视差参数，让立体效果明显并且在可视区域存在无干扰的甜点画面。

步骤 2　分别在裸眼屏幕前方最佳观看距离寻找甜点位置拍摄无重影的清晰

画面 S，寻找断层处位置拍摄干扰严重的重影画面 S_1。

步骤3　将 S 和 S_1 图像整体缩放到相同大小级别，具体实现是在 S 和 S_1 中选取同样的基准参考物，该参考物在两幅图像中均没有出现重影，然后整体缩放两幅图像使参考物在两幅图像中具有相同大小。缩放后 S 中测试目标依然清晰，而 S_1 中测试目标可能出现严重重影。

步骤4　测量缩放后 S 中测试目标宽度标记为 L_{base}，缩放后 S_1 中测试目标宽度记为 L_{hash}，如果测量画面出现多重影，则测量所有重影左右边缘最大宽度。

步骤5　设参数表示单目裸眼画面干扰程度，根据 L_{hash} 和 L_{base} 的比值确定 H_x：

$$H_x = \frac{L_{hash} - L_{base}}{L_{base}} \tag{6-1}$$

H_x 值越大说明图像干扰越严重，人眼看到的图像越不清晰。

"T"形模型的尾部作为测试目标，头部作为基准参考物，以坦克模型为例，描述的断层宽度测量方式如图6-3所示，其中 L 的宽度保证了两幅图像中的坦克目标缩放到同样大小。

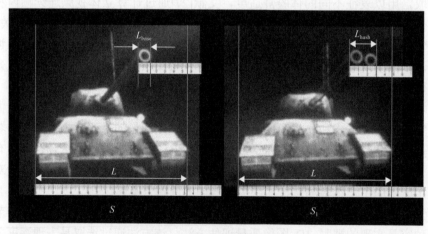

图6-3　断层宽度测量方法

将图像 S 和 S_1 缩放到同样大小比例主要靠缩放设置使深度较远的后景图像（坦克车体）为同样宽度 L 实现，断层处图像和甜点处图像的差值再与甜点处图像宽度之比作为裸眼立体画面质量的量化评估。该值越小，说明画面重影越小，越不容易造成用户不适。特别的，甜点处图像断层宽度值为零。

6.2.2　人眼承受视差极限参数测定

在断层宽度测量方法中，通过测量断层处重影图像宽度与甜点位置清晰图像宽度的比值作为评估参数。该比值越大，说明图像重影越严重，用户观看体验越差。为了测定断层宽度参数与用户体验之间的关系，本节设计了实验测试人眼接收图像的断层宽度极限。实验采用长虹 48 寸裸眼 3D 屏幕作为测试平台，该屏幕具体参数如表 6-1 所示。

表 6-1　裸眼测试设备参数

参数名	参数值	参数名	参数值
产品型号	SFD48001	裸眼 3D 技术	柱透镜光栅
视点个数	8/9 视点兼容	屏幕比例	16：9
亮度	350cd/m²	分辨率	1920×1080
可视角度	120°	最佳观看距离	3~6m

基于 Unity3D 引擎构建以"坦克"模型为观测目标的断层宽度测量系统，将模型放置在立体出屏效果最佳位置，设置八个摄像机间距从零开始逐渐增大，记录摄像机间距与断层宽度之间的关系，得到数据如表 6-2 所示。

表 6-2　断层宽度和摄像机间距的关系　　　（单位：units）

测试项	测试值							
摄像机间距	0.000	0.002	0.004	0.006	0.008	0.010	0.012	0.014
断层宽度	0.000	0.250	0.625	0.937	1.250	1.625	2.000	2.375
摄像机间距	0.016	0.018	0.020	0.022	0.024	0.026	0.028	0.030
断层宽度	2.750	3.125	3.562	3.875	4.250	4.500	4.875	5.125
摄像机间距	0.032	0.034	0.036	0.038	0.040	0.042	0.044	0.046
断层宽度	5.500	5.875	6.125	6.500	6.812	7.125	7.625	8.000

根据表 6-2 中的数据绘制断层宽度随着相机间距值增加的变化曲线如图 6-4 所示。

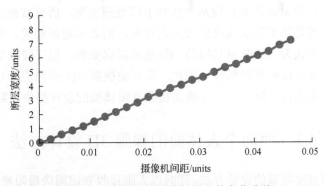

图 6-4　断层宽度随摄像机间距的变化曲线

从图 6-4 中可以看出，随着摄像机间距的增加，断层宽度值也会增大，两者呈现正比关系。即断层宽度值可以通过调节摄像机之间的间距进行线性改变，因此在实际设计中可以根据需要设置断层宽度值，与摄像机间距值对应。

现邀请 7 名志愿者参与人眼接收图像的断层宽度极限测试，包括 6 名男生和 1 名女生，其年龄分布在 20～27 岁，为了避免近视对实验结果的影响，7 名被测试者均为正常视力或正确佩戴眼镜矫正为正常视力，同时经过前期筛选，所有被测试者均能够正常感知立体效果，并且随断层宽度的不断增大出现不同程度的眩晕感。实验测试时，被测试者坐在屏幕正前方 4.5m 位置，注视图像断层处。同样先设定摄像机间距为零，然后逐渐增大摄像机间距，按照连续质量标度法将眩晕感分为五个等级，要求被测试者在注视坦克模型的过程中找到眩晕等级依次变化增大的时刻，停止改变摄像机间距，记录此时的断层宽度，填入对应的眩晕等级中。然后，重新将摄像机间距值设为 0，让被测试者观看无立体眩晕的风景图片调整视力状态为舒适之后重复该过程寻找下一个眩晕等级。记录下不同级别眩晕感的断层宽度测试数据如表 6-3 所示。

表 6-3　人眼接收图像的断层宽度值极限参数　　　　　　（单位：units）

序号	一级眩晕(轻微)	二级眩晕(轻度)	三级眩晕(中度)	四级眩晕(较严重)	五级眩晕(严重)
1	3.31	5.05	8.35	11.48	14.44
2	2.61	5.57	6.44	9.05	12.53
3	1.04	1.57	2.26	3.83	7.13
4	1.22	2.96	5.22	8.00	13.92
5	3.48	4.52	6.26	7.66	9.74
6	3.13	4.35	5.74	7.66	9.05
7	1.22	1.74	2.09	4.35	5.92
平均值	2.29	3.68	5.20	7.43	10.39

表 6-3 中，眩晕的严重程度从一级到五级逐渐加重，所有被测试者感受到的眩晕程度变化都是随着断层宽度的增大而加重，两者呈现正相关。通过询问被测试者，他们普遍认为一级眩晕(轻微眩晕)是可以忍受的，但三级眩晕(中度眩晕)及以上会使得观看过程难以继续。因此，良好的裸眼 3D 画面应该尽量保证断层宽度在一级眩晕以内，测定这些参数为提升裸眼体验的设计提供了数据参考。

6.3　面向个人体验的裸眼 3D 设计方法

基于断层宽度测量的评估方法，同时以人眼接收断层图像极限参数作为参考，本节尝试了提升个人体验的裸眼 3D 设计研究。在设计过程主要考虑两方面内容：摄像机组布局方式和多视点图像排列顺序。

　　摄像机组布局方式指的是在多视点图像获取时，摄像机在水平面内的布局方式。文献[11]、[19]指出摄像机布局有平行设置(planner)、会聚设置(cylindrical)等方式，而根据是否聚焦到目标中心可以将布局方式分为平行设置聚焦、平行设置非聚焦、会聚设置聚焦、会聚设置非聚焦四种形式，各布局方式示意图如图 6-5 所示。

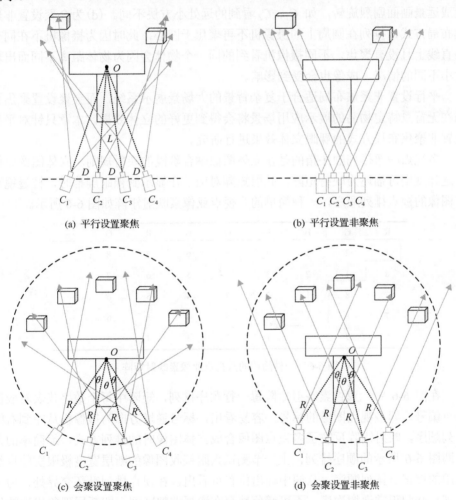

(a) 平行设置聚焦　　　　　　　　　　　(b) 平行设置非聚焦

(c) 会聚设置聚焦　　　　　　　　　　　(d) 会聚设置非聚焦

图 6-5　不同摄像机布局方式

　　图 6-5 为四视点简单示范摄像机布局方式，(a) 为平行设置聚焦布局方式，摄像机组在一条直线上等间距分开排列，并且设置所有摄像机聚焦到同一个点 O，将测试目标中心设置在相机组焦点 O 处。在摄像机与 O 点之间的区域会表现出屏

效果，O 点之后的区域为入屏效果。若左、右眼分别看到 C_1、C_2 摄像机拍摄的画面，因为焦点到摄像机的位置存在关系 $L_1 \neq L_2$，即左、右眼画面焦距不同。(b)为平行设置非聚焦布局方式，使摄像机不聚焦到目标中心，从而避免焦距不同的问题。(c)为会聚设置聚焦布局方式，所有摄像机分布在同一个圆的圆周上，并且任意两个相邻摄像机与圆心连线所成夹角相等，该夹角大小直接影响多视点视差大小。因摄像机到焦点距离都是 R，图像聚焦良好，所以会聚设置布局方式得到的裸眼效果较好，但对于远景图像，该布局方式不同摄像机得到的图像差异很大，容易造成远景画面剧烈旋转，如 C_1、C_2 看到的远处小方块不同。(d)为会聚设置非聚焦布局方式，排列在圆周上的摄像机不再聚焦于圆心，此时因为摄像机不在同一条直线上且没有聚焦，不同摄像机看到的同一个物体会因为物体距离不同而出现大小不同的情况，成像也会受到影响。

平行设置非聚焦布局适合于复杂背景的大场景展示系统，而会聚设置聚焦布局在无背景特定物品的展示应用场景将会得到更好的立体效果。本章只针对平行设置非聚焦布局方式的裸眼立体效果进行研究。

多视点图像排列顺序指的是在立体图像融合阶段的映射规则。立体图像亚像素选择规则可描述为映射矩阵，映射矩阵对应了在显示到裸眼屏幕时，柱透镜下方图像的视点排列顺序，一种简单的八视点亚像素映射矩阵如图 6-6 所示。

R	G	B	R	G	B	R	G	…
1	2	3	4	5	6	7	8	…
8	1	2	3	4	5	6	7	…
7	8	1	2	3	4	5	6	…
7	8	1	2	3	4	5	6	…
6	7	8	1	2	3	4	5	…

图 6-6　一种简单的八视点亚像素映射矩阵

在图 6-6 中，亚像素映射矩阵每一行顺序排列，矩阵中每个数字代表对应摄像机编号，即多视点图像的标号，容易看出，标号递增方向为摄像机从左到右的排列顺序。映射矩阵反映了多视点图像合成立体图像时的排列方式，最简单的方式即图 6-6 所示的顺序排列，上一节测试人眼接收图像的断层宽度极限实验也是运用的该试点排列顺序。从图中标出位置可看出，在视点排列循环交界处，为了让视点回归正常递增次序，不可避免地存在逆视调整区间，即断层现象出现的位置，左右眼的视点序列分别为 8 和 1，当用户观看到断层图像时，将会出现严重的眩晕感，用户体验受到极大影响。有必要研究不同视点排列顺序的裸眼画面输出质量，几种视点排列方式如图 6-7 所示。

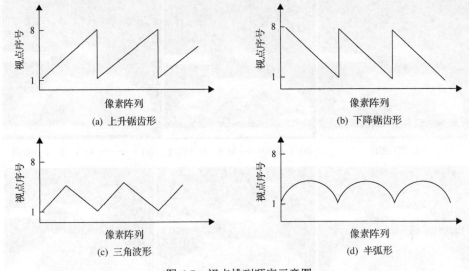

图 6-7　视点排列顺序示意图

　　为了减弱"断层"的影响，采用平缓变化的视点排列方式具有积极的作用，图 6-7 中罗列了不同的视点排列方式。其中，上升锯齿形即基本的顺序排列方式，会在一组排列到下一组排列交界处产生断层。下降锯齿形与上升锯齿形顺序相反，此时任意位置得到的画面会是逆视画面，无法正确形成立体效果。三角波形排列一半视点顺序递增，另一半视点顺序递减，在递增的区域可以得到正确的裸眼画面，在递减区域同样会接收到逆视画面，这种排列方式避免了断层，但会有 50%的逆视区域。可将视点递减速度加快，从而让递增的视点序列变长。半弧形排列是将三角波形进一步平滑处理，使得在逆视区域视点快速下降。

　　立体图像合成时的视点排列顺序会对最终的裸眼画面显示效果产生较大影响，本设计仅针对平行设置非聚焦布局方式，分别在视点排列方式的上升锯齿形（"1—2—3—4—5—6—7—8"、"5—6—7—8—1—2—3—4"）、三角波形（"3—4—5—6—7—6—5—4"、"6—7—8—5—2—3—4—5"）、类似半弧形（"1—3—4—5—6—7—5—3"）排列顺序设计实验测试，研究其规律并试图找出最佳裸眼设计方案。实验借助 Unity3D 引擎设计测试系统并在长虹 SFD48001 裸眼 3D 显示平台进行测试，在 Intel Core i7 处理器、8GB 运行内存、NVIDIA GTX780 显卡主机上得到显示效果如图 6-8 所示。

　　实验以坦克模型作为测试对象，通过将坦克车体缩放到同样的宽度以保证整体为相同大小，将坦克炮顶端作为测量目标。从图 6-8 中可以看出，不同排列方式可得到的重影差别是很大的，对应的断层宽度值也会有较大差别。调整相邻相机间距 D 得到断层宽度值变化情况如图 6-9 所示。

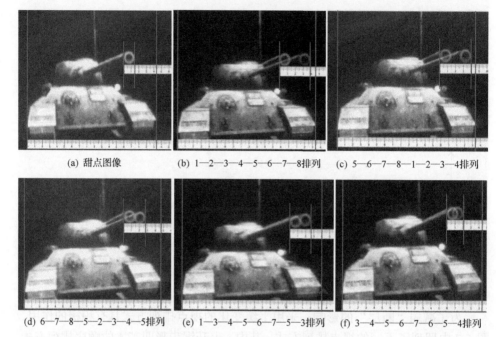

(a) 甜点图像　　　　　(b) 1—2—3—4—5—6—7—8排列　　　　(c) 5—6—7—8—1—2—3—4排列

(d) 6—7—8—5—2—3—4—5排列　　　(e) 1—3—4—5—6—7—5—3排列　　　(f) 3—4—5—6—7—6—5—4排列

图 6-8　不同视点排列方式的图像效果

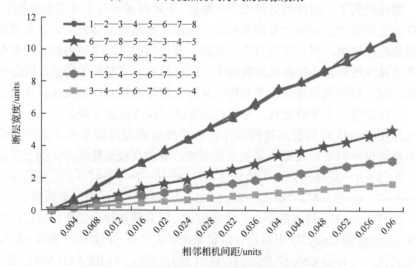

图 6-9　不同视点排列方式的断层宽度值变化曲线

从图 6-9 中可以看出，在误差允许范围内，断层宽度值与平行设置的相机间距呈现正比关系，而且不同视点排列方式下的变化斜率不同。锯齿形排列的两种方式（"1—2—3—4—5—6—7—8"和"5—6—7—8—1—2—3—4"）得到的断层宽度变换情况基本相同，说明断层宽度与断层发生的位置无关。在相同相邻相机间距值时，锯齿形排列的断层宽度值最大，然后依次是"6—7—8—5—2—3—4—5"、"1—3—4—5—6—7—5—3"、"3—4—5—6—7—6—5—4"。

经实际测试，当平行设置非聚焦布局时，相邻相机间距为 *D*=0.026，可以得到效果最佳的甜点处立体图像。分别对该设置下的不同视点排列方式进行分析，得到数据如表 6-4 所示。

表 6-4 最佳立体参数下不同视点排列情况

序号	多视点排列顺序	断层宽度测定值/units	逆视区宽度/units	实际裸眼视点个数
1	1—2—3—4—5—6—7—8	4.76	1	8
2	5—6—7—8—1—2—3—4	4.81	1	8
3	3—4—5—6—7—6—5—4	0.69	4	5
4	6—7—8—5—2—3—4—5	2.20	2	7
5	1—3—4—5—6—7—5—3	1.42	3	6

从表 6-4 中容易发现，当逆视区宽度变小时，得到的实际裸眼视点个数可以更大，但断层宽度测定值也会变大，表现为图像重影严重。对于裸眼立体显示的评估参数中，逆视区宽度指为了消除断层处带来的眩晕而增加逆视调整区间的长度，该值越大，说明用户观看到逆视区不正常的画面概率越大；实际裸眼视点个数是指不同设置时，实际可看到图像的视点个数，用户在可视区移动时会看到不同视角的立体画面，但因为多视点画面不是连续变化的，表现为画面切换时会有微弱的抖动。

经分析，在影响裸眼 3D 用户体验的指标中，按照重要性由高到低的排序应该是：多视点排列顺序、摄像机布局方式、逆视区宽度、实际裸眼视点个数。也就是说，在选择方案时，应该首先满足多视点排列顺序的断层宽度值在人眼能够容忍的范围内，然后考虑逆视区宽度越小越好，最后使得实际裸眼视点个数越多越好。

根据 6.2 节测试得到的人眼接收断层图像的参数和上述设计原则，可以得出：在平行设置非聚焦布局，应当设置视点排列顺序为"6—7—8—5—2—3—4—5"的三角波形排列方式，该设置适合复杂场景的立体展示应用场合。

6.4 面向个人体验的裸眼 3D 互动体验系统设计

6.4.1 系统背景

针对面向个人体验的人机交互多种技术，本章从立体显示技术、手势交互技术、肢体交互技术的多种实现技术分别进行了研究，各种具体交互实现技术的特点及适用场合如表 6-5 所示。

表 6-5　面向个人体验的人机交互实现技术对比

	立体显示技术		手势交互技术		肢体交互技术
	透镜式裸眼 3D	头戴式显示器	Leap Motion	Visual Glove 数据手套	Kinect 体感传感器
优点	无须佩戴眼镜、立体感强烈	全沉浸展示、临场感强	直接裸手交互、可识别丰富手势	手势识别速度快、支持多平台	无须穿戴、直接肢体交互
缺点	视角有限、沉浸感不足	需头戴装置、分辨率和刷新率受限	视觉容易受干扰、不支持移动平台	需要穿戴手套、有线连接	精度有限、易受太阳光干扰
适用场合	流动人群公众场合展示	虚拟现实沉浸式体验	桌面级 VR 手势交互应用	移动端 VR 手势交互应用	体感互动体验系统

　　表 6-5 中列举了本章所涉及的面向个人体验的人机交互多种具体实现技术。立体显示技术中的透镜式裸眼 3D 显示因不需要佩戴眼镜即可直接观看到立体画面适用于用户流动性较大的公众投放场合。头戴式显示器能够提供全沉浸的显示环境，带来强烈的临场感，但因为显示屏幕距离人眼较近，对分辨率和图像刷新率要求较高。其中，Oculus Rift 能够在分辨率和刷新率方面取得较好效果，但其价格昂贵且依赖高配主机运行，适合于高端的 VR 体验系统中运用；Cardboard VR 眼镜依靠用户的智能移动终端提供分屏显示与处理的能力，外加一个封闭盒子即可提供沉浸的观影环境，具有很大的价格优势，但因为运算能力受限，只能用作入门级 VR 体验。手势交互中的 Visual Glove 是第 4 章中所设计的融合视觉定位的数据手套系统，能够快速、稳定地识别手势姿态和动作，但可识别的手势数量有限，需要烦琐的穿戴操作，适用于计算能力有限的移动平台 VR 应用中；Leap Motion 基于有效的手势识别算法能够识别出更多手势，且不需要穿戴设备即可直接交互，但视觉的方案容易受到干扰、手势识别准确度不是很高，适合于 PC 平台的手势交互应用。肢体交互中普遍使用的 Kinect 设备不需要穿戴任何装置就可以直接检测到体感动作，可定义丰富的识别动作，但其精度有限导致关节定位精度也不高，且主动式红外易受阳光干扰，适用于室内体感交互系统中。

　　多媒体广告展示机的出现增加了线下广告投放渠道，被迅速应用到商场、专营店等商业场合。但传统广告展示机交互形式单一、内容表现方式同质化严重，很难充分展示产品突出特色并博得观众注意。新兴的交互技术在商业宣传展示方面表现出较大潜力。裸眼 3D 显示技术为计算机显示提供自然、开放、新奇的输出通道，体感交互技术可以为计算机输入带来以用户为中心的输入通道，这类自然交互技术在商业宣传上的应用实现还有待深入研究。

　　裸眼 3D 互动体验系统是依托长虹研发的裸眼 3D 硬件产品开发，以企业的历史演变为宣传展示素材，结合 Kinect 体感交互技术、裸眼 3D 显示技术，以突破平面显示和鼠标键盘操作的传统人机交互方式带来新奇、深度的交互体验。

6.4.2　系统框架设计

裸眼 3D 互动体验系统基于 Unity3D 引擎开发实现,同时借助 Kinect 体感交互设备定义一套三维空间交互命令动作,制作多视点裸眼 3D 展示内容在裸眼 3D 显示终端输出显示。系统总体设计框架如图 6-10 所示。

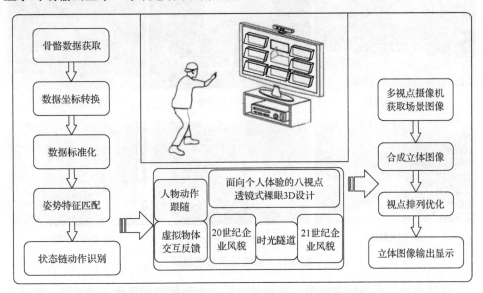

图 6-10　裸眼 3D 互动体验系统总体设计框架

本系统以用户视觉与体感动作感知为交互中心,以三维交互方式代替传统交互通道。Kinect 设备作为体感动作采集与控制枢纽,实现主动感知用户肢体动作、理解用户交互意图的智能交互功能。在 Unity 软件框架中实现用户交互语义映射到虚拟场景,然后控制多视点摄像机实时采集视角图像,经立体图像融合算法得到立体图像并在透镜式裸眼 3D 屏幕显示。本系统采用跑酷的形式,通过用户肢体控制虚拟人物在固定路线上完成虚拟场景的游览,其间路线上会出现金币、障碍等需要用户去触碰获得或者跳跃规避。整个系统设计具有游戏趣味性与自主可控性。

6.4.3　系统功能实现

系统展示内容为虚拟场景内容,场景模型采用 3ds MAX 建模生成,然后导入到 Unity 中搭建虚拟场景。系统的开发可以分为场景搭建与规划、用户交互捕捉和 3D 画面输出三个模块。

场景搭建与规划确定是略带夸张的写实风格,为了使建模效果不失真实感,建模团队经多次实地考察,分别选择了其厂房车间、创新中心、新品展览中心等多处实景作为重点表现形式，并且制作 20 世纪 60 年代老厂区怀旧古朴概貌和 21 世纪新厂区高科技感模型风格，配合特定光影效果和色彩变换增强渲染效果。体验系统场景展示如图 6-11 所示。

(a) 老厂区外景

(c) 玩家模型

(d) 时光隧道

(e) 创新中心

(f) 想象力实验室

图 6-11　系统场景布置展示

系统设计了两款玩家模型，分别是二次元女孩模型和现代男孩模型，满足不同玩家喜好。老厂区到新厂区切换过程设计一条"时光隧道"作为过渡，并利用高光与烟雾特效使不同画面的切换不突兀。新厂区包括创新中心、想象力实验室等具有企业代表的特色场景以及室外文化挂饰等，在丰富的场景模型展示中将各类宣传标语强调展示，同时在跑酷路线上放置大量具有企业宣传字样的金币、元宝等吉祥物，玩家通过拾取吉祥物并控制玩家躲避障碍而获得较高分数，不仅丰富了系统可玩性，也让企业文化宣传内容得到进一步展示。

用户交互捕捉主要借助于 Kinect 传感器及其 SDK 开包实现，通过模型骨骼绑定将捕获到的用户关节三维信息快速映射到虚拟人物身上，实现用户对虚拟人物模型的实时控制。同时，程序后台基于骨骼信息构建姿势序列状态链，识别如挥手、抓取选择、跳跃、身体左右倾斜等动作。

3D 画面输出运用了面向个人体验的裸眼 3D 设计方法，针对八视点裸眼展示平台，摄像机布局采用平行设置非聚焦布局，视点排列顺序为"6—7—8—5—2—3—4—5"或"1—2—3—4—5—6—7—8"排列。立体图像经长虹 48 寸裸眼 3D 显示屏（SFD48001）显示，在可视空间形成自由立体显示画面，系统运行效果如图 6-12 所示。

图 6-12　系统运行效果

6.4.4　系统分析与评估

裸眼 3D 互动体验系统不仅具有体感交互功能,提升了玩家在沉浸式游戏中的趣味性和体验度,还利用裸眼 3D 的立体画面显示让大众玩家耳目一新。通过玩家控制游戏角色在虚拟场景漫游并观览场景画面,巧妙地将广告宣传内容通过趣味性高、科技感强、体验良好的互动与显示方式传达给玩家,实现更高效商业内容推广。据相关企业试验测试,同样的产品广告从普通 2D 屏幕显示移植到裸眼 3D 显示后,其宣传效果可提升多倍。

为了测试本章所设计的多视点排列方式在提升用户体验性方面的有效性,分别以锯齿形排列(1—2—3—4—5—6—7—8)和三角波形排列(6—7—8—5—2—3—4—5)方式展示裸眼立体画面内容,邀请 15 位志愿者(年龄为 20~27 岁的在校大学生,包括 4 名非近视学生和 11 名近视学生,近视学生测试时佩戴眼镜矫正为正常视力)参与实验,志愿者体验完系统后根据立体效果、清晰程度、舒适性、自然性、沉浸性方面对系统进行评分,单项总分 5 分,得到结果如图 6-13 所示。

从图 6-13 中可以看出,采用三角波形排列(6—7—8—5—2—3—4—5)的用户评价明显要比锯齿形排列的用户评价高,尤其在清晰程度和舒适性方面表现较大差距。两种体验系统的交互方式都是采用肢体体感控制,但是三角波形视点排列方式的交互自然性和沉浸性评分比锯齿形更高,这是由于更好的视觉效果带来的整体满意度更高,致使其他评价都得到提升。采用面向个人体验的裸眼 3D 设计方法能够提升系统舒适度和满意度,结合体感交互方式提升了系统交互自然性,在商业宣传广告系统中具有较大的应用潜力。

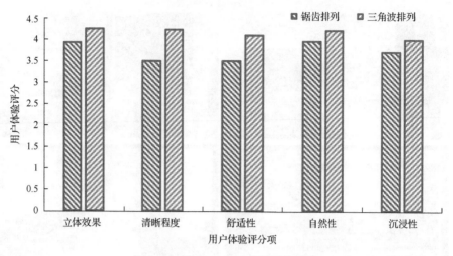

图 6-13　裸眼 3D 互动体验系统评分

6.5　本　章　小　结

　　本章针对裸眼 3D 显示技术，总结了虚拟场景中构建裸眼 3D 展示内容的实现过程，提出直接分析用户左右眼所见立体图像画面的裸眼 3D 内容评估方法——断层宽度测量法。基于该评估方法，首先设计实验测试断层宽度值对影响用户体验的眩晕感参数进行测定，得到了良好体验的断层宽度极限值。然后针对摄像机组平行设置非聚焦布局方式下，不同的视点排列顺序所对应的立体画面进行详细评估，测定了在甜点处得到最佳立体效果时不同的视点排列方式断层宽度值。最后综合分析各项参数，得出平行设置非聚焦布局排列的最佳视点排列方式。实验结论可作为实际展示应用的设计参考，有助于提升裸眼 3D 互动体验系统的用户体验。

　　裸眼 3D 互动体验系统应用面向个人体验的裸眼 3D 设计方法与体感交互技术，在长虹 48 寸柱透镜式裸眼 3D 显示平台和 Kinect 体感交互设备环境构建以企业历史时期文化场景展示为内容的宣传展示应用系统，玩家通过肢体操控虚拟角色并可裸眼观看立体画面内容，在体验过程中可将商业宣传信息以有趣的方式展示给玩家，具有较大的商业应用潜力。

参 考 文 献

[1]　杨文超, 吴亚东, 赵思蕊, 等. 体感交互的裸眼 3D 展示系统设计与实现[J]. 西南科技大学学报, 2017, 32(1): 85-91.

[2]　Brumage J. Stereoscopic imaging apparatus and methods: US[P]. US4709263A, 1987.

[3] Mann S. Phenomenal augmented reality: Advancing technology for the future of humanity[J]. IEEE Consumer Electronics Magazine, 2015, 4(4): 92-97.

[4] 徐屹. 基于自然人机交互技术的虚拟漫游系统设计[D]. 长沙: 中南大学, 2013.

[5] 芮明昭. 多视点裸眼 3D 电视技术及其应用系统开发[D]. 厦门: 厦门大学, 2014.

[6] 陈标华. 国内首款裸眼 3D 手机[J]. 消费电子, 2012, (12): 68-69.

[7] 夏旭. 数字化展示中的交互设计应用研究[D]. 西安: 西安理工大学, 2013.

[8] Kang J. Affective multimodal story-based interaction design for VR cinema[C]. Proceedings of the AHFE International Conference on Affective and Pleasurable Design, Florida, 2017: 593-604.

[9] 劳丽娟. 静止立体图像的理论分析与实验研究[D]. 天津: 天津大学, 2008: 14-18.

[10] 臧艳军. 影响立体图像舒适度的特征参数研究[D]. 天津: 天津大学, 2011: 12-15.

[11] 田丰. 裸眼立体显示及数据获取的研究与实现[D]. 上海: 华东师范大学, 2010: 83-86.

[12] Hearn D, Baker M P. 计算机图形学[M]. 北京: 机械工业出版社, 2008: 4-6.

[13] 齐越, 马红妹. 增强现实: 特点、关键技术和应用[J]. 小型微型计算机系统, 2004, 25(5): 900-903.

[14] 黄东军, 伯斯科, 陈斌华. 沉浸感显示技术研究[J]. 计算机系统应用, 2007, 16(3): 43-46.

[15] 沈冰. 虚拟现实头盔延时感和沉浸感的研究[J]. 电子产品世界, 2016, 23(7): 43-45.

[16] 曹旺. 裸眼 3D 技术在数码相框中的应用[D]. 广州: 华南理工大学, 2013.

[17] Inoue N. Glasses-free 3D display systems being developed at NICT[C]. Proceedings of the 12th Workshop on Information Optics, Puerto de La Cruz, 2013: 1-3.

[18] 夏军. 多视点光栅自由立体显示方法研究[D]. 武汉: 华中科技大学, 2014.

[19] González C, Martínez Sotoca J, Pla F, et al. Synthetic content generation for auto stereoscopic displays[J]. Multimedia Tools and Applications, 2014, 72(1): 385-415.

[20] 冯浩桦, 陈宝霞, 张志成. 多视点裸眼 3D 显示效果与舒适度的研究[J]. 有线电视技术, 2016, 40(11): 61-63.

[21] Kim J, Kim T, Lee S. Quality assessment of perceptual crosstalk in autostereoscopic display[C]. Proceedings of IEEE International Conference on Image Processing, Paris, 2014: 3484-3487.

[22] Choi H J. Analysis on the 3D crosstalk in stereoscopic display[C]. Proceedings of SPIE—The International Society for Optical Engineering, Beijing, 2010: 7848.

[23] Banakou D, Hanumanthu P D, Slater M. Virtual embodiment of white people in a black virtual body leads to a sustained reduction in their implicit racial bias[J]. Frontiers in Human Neuroscience, 2016, 10(601): 1-12.

[24] 梁发云, 邓善熙, 杨永跃. 裸眼立体显示器效果评定方法研究[J]. 中国图象图形学报, 2007, 12(8): 1407-1411.

[25] 谢雨桐, 苏晓煌, 郑集文, 等. 裸眼 3D 显示设备关键指标测试方案的研究[J]. 液晶与显示, 2015, 30(5): 888-893.

[26] Pan H, Daly S. 3D video disparity scaling for preference and prevention of discomfort[J]. Proceedings of SPIE—The International Society for Optical Engineering, 2011, 7863 (4): 786306-786308.

[27] Choi J, Kim D, Ham B, et al. Visual fatigue evaluation and enhancement for 2D-plus-depth video[C]. Proceedings of IEEE International Conference on Image Processing, Hong Kong, 2010: 2981-2984.

[28] Wang Z Y, Hou C P. Crosstalk elimination in multi-view autostereoscopic display based on polarized lenticular lens array[J]. Chinese Physics B, 2015, 24 (1): 309-314.

[29] 杨文超, 吴亚东, 蒋宏宇, 等. 面向用户体验的透镜式裸眼 3D 设计与评估[J]. 中国科学: 信息科学, 2017, 40 (10): 1381-1393.

第7章 移动增强现实技术

增强现实技术属于虚拟现实技术范畴，是一种将计算机渲染生成的虚拟场景与真实世界中的场景无缝融合起来的技术，通过将虚拟物体、场景或系统提示信息叠加到真实场景中，增加用户对现实世界的感知。与传统虚拟现实技术相比，增强现实技术更注重于真实的世界，体现出虚实结合与实时交互的特点。通过光电显示、计算机视觉、计算机图形学及传感器等技术手段，为用户呈现一种复合的视觉效果，并可进行多种形式的互动。增强现实技术不仅提供了一种虚拟现实的方法，更代表了下一代人机界面的发展趋势，在工业设计、机械制造、建筑、教育和娱乐等诸多领域有着广泛的应用前景。

移动增强现实(mobile augmented reality, MAR)技术将传统的增强现实技术应用到移动计算设备上，从而扩展了传统增强现实技术的应用范围。目前，以智能手机为代表的移动计算设备已经普及，并且其相关硬件设施越发完善，集成了全球定位系统(global positioning system, GPS)运动传感器等功能模块，为增强现实技术的融合应用提供了硬件条件，而移动增强现实技术也逐渐成为增强现实技术的研究热点。

随着社交网络平台迅猛发展，人们的生活与社交网络的联系日益紧密。由于表现形式相对单一，因此需要寻求更有趣、更具体验性的应用来满足人们日益增长的需求。本章在对移动增强现实技术相关理论与关键技术进行阐述与分析的基础上，讨论一个面向社交网络平台的移动增强现实系统应用方案。该系统以智能手机作为移动终端，将新浪微博平台结合增强现实技术，在摄像头获取的真实场景中融入虚拟元素，丰富了社交网络平台的表现形式，形成了一种"预先社会化"(pre-social)的应用效果。系统针对定位精确度和算法运算量较大的问题，通过对主流跟踪注册技术的分析对比，考虑实时性需求，采用了将 GPS 和电子罗盘相结合的跟踪注册方法。根据移动终端增强现实系统的显示特点，结合新浪微博数据量大、虚拟标签重叠的问题，提出一种重叠检测自适应算法。同时，本章针对数据解析问题，探讨一种基于层次狄利克雷模型的关键词提取算法以快速有效地得到精准的关键词。

7.1 移动增强现实技术概述

7.1.1 移动增强现实技术的相关概念

1992 年，波音公司的 Caudell 和 Mizell 在设计一个辅助布线系统中首次提出了"增强现实"这一名词[1]。该系统采用透视式头盔，通过将计算机实时绘制的布线路径图和文字等提示信息叠加在机械师的视野中，可有效地帮助机械师完成完整的拆卸过程，减少了错误概率并使生产效率得以提高。1991 年，Weiser 提出"无所不在的计算"(ubiquitous computing)的概念，将 PC 的应用与周围的真实世界相融合，甚至设想用户在真实世界中可以观看和操作叠加在其中的虚拟物体，这一提法是对增强现实技术的进一步描述[2]。

对增强现实的定义是一个不断发展和完善的过程。1994 年，Milgram 和 Kishino 提出了"现实-虚拟连续统"(reality-virtuality continuum)的概念来解释增强现实世界感官的不同形式[3]。他们将这个连续统描述为从真实环境到虚拟环境的跨度，真实环境和虚拟环境分别作为连续统的两端，位于它们中间的被称为混合现实(mixed reality, MR)，其中靠近真实环境的是增强现实(augmented reality)，靠近虚拟环境的是增强虚拟(augmented virtuality)。HRL 实验室的 Azuma 在 1997 年也提出对增强现实的定义，他认为一个增强现实系统必须具备虚实结合、实时交互和三维配准三个特征[4]。随着对增强现实技术理解和应用的不断深入，对增强现实的定义也已不再局限于特定的成像或者视觉技术，而是泛化为"通过向真实环境实时地直接或间接地添加虚拟信息以提高真实环境"的技术[5]，而在特征上，也扩展出了实时跟踪对象、提供图像或对象的识别、提供实时的环境或数据等新的含义。同时，随着硬件的发展和各种实际应用需要的出现，增强现实技术不再仅局限于在视觉上对真实场景进行增强，任何不能被人的感官所察觉但能被机器(各种传感器)检测到的信息，通过转化，以人可以感觉到的方式(图像、声音、触觉和嗅觉等)叠加到人所处的真实场景中，都能起到对现实的增强作用。增强现实技术如今已广泛应用于教学培训、古迹数字重现、医疗研究与解剖、精密仪器制造与维修、军事与娱乐等诸多领域。

近年来，移动设备性能不断发展提高，研究者开始关注和研究移动增强现实技术。移动增强现实技术可认为是将应用在 PC 上的增强现实技术应用于移动计算设备上。移动增强现实技术可以突破空间、时间及其他客观限制，与真实物理世界进行更自然的交互，增强用户对现实的感知，扩展了传统的增强现实技术的应用范围。典型的移动增强现实系统一般由头盔显示器、虚拟图像生成装置和跟踪设备组成，由于造价昂贵、携带不便，在面向大众市场的推广时受到诸多限制。随着个人数字助理(personal digital assistant, PDA)、平板电脑、智能手机等移动数字终端的兴起，移动增强现实系统不断增强的计算能力和内置摄像头、无线网络设备、GPS、加速度传感器等丰富的设备资源为移动增强现实技术的研究和应用提供了新的平台和技术途径。移动设备所具备的小型化、便携式和低成本及高普及率的特点，结合无线网络和移动计算理论、技术的快速发展，移动增强现实技术在应用领域具有巨大的发展潜力，并已成为当前移动设备应用的热点，其研发领域不仅涵盖了导航、制造业、娱乐游戏应用等领域，还在航空航天、文化遗产保护、教育培训工作等领域广泛应用[6]。

7.1.2 移动增强现实技术的发展与研究现状

1968 年，MIT 的 Sutherland 教授开发出第一台光学透明头戴式显示器(see-through head-mounted display，STHMD)，采用阳极射线管(cathode ray tube，CRT)将计算机图像信息渲染到真实世界[7]，该系统符合对增强现实技术的基本特征描述，被公认为最早的增强现实系统。波音公司的辅助布线系统是增强现实技术应用的一次重要创新，而 Azuma 和 Milgram、Kishino 等的定义和论述为增强现实技术的研究与发展奠定了理论基础。

20 世纪 90 年代末，由哥伦比亚大学的 Feiner 等开发的导航系统 The Touring Machine(1997)以及其后继系统 Mobile Augmented Reality System(1999)被看成最早的移动增强现实系统，也是最早真正实现了允许用户背负各种增强现实设备自由行走的系统[8, 9]。

2001 年，剑桥大学 AT&T 实验室的 Newman 等采用超声波跟踪设备定位用户当前位置和方位信息，在 PDA 上实现了二维和三维信息的显示[10]。此项研究的成功为之后手持设备上的增强现实应用奠定了基础，证明了移动增强现实技术的可行性。2003 年，Cheok 等发布的"Human Pacman"是移动增强现实系统前期的典型游戏应用[11]。随着 PDA、平板电脑等手持式移动设备的发展，移动增强现实技术迎来了崭新的发展机遇。2003 年，维也纳技术大学的 Wagner 和 Schmalstieg 研究了能够在掌上电脑独立运行的增强现实系统，并在后续工作中实现了基于 PDA 和智能手机的移动增强现实(MAR)的应用，如图 7-1 所示[12]。

(a) 基于智能手机的MAR应用   (b) 基于PDA的MAR应用

图 7-1 早期移动设备上的增强现实应用

2005 年，Henrysson 等将 ARToolKit 引入 Symbian 系统，基于该技术他们发明了一个著名的增强现实网球游戏，该游戏同时也是第一个运行在移动电话中的协作式增强现实应用程序[13]。2006 年，诺基亚研究中心在其 MARA（mobile augmented reality applications）开发项目中，利用诺基亚 6680 手机作为增强现实系统运行平台，采用加速计、陀螺仪和 GPS 实现手机的绝对位姿跟踪定位，在手机屏幕上为用户提供导航信息。2009 年，Morrison 等发明了 MapLens[14]，它是一套将放大镜方式与纸质地图配套使用的移动增强现实地图，这次研究尝试展现了增强现实地图作为协作工具的潜力。

伴随着移动互联网时代的到来，智能手机不断提升的运算、存储能力及日益完善的配套设备，基于智能手机移动平台的增强现实技术应用开始大量涌现，智能手机上的 GPS、摄像头和传感器的使用让很多移动增强现实的应用成为现实。目前基于智能手机的移动增强现实应用主要分为三个方面：

(1)基于目标跟踪的应用，主要应用于互动游戏的开发和仪器仪表的维修，如高通公司的 Vuforia、Metaio 公司的移动 ARSDK。图 7-2(a)是安卓手机上的一款实景射击游戏《CamGun》，游戏用户使用摄像头对现实场景进行捕捉，因此可以把场景中的一切物体作为射击目标。这类应用对实时性的要求较高，需要高效的跟踪定位算法以保证实时性。图 7-2(b)所示的《WormAR》游戏是将经典游戏贪吃蛇与增强现实技术结合的一款手机游戏，用相机扫描特定图像目标，游戏即可开始，然后用户可通过按钮控制贪吃蛇在盒子中爬行，吃下不同的水果，获得不同的奖励[15, 16]。

(a) 《CamGun》游戏   (b) 《WormAR》游戏

图 7-2　移动增强现实的游戏应用

(2)基于地理信息的应用，这类应用首先通过 GPS 获取智能手机的地理位置信息，通过电子罗盘测算出手机位姿，再从服务器下载得到增强信息。目前这类应用在增强现实市场上已占据主要地位，Layar 浏览器和 Wikitude 浏览器等是比较典型的基于地理位置的增强现实应用。Layar 是较早开发出的使用增强现实技术的手机浏览器，用户在使用浏览器时，只需将手机摄像头对准想要了解的建筑物，系统即会从网络获取建筑物的各类信息。Wikitude 能让用户使用智能手机搜索附近的饭店、商场、地标获取关键信息，用户还可发表关于该景点的评价，如图 7-3 所示[17, 18]。

(a) Layar浏览器

(b) Wikitude浏览器

图 7-3　Layar 浏览器和 Wikitude 浏览器

2016 年流行于全球的手机游戏《Pokemon Go》通过增强现实技术，将精灵置于现实世界，玩家可以对虚拟精灵进行捕捉，与精灵进行战斗，并且玩家之间可以交换捕捉到的精灵，如图 7-4 所示。玩家可以在整个世界地图的范围对精灵进行探索，精灵隐藏于游戏地图的白雾中。通过智能手机实现虚拟与真实的交互，这给玩家提供了异于传统的休闲娱乐方式[19]。

图 7-4　《Pokemon Go》游戏

(3)主要利用图像检索或目标识别技术，通过摄像头获取目标图像，利用目标识别算法获得识别结果，进而将从网络获取的增强信息与真实场景进行虚实融合，最后输出显示到屏幕上。代表性应用是谷歌的 Goggles，也被称为"扫描型应用"，该应用可以扫描二维码、工艺品、基本文字等，用户只需将待识别物体放进扫描区域，即可得到被扫描物体的相关信息。这款软件还可进行不同语言之间的相互翻译，具有较好的实用性[20]。Yelp！是美国著名商户点评网站，可以帮助用户获取酒店、餐厅等服务场所的信息、用户评价等内容。而最新版本集成的增强现实功能，可以让用户更直观地通过 GPS 和摄像头找到青睐商家，如图 7-5 所示[21]。

图 7-5　Yelp！应用

在学术研究上，自 20 世纪 90 年代末开始，VR/AR 相关国际学术会议相继将移动增强现实技术纳入议题，包括 ISAR（International Society for Astrological Research）、ISMAR（International Symposium on Mixed and Augmented Reality）、ISWC（International Symposium on Wearable Computers）、VRAIS（Virtual Reality Annual International Symposium）、IEEE VR（The IEEE Virtual Reality Conference）等。哥伦比亚大学、麻省理工学院、格拉茨技术大学、牛津大学、东京大学等高校以及谷歌、微软、索尼、西门子等国外研究机构与企业都对移动增强技术展开了积极的研究和开发工作。

当前移动增强技术的研究重点主要集中在跟踪注册领域。跟踪注册技术是实现虚实融合的关键，基于自然特征的视觉识别算法由于与真实场景的融合而逐渐成为研究的主流。现阶段的自然特征点提取算法包括尺度不变特征转换（scale-invariant feature transform，SIFT）算法、加速稳健特征（speeded up robust features，SURF）算法、加速段测试中的特征（features from accelerated segment test，FAST）算法、二进制鲁棒性尺度不变特征（binary robust invariant scalable keypoint，BRISK）算法等。自 2007 年起，研究人员开始将基于自然特征的跟踪算法移植或应用于智能手机的研究工作。德国 Bauhaus 大学开发了手机上的增强现实博物馆导览系统[22]，系统通过蓝牙装置发射、接收信号以定位用户手机的位置信息，实现基于 SIFT 特征点的自然特征识别分类功能。Chen 等将 SURF 算法应用于智能手机，对 SURF 算法进行了改进，减少了算法所需存储空间[23]。Wagner 等着眼于 SIFT 和蕨丛（Ferns）算法的优化，用实时性较好的 FAST 特征点提取算法代替原算法中的 Laplacian 算子，并进一步对 SIFT 描述符的维数进行了降低，减小了 Ferns 算法中树簇的大小，使之更适合被应用于智能手机上[24]。Klein 等提出了基于关键帧和多线程机制的并行定位与建图（parallel tracking and mapping，PTAM）算法，首次将姿态跟踪（tracking）和建图（mapping）两个线程分开并行进行，显著提高了跟踪鲁棒性和准确性水平[25]。

　　相较国外，国内对于增强现实技术方面的研究起步相对较晚。"十一五"期间，国家高技术研究发展计划(863 计划)信息技术领域设立了虚拟现实专题，极大地促进了国内虚拟现实技术和增强现实技术的发展。目前我国在增强现实领域的研究机构主要集中在高校和科研单位，其中包括北京理工大学、浙江大学、北京航空航天大学等。北京理工大学较早进入增强现实技术研究领域，王涌天教授团队致力于通过增强现实技术实现对圆明园的虚拟重建，其研制开发的基于 PDA 的增强现实系统是我国第一个基于通用手持设备的移动增强现实系统[26, 27]。浙江大学李扬等提出了一种稳定有效的自然特征注册方法，使用双线程处理 KLT(Kanade-Lucas-Tomasi)跟踪算法和 SURF 特征匹配算法[28]；严雷等针对室外大规模复杂场景建立了基于图像识别的移动增强现实系统，将重力信息加入到 SURF 和 BRISK 特征描述中去，构建 Gravity-SURF 和 Gravity-BRISK 特征描述，提高了具有相似结构图像的匹配正确率[29]。

7.2　移动增强现实关键理论与技术

　　增强现实是在虚拟现实技术基础上发展起来的一门交叉学科，其研究涉及计算机图形图像处理、移动计算、计算机网络、信息获取、人机交互等各个领域的内容。从增强现实技术的基本定义来看，虚实结合、实时交互和三维配准的基本特点决定了其关键技术主要集中于显示、交互和跟踪注册技术等方面。而对于移动增强现实技术而言，其基本技术结构与传统增强现实技术结构具有基本一致性。但相对于 PC 平台，当前智能手机等移动计算设备作为移动增强现实应用的平台仍然存在计算速度、存储容量、显示性能、功耗等方面的局限性，导致在相关技术应用上受不同程度的制约。例如，移动增强现实受移动平台图形图像处理、浮点运算等能力制约，系统架构上仍处于从客户端/服务器(C/S)模式向完全依靠移动终端的本地化模式的发展阶段，虽然无线网络在带宽、速率、稳定性等方面取得了很大的提高，但是距离移动增强现实系统要求的实时性、低延时还有一定的距离；在显示上，研究者面临沉浸感和便携性的取舍问题，移动终端偏小的屏幕对显示的效果有较大影响。以谷歌眼镜为代表的新一代便携式可穿戴设备在沉浸感和便携性上的融合是一个重要突破，但受体积制约，其自身的处理能力有限，仍需要有可靠的网络和强劲的服务器支持；在交互上，移动增强现实应用的三维界面需要考虑用户、机器和环境三者之间的关系，而真实物理环境有很多不可控因素，导致用户在移动增强现实系统下如何与环境进行更有效的交互操作会变得更加复杂；受限于存储空间，移动设备难以存储大范围场景注册所需的场景信息，不能简单地把应用于 PC 上的增强现实三维注册技术移植到智能手机，如何解决在较大场景的跟踪注册与移动设备资源受限的矛盾也是移动增强现实技术中要解决的问题[30, 31]。因此，在具体技术研究与应用上，移动增强现实也具有自身的特点和要求。

7.2.1 移动增强现实系统的基本结构

增强现实系统包括虚实结合、跟踪注册、显示交互等基本模块，应用于移动平台的移动增强现实系统还涉及无线网络通信和数据库存储问题，从而会出现不同的系统主体结构。图 7-6 为典型的移动增强现实系统框架。基于该框架的移动增强现实系统的主要工作流程可概括为：

(1) 通过摄像机等图像捕获设备获取真实场景信息；

(2) 通过跟踪技术进行分析，得到注册信息；

(3) 在注册信息的帮助下，通过实时渲染技术显示虚拟信息；

(4) 虚拟信息和真实场景进行无缝融合；

(5) 通过显示设备渲染虚实结合的场景。

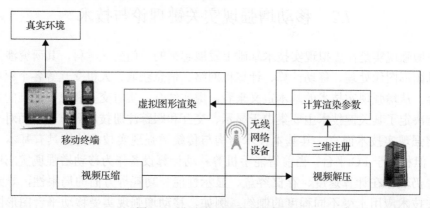

图 7-6　移动增强现实系统框架

在诸多移动设备中，平板电脑和高性能的移动智能手机逐渐成为增强现实技术的主流载体。以移动智能手机为例，实现增强现实应用的架构方式主要分为独立架构方式和客户端/服务端(C/S)架构方式两种。

目前，尽管当前移动智能设备的配置不断提高，部分功能强大的智能手机能够完全脱离 PC 端对跟踪注册、融合绘制、增强显示等功能模块进行独立处理。但其计算能力和存储能力相比 PC 而言仍然存在差距。特别是要实时地对真实场景进行识别和跟踪注册，对移动智能设备而言还具有很大的挑战性。针对目前移动智能设备的不足，很多移动增强现实系统依然采用"客户端/服务器"的架构方式，将上述功能模块中的部分任务交给服务器解决，以提高系统的运行效率。由于这种方式需要无线网络进行数据传输，所以在对用户位置高效跟踪定位以及渲染绘制等复杂计算时，还应解决移动智能端与不同设备运算的协同问题以及对场景真实、高效渲染时所产生的传输数据问题。

7.2.2　移动增强现实的跟踪注册技术

增强现实系统要求实现虚拟信息和真实场景无缝融合，即需要将虚拟信息与真实世界在三维空间中进行配准，这个过程称为注册（registration）；虚拟信息所处的位置和观察者的位置是相对的，意味着系统必须通过实时地检测观察者在真实场景中的位置和角度、运动情况来决定如何按照观察者的当前视场重新建立坐标系并将虚拟物体显示到正确位置，这一过程即跟踪（tracking）。跟踪注册的精度高低决定了虚拟信息在真实场景中叠加的位置是否准确，同时也决定在用户移动过程中系统能否实时地将虚拟信息准确地叠加到真实场景。跟踪注册所要解决的核心问题是实时性、稳定性和鲁棒性。实时性要求系统能够跟随用户位置或动作的变化来及时改变虚拟信息的呈现，无延时；稳定性要求系统能在长时间内保持正常运行状态：一是保证注册位置的精确度，二是防止摄像机抖动对注册的影响；鲁棒性是指系统避免在外部干扰下出错的能力，常见的外部干扰主要有无关物体对目标物的遮挡和目标物体的畸变。目前主流的跟踪注册技术可分为基于硬件传感器的跟踪注册技术、基于机器视觉的跟踪注册技术和混合跟踪注册技术，如图 7-7 所示。

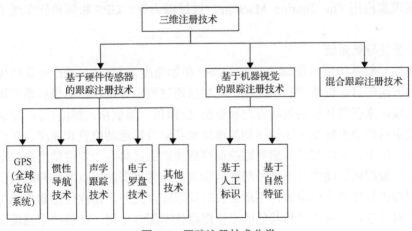

图 7-7　跟踪注册技术分类

1. 基于硬件传感器的跟踪注册技术

基于硬件传感器的跟踪注册一般建立在机械、磁力、声学、光学、惯性等传感器的基础上，采用电磁跟踪器、惯性传感器、GPS 等设备来探测和跟踪真实场景中目标的位置和方向，从而将虚拟图像和信息在真实世界三维空间中配准，实现虚拟信息和真实场景的融合。目前移动智能设备各方面性能得到了不断提升和优化，基本满足了移动增强现实的开发条件。基于传感器的移动增强现实系统开发技术逐渐成熟，其开发涉及移动智能设备中的多种传感器，跟踪注册技术一般也是建立在这些传感器的基础上的。

1) GPS（全球定位系统）

GPS 由 24 颗覆盖于全球的卫星组成，主要功能包括导航、定位和授时等，需要通过采集该观测点的经纬度和高度等信息。GPS 由空间部分、地面控制部分和用户设备部分组成。空间部分包括 24 颗均匀分布在 6 个轨道面上的工作卫星；地面控制部分由 1 个主控站、5 个全球监测站和 3 个地面控制站组成。用户设备部分可以捕获到部分待测的卫星，并且通过跟踪这些卫星的运行来接收 GPS 信号。接收天线至卫星的伪距离和距离变化率由接收机接收的跟踪卫星信号测量得出，并解调出卫星轨道参数等数据。根据此类数据，由接收机中的微处理器计算出用户所在地理位置的经纬度、高度、速度、时间等信息。普通的 GPS 精度为 3～10m，足以满足移动增强现实系统对定位精度和实时性的要求，但缺点在于 GPS 信号在室内、峡谷或其他复杂地形的情况下可能无法正常接收。

早期基于导航应用的移动增强现实系统大多根据 GPS 定位技术获得当前位置信息，并由方向传感器确定移动智能设备摄像头朝向以及指南针确定的视角朝向，通过移动智能设备的摄像头对准现实场景。典型的应用如 Feiner 等开发的户外移动增强现实应用 The Touring Machine，通过磁力计、GPS 和倾角计实现了跟踪注册。

2) 惯性导航系统

惯性导航系统通过陀螺仪（gyroscope）和加速度计（accelerator）来获得传感器载体的方向信息、位置信息和速度。陀螺仪通过测量跟踪目标沿坐标系三轴的旋转角速度，来获取目标的运动方向和姿态（俯仰角、偏航角、翻滚角）；加速度计通过测量目标沿坐标系三轴的运动加速度来获取目标运动位置和速度。在移动增强现实应用中，利用惯性传感器跟踪观察摄像机的优势在于定位精度高、动态性能好，可跟踪剧烈动作且不受外部环境影响。但传感器的零点漂移和随机误差会随时间被积分作用成倍放大，不适合长时间跟踪。此外，惯性传感器只能得到目标的相对位置，通常需要与其他的定位跟踪技术配合使用。在移动增强现实系统中通常将惯性传感器与 GPS 相结合，GPS 用来确定目标的地理定位，惯性导航系统则对移动设备的姿态进行确定。

3) 声学跟踪技术

声学跟踪技术是利用不同的发射声源发出的超声波到达某特定地点，或者同一发射源的超声波到达不同地点，根据测量超声波信号到达接收器的时间差、相位差或声压差实现位置跟踪。常用的声学跟踪注册装置由超声波发射器、接收器和处理单元组成，处理单元控制超声波的发射，对接收信号进行处理和计算。基于声学原理的超声波跟踪器数据采集速度好，但超声波仪器容易受到环境内噪声的干扰，形成误差积累；由于气压、温度、湿度对声波速度的影响，需要进行相应的补偿计算；遮挡问题和声波传递的速度问题也导致其在可靠性、实时性上不适用于移动增强现实系统。

4) 电子罗盘技术

在现代技术条件中，电子罗盘作为导航仪器或姿态传感器已被广泛应用。它可以实时地提供物体的姿态和航向，同时具有能耗低、体积小、重量轻、精度高、可微型化等特点。目前部分移动终端如手机、iPad 等已经嵌入高性能电子罗盘。

常见的基于硬件传感器的跟踪注册技术还包括机械式跟踪注册、磁场式跟踪注册、电磁式跟踪注册、光学跟踪注册等。由于各种传感器各有利弊，因此单一使用某种传感器进行跟踪常常难以满足实际应用的要求。为了提高系统跟踪注册性能，可以在移动增强现实系统中同时采用多种传感器共同进行目标跟踪，即多传感器融合技术。Azuma 等采用了一种多传感器混合的方法来提高应用的精度，在头盔式显示器融合了陀螺仪、倾斜传感器、GPS 传感器等，降低了跟踪注册的误差[32]。Klinker 等对基于多种传感器的高鲁棒性跟踪进行了研究。随着智能手机等移动智能终端的发展，其内置的各种传感器逐渐丰富，为利用各种传感器来检测摄像机位置和姿态提供了极大的方便[33]。

2. 基于机器视觉的跟踪注册技术

基于机器视觉的跟踪注册技术是在计算机视觉和图像处理技术的基础上发展而来，它利用机器视觉的方法直接对视频图像进行处理，在理论上可以达到像素级别的精度，并且不需要昂贵的传感器设备。但这种技术也有显著的缺点，因为在跟踪注册的过程中必须对采集到的图像中某些特征进行检测，对这些特征还需要进行相关度的计算，所以计算量很大，容易导致跟踪注册的延时，并且在稳定性上不及基于传感器的跟踪注册技术。尽管如此，基于视觉的跟踪注册技术由于其成本低廉，原理相对简单，且可动态地修正误差，因而越来越受到研究者的重视，成为增强现实系统中研究最活跃的跟踪注册技术。根据采集对象的不同，基于机器视觉的跟踪注册技术可分为基于人工标识的跟踪注册技术和基于自然特征的跟踪注册技术两类。

1) 基于人工标识

基于人工标识的跟踪注册技术是较为传统的跟踪注册方法，具有较高的鲁棒性和较低的处理能力要求，适合资源有限的设备。该技术需要预先在环境中人工添加标识作为跟踪目标，系统通过摄像机捕捉图像视频，并对捕捉的视频图像进行检测，当检测到图像中的人工标识时，提取标记点坐标并计算摄像机姿态，将虚拟信息注册到标识上，输出虚实融合的场景。其基本流程如图 7-8 所示。

图 7-8　基于人工标识的跟踪注册流程

(1)在待注册场景中放置符合一定规则的标识,常用的是平面标识,如正方形、三角形、圆环、条形码等，也可以使用立体标识，如立方体等。

(2)通过摄像机获取包含标识的图像,利用特征检测(如角点检测、边缘检测等)识别图像中的标识,提取基准点(如角点、中心点等)。

(3)标识的基准点在真实场景中的世界坐标是已知的,根据摄像机标定算法,可以计算摄像机相对于标识的姿态,从而正确注册虚拟信息。

应用上，目前比较成熟的增强现实标识技术包括 ARToolKit、ARToolKitPlus、ARTag、ARStudio 等。ARToolKit 是由日本广岛市立大学以及美国华盛顿大学联合开发的增强现实应用开发包，广泛应用于基于标记物的三维注册。ARToolKit 基于图像模板匹配,适用于跨平台,有良好的移植性,但缺乏建立复杂虚拟物体的能力,见图 7-9(a)。ARTag 采用二进制编码方式,其标记库容量达 210 种,提高了标识识别准确性,但算法较复杂、对硬件资源要求较高、不适用于手持设备,见图 7-9(b)。ARToolKitPlus 增加了内存管理功能并且在 ARToolKit 的基础上将代码优化，采用了 BCH 编码技术，识别效率较高、适用于手持设备,但仍然存在标识被部分遮挡失效的问题。ARStudio 标识是背景为黑色正方形、内部为白色规则多边形的图案,由于其在实际应用中比较复杂,所以很少会被使用,不适合移动端的应用[34]。

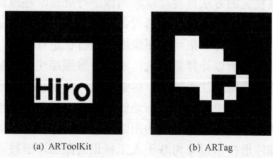

(a) ARToolKit　　　　　　　(b) ARTag

图 7-9　人工标识示例

2)基于自然特征

基于人工标识的跟踪注册技术具有执行速度快、应用方便、准确性较好等优点。但真实环境中,人工标识无法避免被遮挡及环境光照变化所带来的影响,并不适用于户外环境或某些不适合放置人工标识物的场所。基于自然特征的跟踪注册技术脱离了标识物,完全利用自然场景中的特征计算出摄像机位姿,已成为当前移动增强现实跟踪注册研究的主要领域。

基于自然特征的跟踪注册技术根据真实场景中的某些自然特征(如点、线、平面或纹理等)，提取其基准点，与预存的特征点进行匹配，及时获取摄像机和真实场景的位置对应关系，更新在虚拟场景与真实场景的感兴趣区域的方位信息，实现几何一致性与实时注册，完成虚实融合。基于自然特征识别的增强现实系统实现流程如图 7-10 所示。

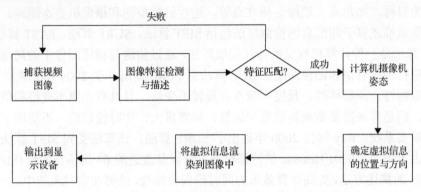

图 7-10　基于自然特征识别的增强现实系统实现流程

(1)图像特征检测与描述：特征检测主要是提取图像中目标物的特征信息，然后通过适当的描述符对这些特征进行描述，以便为后续的匹配提供高质量的信息。这一步是实现自然特征识别的关键，该环节处理的效果好坏将决定后续计算的精度高低。

(2)特征匹配：在获得图像的特征信息后，从特征信息模板库中寻找相应的匹配图像，这一环节与上一环节构成特征跟踪系统，为虚拟信息的准确注册提供保障。

(3)计算摄像机姿态：通过前面两个环节，识别出图像中的目标物，以该目标物所在平面为 Z 平面，建立右手世界坐标系，计算当前摄像机外参，确定摄像机的姿态。其中，相关坐标系之间的变换过程如图 7-11 所示。

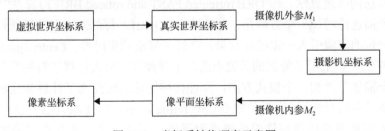

图 7-11　坐标系转换顺序示意图

(4)虚拟信息渲染到图像：以图像为投影平面，根据上一环节计算得到的外参，对虚拟信息进行相应的投影变换，将其叠加到目标物上，实现增强现实效果。

与基于人工标识的视觉注册技术相比，基于自然特征的视觉注册技术在光照变化较大和遮挡的情况下具有更高的鲁棒性，但是相应的图像处理时间会延长，影响系统实时性。真实场景往往比较复杂，不同的视角、光照条件、相对运动等因素都会对定位产生影响，因此基于自然特征的跟踪注册技术复杂度高于基于人工标识的跟踪注册技术。

无标记跟踪是自然特征识别的典型特点，一般是将真实场景中的某些自然特征作为目标，如角点、边缘、孤立点等，进行目标检测和摄像机姿态跟踪。常见的特征点描述算子即配套的检测算法包括 SIFT 算法、SURF 算法、FAST 算法等。SIFT 算法是一种计算机视觉的特征提取算法，通过侦测与描述图像中的局部性特征来进行物体辨识和图像匹配。SIFT 算法由 Lowe 提出并于 2004 年完善[35]，具有高独特性、高鲁棒性、尺度不变性和旋转不变性，且具有光照不变性和仿射不变性，但是算法需要做高斯核卷积运算，运算量大、实时性较差，不适用于移动增强现实系统。Bay 等在 2006 年提出了 SURF 算法，该算法受到 SIFT 算法的启发，由于采用了 Fast-Hessian 的特征检测方法以及改进的 64 维特征向量(SIFT 为 128 维)的描述方法，提高计算效率的同时确保鲁棒性，能够在实时系统中运行[36]。

研究人员在基于移动增强现实的自然特征点跟踪算法的研究上做了大量工作。Wagner 等首次将基于自然特征的跟踪注册技术应用到智能手机上，系统采用 FAST 算法做特征检测以及采用简化的 SIFT 描述器做特征描述[37]。Takacs 等对 SURF 算法进行改进，将其植入到智能手机平台上，采用模式识别的方法识别校园内的建筑物，并进行虚拟信息注解[38]。2009 年，Klein 和 Murray 将 PTAM 算法进行简化，成功将其移植到智能手机上，系统独立完成对未知环境的实时增强[39]。2010 年，Calonder 等提出了二进制鲁棒独立基本特征(binary robust independent elementary features，BRIEF)算法[40]，该算法在生成描述符和匹配阶段效率高，而且比 SIFT 和 SURF 两种算法有更高的识别率，而且其描述符占用的内存较少。但它不具备旋转不变性，因此不太适用于旋转频繁的移动设备。Rublee 等提出了 BRIEF 算法的改进算法，即 ORB(oriented FAST and rotated BRIEF)算法[41]，该算法为每个描述符增加一个方向角，有效地弥补 BRIEF 算法对方向的敏感性。但是增加方向角的步骤引入一定的计算量，降低了算法的实时性。Leutenegger 等提出 BRISK 算法[42]，采用了特别的关键点附近采样模式，最大化描述符的辨别性，同时为每个描述符增加一个模式方向，保证鲁棒性的同时提高了计算速度和匹配速度。Alahi 等提出快速视网膜关键点(fast retina keypoint，FREAK)算法[43]，该算法模拟人眼视网膜成像规律对关键点附近进行采样，进一步提高了描述符的计算速度。

3. 混合跟踪注册技术

目前现有的任何一种跟踪注册技术都有各自不同的优缺点和适用领域，无法满足移动增强现实系统的所有要求。例如，基于硬件传感器的跟踪注册技术需要昂贵的设备，基于人工标识的跟踪注册技术会影响真实环境的一致性，而基于自然特征的跟踪注册技术计算量大、实时性较差，采用混合跟踪注册技术的目的是达到更加精确的注册结果，使用两种及两种以上的三维注册技术，将各种技术之间进行优势互补。混合跟踪注册技术可以根据需要灵活组合各种不同的跟踪注册技术，通常采用的混合跟踪注册技术有机器视觉与电磁跟踪注册结合、机器视觉与惯性传感器跟踪注册结合、机器视觉与 GPS 跟踪注册结合。例如，State 等研究了磁场传感器和机器视觉相结合的跟踪注册技术，并进行了应用[44]。Oskiper 等通过组合注册方法构建了应用于户外的移动增强现实系统[45]。陈靖等提出一种基于惯性跟踪器与视觉测量相结合的混合跟踪定位算法[46]，该算法在扩展卡尔曼滤波框架下，通过融合来自视觉与惯性传感器的信息进行摄像机运动轨迹估计，并利用视觉测量信息对惯性传感器的零点偏差进行实时校正，同时采用单一约束（single-constraint-at-a-time，SCAAT）[47]算法解决惯性传感器与视觉测量间的时间采样不同步问题，有效地提高运动估计的精度和稳定性。张钰等在 AR 浏览器中加入 GPS 技术配合视觉识别，实现了场景的高精度定位[48]。而文献[49]对视觉辅助的惯性导航系统提出了有意义的改进策略，并得到了良好的实验效果。

移动增强现实应用开发要根据实际需要选择跟踪注册方法，为了方便选择合适的方法进行跟踪注册，表 7-1 对上述几种跟踪注册方法进行了比较。

表 7-1　典型跟踪注册方法的对比

三维注册方法	优点	缺点
基于硬件传感器	系统延迟小，注册速度较快	设备昂贵，容易受外界环境影响，且受设备和移动空间的限制
基于机器视觉	配准精度高，无需特殊硬件设备	计算复杂性高，造成系统延迟大；鲁棒性较弱
混合跟踪注册	精确度高，鲁棒性强	系统成本高

7.2.3　移动增强现实的显示技术

增强现实系统虚实融合的最终效果主要通过视觉通道实现，通过用户的眼睛传达给用户，因此显示技术对增强现实而言非常重要。虚拟物体和真实环境是否能准确地融合取决于以下三点：

(1)虚拟物体的建模是否逼真；

(2)虚拟物体之间的遮挡关系是否正确；

(3)真实环境之中的光照影响。

传统的移动增强现实系统由背负式笔记本电脑和头盔显示器组成。头盔显示器可以提供最佳的融合效果和良好的沉浸感；笔记本电脑可以提供可靠的处理能力。但是其缺点也是显而易见的：笨重的设备带给了适用者沉重的负担，这也限制了其进一步的推广。随着计算机软硬件技术的发展，移动增强现实系统的显示设备从最初笨重的头盔显示器到如今轻便的智能手机，显示设备一直朝着更加便携式和人性化的方向发展。目前显示设备主要有头盔显示器、手持式显示器、投影显示设备和视网膜显示等。

随着 PDA、智能手机的发展，研究者逐渐把目光移向了这些手持式智能设备，移动增强现实系统的发展也迎来了新的机遇。手持设备显示器克服了头盔显示器的不足，允许用户手持显示设备，消除了佩戴头盔显示器的不舒适感，但同时也减弱了沉浸感。2014 年，谷歌公司发布的智能眼镜(Google Glass)能够在用户眼前实时呈现增强信息，此款眼镜的发布展示了穿戴式设备发展的新方向。其他厂商也发布了类似的 AR 眼镜，如微软的 HoloLens、爱普生的 Moverio BT-200 Smart Glasses、Vuzix 的 M100 Smart Glasses 等。

为了达到虚实场景的无缝融合，让用户对虚拟对象具有真实感，虚实物体的光照一致性和遮挡的处理是比较重要的研究问题。光照一致性是指根据真实环境的光照情况和虚拟物体的表面材质计算虚拟物体表面的光照效果及相应的虚实阴影效果。遮挡问题是虚实物体的相对位置，错误的位置会破坏用户的真实感。相关的研究包括基于视频图像剪切库光照融合、全局光照对材质表面效果的影响、静态背景中的动态遮挡关系等方面[50, 51]。

7.2.4　移动增强现实的交互技术

交互操作是用户与移动增强现实系统进行沟通的渠道，良好的交互可以使系统按照人的需要去运行，方便用户从中获取所需要的信息。由于长期以来人与计算机的交互一直是以机器为中心的，用户需要去适应机器的交互接口，这种方式并不人性化，不适用于移动增强现实系统。随着虚拟现实技术、人工智能的发展，人机交互出现了全新的方式，运用各种感官设备和传感器识别技术，使用户和虚拟环境之间的交互更加贴近真实世界的交互。目前常用的交互方式主要有基于硬件设备、基于软件界面和基于模式识别的交互技术。

(1)基于硬件设备的交互技术。硬件设备一般是指键盘、鼠标、数据手套等输入设备，通过这些硬件实现用户对增强现实系统的指令输入，增强现实系统完成相应的操作，从而实现用户与虚拟场景的交互。这是比较传统的交互方式，一般适用于桌面级的增强现实系统。

(2)基于软件界面的交互技术。软件界面是指人机界面，是用户与增强现实系统之间进行信息交换和指令选择的界面。当今越来越流行的触控屏技术就是典型的软件界面交互。由于当前的移动增强现实系统大部分集中在 PDA、智能手机等手持式设备上，因此触摸屏技术逐渐成为主流的交互方式。它具有坚固耐用、反应速度快、节省空间、易于交流等优点，是目前最简单、方便、自然的输入设备。

(3)基于模式识别的交互技术。模式识别是人工智能的一项基本技术，是对图像、声音等各种媒体信息进行信息处理、分类和理解的方法。移动增强现实系统用到的模式识别技术包括图形图像识别、语音识别和动作识别等技术，使用户和虚拟环境的交互更加智能和便捷。

人机交互技术是移动增强现实系统中不可或缺的一部分，交互技术的优劣直接影响增强现实系统用户的体验感。移动增强现实系统的灵活性使之摆脱了传统增强现实系统中较为单一的交互方式，用户可通过触控、语音、手势等不同方式与计算机生成的虚拟物体进行交互，从而获得更好的体验感。智能终端上的人机交互技术发展尤为迅猛，如多点触控技术、语音控制技术、人脸实时识别技术等，智能手机无论在听觉、视觉、触觉方面都具有了更加新颖的交互方式。

7.3　面向社交网络平台的移动增强现实系统

本节基于智能手机及其配置的传感器，与新浪微博社交网络平台相结合，融合基于位置的服务(location based service，LBS)，将当前手机摄像头捕捉的场景作为真实场景，构建了一个面向社交网络的移动增强现实系统。这是一种"预先社会化"(pre-social)的应用，它利用用户所在位置让用户可以更容易地与在地理位置上接近用户的人有一定的联系和互动。将社交网络数据以增强现实虚拟标签的方式展示出来，达到了在原有的真实场景中加入虚拟元素，在观看周围真实环境的同时获知相应的社交网络信息的效果。用户可以浏览在地理位置上相近者的新浪微博当前内容，了解周边人所讨论的热点话题，并且用户的手机屏幕能够在所拍摄到的建筑物、街道实景上浮现若干虚拟的信息标签，是一种新颖、有效的信息获取途径。

7.3.1　面向社交网络平台的移动增强现实系统总体设计

LBS 通过电信移动运营商的无线通信网络(如 GSM 网、CDMA 网)或外部定位方式(如 GPS)来获取移动终端用户的位置信息(地理坐标或大地坐标)，在地理信息系统平台的支持下，为用户提供相应服务的一种增值业务。现有模式包括休闲娱乐模式、生活服务模式和社交模式。新浪微博是一个基于用户关系信息分享、传播及获取的平台。用户以 140 字(包括标点符号)为上限的文字更新信息作为内容，并即时分享，注重时效性和随意性，能随时表达出每时每刻的思想和动向。微博注册用户目前已超 5 亿。微博引领了大量用户原创内容的爆发式增长，为世界带来了一个"人人都能发声，人人都可能被关注的时代"。

面向社交网络平台的移动增强现实系统采用模块化设计，前端和后台通过调用新浪微博提供的开放应用程序接口（API）相互连接。系统由 Android 智能终端、真实场景和新浪微博服务器端三个部分组成，如图 7-12 所示。智能终端包括移动终端信息获取模块、数据获取模块、跟踪注册模块及增强信息模块。终端信息获取模块采用 GPS 和传感器获取当前手机的经纬度信息和位姿信息。利用新浪微博开放 API 获取用户附近的用户微博数据。跟踪注册模块根据当前的真实场景采用基于硬件传感器的跟踪注册方法确定真实世界坐标系与屏幕坐标系的转换关系，以得到虚拟图像将显示在屏幕中的位置。增强信息显示模块用于将服务器端反馈回的微博信息和关键词提取后返回并叠加到真实环境中实现增强现实效果的界面展示。

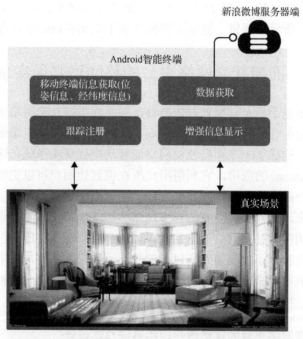

图 7-12　基于社交网络的增强现实系统总体架构

　　为了将虚拟标签与真实环境进行无缝拼接，需要实时地获得虚拟标签坐标系与成像平面坐标系之间的转换关系，得到增强现实世界的视觉效果，同时为了准确地提取出当前位置附近微博讨论的热点话题，需要进行关键词提取并显示。

7.3.2　基于 GPS 和电子罗盘的跟踪注册设计

　　尽管当前移动智能设备的配置不断提高，但其计算能力和存储能力相比 PC 而言依然有差距，采用基于自然特征的跟踪注册技术实时地对真实场景进行识别和跟踪注册，对移动智能设备而言还有很大的挑战性。本系统根据对跟踪注册算法的研究和实际应用需求，采用了基于多传感器融合的跟踪注册技术。结合电子罗盘和 GPS 的优点，用 GPS 获取经纬度信息，而移动设备的姿态则由电子罗盘获取。系统采用仿射变换法，在不需要摄像机位置、相机内部参数和场景中基准标志点位置等先验信息的前提下，可将真实场景、摄像机和虚拟标签定义在同一坐标系下。增强现实系统的注册问题此时可转换为求解真实世界坐标系与摄像机坐标系间的三维变换矩阵的问题，而转换矩阵则描述了两个坐标系的转换关系。系统通过计算摄像头位姿来估算待注册物体与摄像头之间的透视投影关系，让虚拟图像与真实图像能够无缝融合。

1. 位姿计算

真实世界坐标系是客观世界的坐标系(X_r, Y_r, Z_r)，摄像机坐标系是定义在摄像机的屏幕可视区域(X_c, Y_c, Z_c)。摄像机坐标系的原点 O 为摄像机光心(投影中心)，X_c轴、Y_c轴与成像平面坐标系的 X 轴、Y 轴平行，摄像机的光轴 Z_c 轴与图像平面的交点为图像的主点 O_1，OO_1 为摄像机的焦距。摄像机成像的几何关系可由图 7-13 所示。

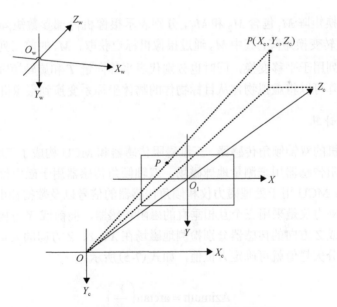

图 7-13　真实世界坐标系与摄像机坐标系

平移向量 T 和旋转矩阵 R 可以用来表示摄像机坐标系与真实世界坐标系的关系。假设空间点 P 在世界坐标系下的齐次坐标是$(X_w, Y_w, Z_w, 1)^T$，在摄像机坐标下的齐次坐标是$(X_c, Y_c, Z_c, 1)^T$，则存在如式(7-1)所示的关系：

$$
\begin{bmatrix} X_c \\ Y_c \\ Z_c \end{bmatrix} = \begin{bmatrix} R & T \\ 0 & 1 \end{bmatrix} \begin{bmatrix} X_w \\ Y_w \\ Z_w \\ 1 \end{bmatrix} = M_1 \begin{bmatrix} X_w \\ Y_w \\ Z_w \\ 1 \end{bmatrix} \tag{7-1}
$$

其中，M_1 表示三维变换矩阵。将 M_1 分解开则可以得到如式 (7-2) 所示的形式：

$$
M_1 = M_2 M_3 \tag{7-2}
$$

$$
M_2 = \begin{bmatrix} a_x & 0 & u_0 \\ 0 & a_y & v_0 \\ 0 & 0 & 1 \end{bmatrix} \tag{7-3}
$$

$$
M_3 = \begin{bmatrix} r_{11} & r_{12} & r_{13} & t_1 \\ r_{21} & r_{22} & r_{23} & t_2 \\ r_{31} & r_{32} & r_{33} & t_3 \end{bmatrix} \tag{7-4}
$$

三维变换矩阵 M_1 包含 M_2 和 M_3，分别表示摄像机内部参数矩阵和需要求的 3×4 平移旋转变换矩阵，其中 M_2 通过摄像机标定获取，M_3 的前三列用于旋转变换，最后一列用于平移变换，同时也分别代表平移向量 T 和旋转矩阵 R，通过该三维变换矩阵可以将虚拟物体从目标物体的物体坐标系变换到摄像机坐标系上。

2. 方向计算

智能手机的双轴倾角传感器、三维磁阻传感器和 MCU 构成了三维电子罗盘。其中三维磁阻传感器用来测量地球磁场，双轴倾角传感器用于磁力仪非水平状态时进行补偿；MCU 用于处理磁力仪和倾角传感器的信号以及数据输出和软铁、硬铁补偿。该磁力仪是采用三个互相垂直的磁阻传感器，向前或 X 方向，向左或 Y 方向，向下或 Z 方向的传感器分别检测地磁场在 X、Y、Z 方向的矢量值。仅用 X 和 Y 的两个分矢量值就可确定方位值，如式 (7-5) 所示：

$$
\text{Azimuth} = \arctan\left(\frac{Y}{X}\right) \tag{7-5}
$$

式 (7-5) 应用于检测仪器与地表面平行时，方位值的误差产生于倾斜的仪器所处的位置和倾斜角的大小的影响。为减少该误差，主要采用双轴倾斜角传感器测量。俯仰角和倾斜角的区别在于，前者是由前向后方向的角度变化，而后者是由左到右方向的角度变化。将两者的数据转换计算后，相对于在三个轴向上的矢量在原来的位置上来说，使磁力仪回到水平的位置。标准的转换计算式如式(7-6)和式(7-7)所示：

$$X_r = X\cos\alpha + Y\sin\alpha\sin\beta - Z\cos\beta\sin\alpha \tag{7-6}$$

$$Y_r = Y\cos\beta + Z\sin\beta \tag{7-7}$$

其中，X_r 和 Y_r 为要转换到水平位置的值；α 为俯仰角；β 为倾斜角。

重力传感器通过测量重力加速度方向来判断重力的方向，旋转传感器使用陀螺仪的数据，在动态情况能很好地判断手机的姿态角。方向传感器主要通过磁传感器测量地磁场来判断方向，类似指南针的作用。由于各地的磁场不同，有时还需要配合 GPS。

方向角由电子罗盘测量，将手持设备水平放置且屏幕朝上时，方向角就表示 Y 轴方向与地磁北极方向的夹角，正北、正东、正南、正西方向依次为 0°、90°、180°和 270°。手持设备的前后俯仰角和左右倾斜角是手持设备的姿态并由重力加速度仪计算。重力加速度仪在三个方向上分别产生分量 V_x、V_y 和 V_z。在手持设备坐标系中，$V_x = A_x - G_x$，$V_y = A_y - G_y$，$V_z = A_z - G_z$，手机运动加速度在三个坐标轴上的投影分别为 A_x、A_y 和 A_z，重力加速度在三个坐标轴上的投影分别为 G_x、G_y 和 G_z。三个坐标轴上的分量为 0 时表示手机运动加速度在设备相对于地球静止。在左右倾斜角的计算中根据几何关系使用 V_x 和 V_y 可以求得倾斜角，如图 7-14(a)所示。手持设备的前后俯仰角时在竖直状态下用 V_y 和 V_z 来计算，在横向状态下用 V_x 和 V_z 来计算，如图 7-14(b)所示。摄像机仰视的角度范围为-90°到 0°，摄像机俯视的角度范围为 0°到 90°。

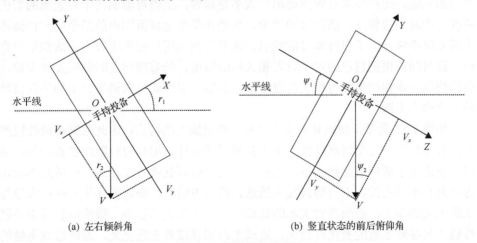

(a) 左右倾斜角　　　　　　　　(b) 竖直状态的前后俯仰角

图 7-14　倾斜角和俯仰角

7.3.3 基于层次狄利克雷主题模型的关键词提取

移动终端获取的微博数据的数据量相对较大，为得到附近的人讨论的热点内容，需要对获得的数据进行关键词提取。关键字是表达文件主题意义的最小单位，大部分对非结构化文件的自动处理，如自动摘要、自动分类、自动聚类、事件检测与跟踪、知识挖掘、信息可视化、关联知识分析等都可先进行关键词提取再进行其他的处理。关键词提供了文档的概要信息，可以帮助用户快速地查询需要的信息并决定是否读取文档。网络搜索引擎搜索的主要方法之一是搜索关键词，即通过具体的关键词用语，访问者能够快速地获取到关键词相关的文字、图片、视频等信息。作为表达文件主题意义的最小单位，在自动化处理非结构文本之前，通常都需要进行关键词提取。在最为理想的情况下，关键词由人为主观给出，但随着网络上文本信息数据量的爆炸式发展，有必要对高性能的关键词提取算法展开研究。本节针对微博短文本信息提出了基于层次狄利克雷主题模型的关键词提取算法，该算法综合了单词的逆文本率、词性过滤、主题聚类词频率，结合图算法转换为单词与单词之间的关系图，并通过调整边的链接关系，最终根据新的图提取出关键词。

1. 中文微博文本特征分析

微博上的热点主题表示了某个引起众多用户讨论的事件中心。它一般包含相当数量的微博数目，同时单个微博可能涉及多个主题，并在一定程度上受地域范围的影响，即在一个地域范围内可能讨论的主题是相对比较接近的。例如，在校园内微博用户大多是学生和老师，微博内容的探讨范围与学习相关的可能性高于其他的话题。而在某景点内微博用户大多是旅客，主题可能偏向于对景点的景色的探讨和对周边餐厅、酒店等的评价。如果在某个地域范围内的某个用户在微博上发布某事件，由于事件本身的吸引力或者与周边用户相关度较高，这些用户会在一段时间内根据自己的观点发表相关性的微博，随着微博之间的转发和评论，会围绕这一事件产生数量极大的微博量，而这一事件就是微博平台上相关性微博的一个热点主题。

如图 7-15 所示，微博具有文本简短、数量庞大的特点，因此数据稀疏性较严重，容易产生特征空间高维性。由于其极具即时性，用户随时随地更新和读取微博，也造成了微博信息数据量的剧增，使文本信息获取难度加大。微博文本表述方式具有不规范性、书写格式较为随意，符号表情多、表述多样化，存在大量与主题无关的噪声，而噪声对文本的处理也会产生很大的影响。微博信息发布关联性较大易导致主题的变化性较大，造成主题漂移或者主题交叉，最终造成主题的提取不准确。

莫可Gentleman
17-11-26 23:02　来自iPhone客户端

今天的干训课给了我不一样的体验。虽然可能玩的游戏有简单的有困难的，但都是为了促进各个部门干事之间的团结和凝聚力。这次最深刻的要属最后一项，一些同学用自己的手掌、臂膀和后背搭起了一堵强大的人墙，将另外的干事一个一个送过2米高的线。那些作为基座的干事们值得我们称赞，我们的团结值得我们骄傲。@西南科技大学计科团委组织部_ @西南科技大学计科分团委

🔁 转发　　　💬 评论　　　👍 赞

图 7-15　新浪微博示例

2. 常见关键词提取算法及特点

目前关键词提取算法种类繁多，可基本分为基于统计、基于图模型、基于潜在语义和基于整数规划四个类别。基于统计的关键词提取算法针对词频、位置等信息统计，具有简单易用的优点，但大多停留在表面信息。而基于图模型的关键词提取算法主要通过构建拓扑结构图对词句进行排序，如 TextRank 算法。基于潜在语义的关键词提取算法核心在于利用主题模型，挖掘词句隐藏信息，主要采用基于隐含狄利克雷分布(latent Dirichlet allocation，LDA)、HMM 的文本主题演化模型。基于整数规划的关键词提取算法是将问题转为整数线性规划，从而求取全局最优解。四种关键词提取算法的优缺点对比如表 7-2 所示[52]。

表 7-2　四种关键词提取算法优缺点对比

关键词提取算法	优点	缺点
基于统计的关键词提取	简单，易用，速度快	提取的关键词停留在表面信息
基于图模型的关键词提取	对词句排序，提取精度高	计算量大
基于潜在语义的关键词提取	能挖掘隐藏信息，提取效果好	计算复杂性高，造成系统延迟大
基于整数规划的关键词提取	覆盖性、连贯性好	需要定义约束条件，实现复杂

3. 基于 TextRank 的关键词提取算法

TextRank 算法的思想来源于 PageRank 算法,是基于图模型对文档中出现的词排序的算法,用于关键词、关键句的提取。其基本思想是通过分词工具将文档分割成若干单词,利用单词的关系构建图,并通过投票机制对单词进行投票,计算出图中节点的权重,最后根据该权重排序,输出权重较大的节点所对应的单词即关键词。从算法的处理过程看,仅利用单文档就可以提取关键词。该算法和LDA、HMM 等模型不同,不需要事先对文档学习训练,在实时要求严格的应用中得到广泛应用。TextRank 一般模型可以表示为一个由点集合 V 和边集合 E 组成的有向有权图 $G=(V,E)$,E 是 $V \times V$ 的子集。图中任两点 V_i、V_j 之间边的权重为 W_{ji},对于一个给定点 V_i,$\text{In}(V_i)$ 为指向该点的点集合,$\text{Out}(V_i)$ 为点 V_i 指向的点集合。点 V_i 的得分定义如下:

$$\text{WS}(V_i) = (1-t) + t \sum_{V_i \in (V_i)} \frac{W_{ji}}{\sum_{V_k \in \text{Out}(V_j)} W_{jk}} \text{WS}(V_j) \tag{7-8}$$

其中,t 为阻尼系数($0 \leqslant t \leqslant 1$),代表从图模型中某节点指向其他任意节点的概率,一般经验取值为 0.85。TextRank 公式在 PageRank 公式的基础上,引入了边的权值的概念,代表两个句子的相似度。使用 TextRank 算法计算图中各点的得分时,需要对图中的点指定任意的初值并递归计算直至收敛。当图中任意一点的误差率小于给定的极限值时可认为达到收敛,一般该极限值取 0.0001。

TextRank 算法主要步骤如下:

(1)把给定的文本 T 进行分割,即 $T = [S_1, S_2, \cdots, S_m]$。

(2)对于每个句子 $S_i \in T$,进行分词和词性标注,并过滤掉停用词,只保留具有词性的名词、动词、形容词,即 $S_i = [t_{i,1}, t_{i,2}, \cdots, t_{i,n}]$,其中 $t_{i,j} \in S_j$ 是保留后的候选关键词。

(3)构建候选关键词图 $G=(V,E)$,其中 V 为节点集,由步骤(2)生成的候选关键词组成,然后采用共现关系(co-occurrence)构造任两点之间的边,两个节点之间存在边仅当它们对应的词汇在长度为 K 的窗口中共现,K 表示窗口大小,即最多共现 K 个单词。

(4)根据式(7-8),迭代传播各节点的权重,直至收敛。

(5)对节点权重进行倒序排序,从而得到最重要的 M 个单词,作为候选关键词。

(6)由步骤(5)得到的候选关键词,在原始文本中进行标记,若形成相邻词组,则组合成多词关键词。例如,文本中有句子 "MATLAB code for plotting ambiguity function",如果"MATLAB"和"code"均属于候选关键词,则组合成"MATLABcode"

加入关键词序列。

式(7-8)为 TextRank 的递归公式，通过节点之间的投票或推荐机制，实现重要性排序，一个节点链入的节点集表示其投票支持者，投票者越重要，数量越多，则被投票者的排名越靠前。TextRank 算法将原文本拆分为句子，在每个句子中过滤掉停用词(可选)，并只保留指定词性的单词(可选)。因此，它的优点在于可以得到句子的集合和单词的集合，并且不需要事先对多篇文档进行学习训练。但是该算法计算复杂度高，对于移动设备而言计算量较大。

4. 基于层次狄利克雷主题模型的关键词提取算法

在本章所讨论的移动增强现实系统设计中，针对微博短文本信息的关键词提取，提出了一种基于层次狄利克雷主题过程(hierarchical Dirichlet process，HDP)的关键词提取算法。该算法综合了单词的逆文本率、词性过滤、主题聚类词频率等因素，并结合图算法将其转换为单词与单词之间的关系图，重新调整边的链接关系，最后根据新的图提取出关键词。对比现有关键词提取工具和文本提取的关键词提取算法，实验结果表明了文本提取的关键词提取算法具有较好的性能，并且可以在本系统关键字提取模块中使用。

采用 HDP 训练文本集合获取初始的主题模型，其优点是用户无须指定主题的数目。HDP 先将整个文本集通过狄利克雷过程 (Dirichlet process，DP) 分成多个主题。然后每个文本的 DP 将文本分成一个个主题，这里每个主题来自上一次的 DP，即一个全局的度量 G_0 从一个基础概率度量为 H、聚焦参数为 γ 的 DP 中产生。之后，特定组的随机度量 G_j 从一个基本度量为 G_0 的 DP 中产生：

$$G_0 \sim \mathrm{DP}(\gamma, H) \tag{7-9}$$

$$G_j / G_0 \sim \mathrm{DP}(\alpha_0, G_0) \tag{7-10}$$

其中，α_0 是度量 G_j 的聚焦参数。从截棍过程(stick-breaking)表示的角度来看 HDP：

$$\beta \mid \gamma \sim \mathrm{Stick}(\gamma) \tag{7-11}$$

$$\pi_{j|\alpha_0, \beta} \sim \mathrm{DP}(\alpha_0, \beta) \tag{7-12}$$

$$\theta_k \mid H \sim H \tag{7-13}$$

$$z_{ji} \mid \pi_j \sim \pi_j \tag{7-14}$$

$$x_{ji} \mid z_{ji}, (\theta_k)_{k=1}^{\infty} \sim F(\theta_{z_{ji}}) \tag{7-15}$$

其中，z_{ji} 表示文档 j 中第 i 个单词的主题；x_{ji} 表示文档 j 中第 i 个位置所表示的单词；θ_k 表示第 k 个主题的单词分布。

关键词的提取过程分为计算单词的权重和基于图模型提取关键词。其中，单词的权重计算包含计算单词的词频-逆文档频率(term frequency inverse document frequency，TF-IDF)、词性过滤、主题聚类与计算聚类词频率三个步骤。TF-IDF 是一种统计方法，用以评估一字词对于一个文件集或一个语料库中其中一份文件的重要程度。

(1)计算单词的 TF-IDF。采用 TF-IDF 计算单词的特征项权重，计算公式为

$$TF\text{-}IDF(i) = TF(i) \times \ln(D / D_i) \tag{7-16}$$

其中，$TF(i)$ 为该词的词频，表示单词 w_i 出现的频数除以文本的总单词数；$\ln(D / D_i)$ 表示单词 w_i 的 IDF 值，D 表示一个文档集合中共有 D 篇文档，而单词 w_i 在其中 D_i 篇中出现过。

(2)词性过滤。计算完单词的 TF-IDF 值之后，不仅要去掉词袋中的停顿词，还需要根据词性过滤单词。假设动词、名词、形容词都为关键词，因此需要过滤出这三种词性的单词，然后将过滤之后的单词组成新的词袋。

(3)主题聚类和计算聚类词频率。TF-IDF 值反映了一个单词在文档中的相对重要性，符合人类对单词重要性的直观认识。缺点是 TF-IDF 值只针对特定词，没有考虑任何语义相近的其他词。最重要的一点是一条微博文档属于短文本，字数限制在 140 以内，单词的 TF 值丧失了评估单词重要性的能力。针对微博短文本数据特点，采用了先用 HDP 对文档按照主题类别进行聚类的方法，每个主题下为语义相近或者相关性较大的单词集合。定义约束后单词的聚类词频率为 CTF(constraint TF)，其计算公式如下：

$$CTF(i) = TF(i) \times \alpha^{\left(\sum_{j \in C_i, j \neq i} TF\text{-}IDF(j)\right)} \tag{7-17}$$

其中，$\sum_{j \in C_i, j \neq i} TF\text{-}IDF(j)$ 表示除了单词 w_i 外所有与单词 w_i 属于同一主题的单词的

TF-IDF 值之和；α 为指数因子，一般取稍大于 1 的值，这里取值为 $1.1^{[53]}$。

采用文献[54]中 TexkRank 图模型算法，TexkRank 算法受 PageRank 算法启发认为每个单词都可作为一个节点，根据窗口得到共词矩阵，一个窗口的单词任意两个之间相互投票，不同窗口之间没有关系，基于上述过程构造成图，计算出单词的重要性，然后将它乘以该单词的 CTF 值，最后根据单词的重要性提取出关键词。

5. 算法对比及实验结果

本章所提到的关键词提取算法采用 Python 2.7 实现，并采用文献[55]中使用的

测试集，为测试算法效果，共使用 1000 篇网页文档，并采用文献中定义的准确率 P、召回率 R 和宏平均值 F 如下：

$$P = \frac{|KA \cap KB|}{|KB|}, \quad R = \frac{|KA \cap KB|}{|KA|}, \quad F = \frac{|2 \times P \times R|}{|P + R|} \tag{7-18}$$

其中，KA 表示数据集中关键词集合；KB 为算法提取的关键词。

　　实验过程中，使用由中国科学院开发的基于 Python 语言的 pynlpir 开源分词工具。自然语言处理包采用开源的第三方库 Gensim 和 NLTK，机器学习包采用第三方库 Scikit-learn。一个测试文档相当于依次系统调用的所有微博的集合。第一步，将文档通过分词工具转换为单词词袋，计算单词的 TF-IDF 值；第二步，使用 pynlpir 进行词性过滤，针对数据集特定，自定义停用词表集合为{本报, 记者, 通信员, 责任编辑, …}，得到新的单词词袋。第三步，使用 Gensim 中提供的 HDP 计算主题与单词的概率关系，这里假设主题的概率相同。然后计算单词的聚类词频率，最后再利用 networkx 工具包实现文献[54]中算法，并在单词权重中与单词的聚类词频率相乘，降序排列，返回前 10 个作为关键词。本节算法与 TextRank 算法对比结果如表 7-3 所示。

表 7-3　关键字提取对比　　　　　　　　　　（单位：%）

提取算法	TexkRank 算法			本节算法		
	P	R	F	P	R	F
对比结果	23.05	33.47	27.30	25.12	32.06	28.17

　　从表 7-3 看出，从 F 值上看本节算法与 TextRank 算法平均值分别为 28.17% 和 27.30%，总体来看，本节算法效果优于 TextRank 算法。

7.3.4　面向社交网络平台的移动增强现实系统的显示设计

　　受限于目前移动设备的屏幕尺寸，获得的数据并不能全部进行展示。同时展示的过程中虚拟标签和移动设备一直处于移动的状态，因此虚拟标签出现重叠遮挡的可能性非常大。为了得到较好的用户体验，虚拟标签中信息的显示设计尤为重要。

1. 虚拟信息显示

　　本章所讨论的系统中，显示信息由虚拟标签信息和真实场景组成。其中虚拟标签信息包括用户名字、微博内容、与当前位置的距离及附近的人讨论的三个热点关键词等四个方面，如图 7-16 所示。屏幕的左上角以散点图形式显示附近微博在搜索范围内的分布情况，界面右侧的滑动条可以控制搜索微博的范围，半径为 0～100km。

图 7-16　虚拟标签信息显示

2. 虚拟标签重叠检测适应

在虚拟标签显示的过程中，由于获得的数据具有一定的数据量，所以显示在屏幕上的虚拟标签可能会出现互相重叠的问题。为了让用户更加清楚地查看虚拟标签并进行交互，本章提出了重叠检测适应算法，使系统检查是否有多于一个的虚拟标签相互重叠并重新进行适应。

算法 7-1 重叠检测适应算法。

输入：Android 提供的虚拟画布 canvas、得到的 marker collection

输出：添加检测后的 marker1、marker2

1. 循环输入 marker1 的 list

　　IF 传入 marker1 出现在视图中

　　　　CONTINUE;

2. 设置 collisions=1;

3. 循环输入 marker2 的 list

　　IF marker1 与 marker2 相等或传入 marker2 出现在视图中

　　　　CONTINUE;

4. IF marker1 与 marker2 重叠

　　修改 marker2 的 loaction data;

```
collisions++;
添加 marker2;
添加 marker1;
```

检测 marker 是否重叠，即检查两个 marker 的四个角和中心分别是否相互重叠。若任意一个角或者中心比对结果返回为真，则认为两者之间有部分重叠。而判断任意一个角或者中心处的重叠部分则是通过查看对应的 x、y 坐标中是否定位在 marker 的坐标范围之内，若是则认为是存在于 marker 上的点。图 7-17 中，加框的部分即出现了重叠遮挡的问题，经过本算法处理后，重叠的问题得到了较好的解决，如图 7-18 所示。

图 7-17　重叠遮挡问题

图 7-18　重叠遮挡问题得到解决

7.3.5　系统工作流程与验证分析

本系统结合了增强现实技术、手机定位技术和基于位置的服务，实现了将当前位置附近的人的微博以增强现实方式显示的功能。使用的增强现实技术包含三维注册、虚拟图形显示两大主要模块。为了完成本系统最终增强现实的效果，整个系统的流程如图 7-19 所示。

系统启动后首先注册 GPS 和传感器，包括使用方向/重力传感器。开始时先判断 GPS 与方向/重力传感器是否可用，如果 GPS 定位功能可正常使用，则通过此功能获取手机所在的经纬度信息，否则，系统检查手机是否开启了 GPS 定位功能，并给出相关提示，此过程会一直循环执行判断，直到获取手机所在的经纬度为止。当系统获取到经纬度和手机方向/重力传感器角度数据之后，系统调用新浪微博 API 获取当前位置附近的人的微博数据。经过三维注册和微博关键词提取后得到

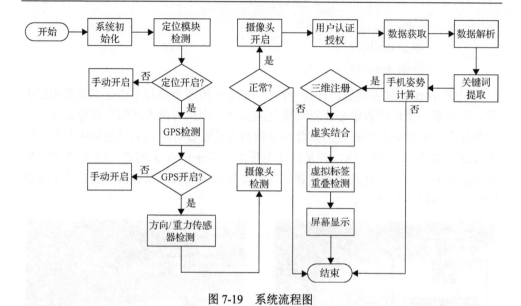

图 7-19　系统流程图

三个讨论的热点关键词，将相应的虚拟信息与真实环境叠加显示后再进行虚拟标签重叠检测处理，最终显示合理的虚拟图像信息，且输出给 Android 手机客户端以增强现实的方式进行展示。另外，系统一开始需要判断是否安装新浪微博客户端，若未安装则弹出提示框提示安装。若已安装则弹出对话框提示用户登录，登录完成后选取单点登录 (single sign on，SSO) 授权就可以对当前设备进行授权并使用新浪微博提供的开放 API。

1. 用户认证授权

系统通过调用新浪微博 API 获取用户附近的人发微博的数据。首先需要进行用户认证，用户认证是指用户在不向第三方软件提供方申请获取该用户的资源的授权，新浪微博 API 的调用采用 OAuth 协议对用户进行认证。新浪微博 API 返回值仅支持 JSON (Java Script Object Notation) 数据格式，JSON 的交换格式符合手机客户端等对性能要求较高的应用需求，解析容易、效率高并能嵌入 html 字段。

使用新浪微博 API 获得 Access_Token。新浪微博 Android SDK 提供了 OAuth2.0 授权认证，并集成 SSO 功能，使第三方应用无须了解复杂的验证机制即可进行授权登录操作。微博 SDK 目前提供了一个 OpenAPI 调用框架，并封装了一些简单的开放接口，如本系统调用的 PlaceAPI 位置服务接口，该接口获取用户、用户与好友、某个位置点、周边的位置动态等，如图 7-20 所示。

图 7-20　用户认证授权

算法 7-2　OAuth2 Access_Token 授权算法。

输入：用户的 APP_KEY、REDIRECT_URL、SCOPE

输出：授权成功并且保存 Token

1. 初始化 APP_KEY，REDIRECT_URL，SCOPE;
2. client = CreateApiClient(APP_KEY，CALLBACK_URL，SCOPE) //创建微博授权类对象;
3. 读取 mAccess_Token;
4. IF mAccess_Token　//mAccess_Token 无效

    调用 OAuth2/authorize 接口，用户请求授权 Token，授权成功后即可获得 Token;

    从 Bundle 重解析授权之后得到的 Token;

    保存 Token 中 Access_Token，exprires_in，uid 到文件;

5. ELSE

    更改文件中信息 exprires_in;

    调用 OAuth2/authorize 接口，用户请求授权 Token;

APP_KEY 指申请应用时分配的 AppKey，REDIRECT_URL 指回调地址，需要与注册应用的回调地址一致。SCOPE 是 authorize 接口的一个参数。通过 SCOPE，平台将开放更多的微博核心功能，同时也加强用户隐私保护，提升了用户体验，用户在新 OAuth2.0 授权页中有权利选择赋予应用的功能。

2. 移动终端信息获取

终端信息包括本系统中需要的手机所在位置的经纬度信息和位姿信息。经纬度信息通过手机的 GPS 获得，用于定位当前用户所在的位置。方向角、倾斜角和偏转角通过方向传感器获取，用来描述手机的方向信息。手机的运动状态由加速度参数描述，由手机的加速度传感器获取，利用 x、y、z 三个方向的加速度的三角函数可以计算出手机当前的姿态。具体所需要的参数包括经度(longitude)、纬度(latitude)、方向角(azimuth)、倾斜角(pitch)、偏转角(roll)、x 方向加速度(accelerator_x)、y 方向加速度(accelerator_y)和 z 方向加速度(accelerator_z)。

经纬度信息的获取主要是利用 Android 操作系统提供的 GPS 相关 API，系统将使用对应的 API 来获取所需要的参数信息。Android 操作系统提供了 LocationManager、LocationProvider 和 Location 这三个核心 API，LocationManager 用于提供 GPS 定位相关的服务，LocationProvider 作为定位提供者，用于定位组件的相关信息，Location 是位置信息的抽象类。还有一个接口是 LocationListener。第一步是在 AndroidManifest.xml 文件中添加 Camera 和 GPS 使用权限，应用程序通过调用 Context 的 getSystemService(Context.LOCATION_SERVICE)方法，由此获得系统提供的位置服务管理器 LocationManager 的实例，然后调用 getBestProvider(criteria, true)返回符合一定条件的最优的 LocationProvider 对象 provider，并将它的实例传入 LocationManager 的 requestLocationUpdates(params)中，周期性地获得定位信息。当位置信息发生改变时，会立即触发 LocationListener 的 onLocationChanged(Location location)方法，location.getLongitude()和 location.getLatitude()即所需当前手机所在位置的经度 longitude 和纬度 latitude。

本系统中主要利用方向传感器和加速度传感器。Android 操作系统为传感器功能提供了 SensorManager、SensorEventListener 和 SensorEvent 等 API，传感器参数值通过 SensorEvent 类得到。方向传感器返回值分别表示方向角、倾斜角和偏转角。方向角、倾斜角和偏转角均为 0°表示手机坐标系与地球坐标系一致。方向角指手机 y 轴在水平面上的投影与正北方向的夹角，范围是 0°～360°：0°是正北，90°是正东，180°是正南，270°是正西。倾斜角是手机 y 轴与水平面的夹角，手机 z 轴向 y 轴移动方向为正，范围是 –180°～180°。偏转角是指手机 x 轴与水平面的夹角，手机 x 轴离开 z 轴方向为正，范围是 –90°～90°。手机方向改变时，触发 SensorEventListener 的 onSensorChanged(SensorEvent event)方法。event.values[0]、 event.values[1]和 event.values[2]分别表示方向角(azimuth)、倾斜角(pitch)和偏转角(roll)。而在 x、y、z 三个方向上的加速度大小分别由 event.values [SensorManager.DATA_X]，event.values[SensorManager.DATA_Y] 和 event.values[SensorManager.DATA_Z]表示。

重力传感器以手机平面左下方为坐标原点。当手机水平放置且屏幕向上时，(x,y,z) 的值分别为 $(0,0,10)$；当手机水平放置且屏幕朝下时，(x,y,z) 的值分别为 $(0,0,-10)$；当手机屏幕向左侧放置时，(x,y,z) 的值分别为 $(10,0,0)$。根据这个原则，可以求出其他的朝向时 (x,y,z) 的值。利用 x、y 和 z 的值求反正切即得到手机的姿态。

3. 数据解析

通过新浪服务器获取到微博数据后，微博 API 返回的数据格式为 JSON 格式。然后进行数据预处理，包括微博信息提取模块、文本数据预处理模块、中文分词模块。微博信息提取模块是从 JSON 格式的数据中抽取数据，主要抽取的目标是获取微博名字、微博内容、微博地点的经纬度信息。文本数据预处理模块是在文本分析前对原始数据进行预处理。由于一般微博的文本都是短文本，其具有文本长度短、信息量少的特点，加之去掉停用词和其他噪声数据后剩下的有效信息更少，采用传统的向量空间模型表示文本则会导致文本特征矩阵极其稀疏，根据词语的贡献程度来衡量文档之间的相似性不再有效，使得微博信息分类或聚类不能取得理想效果。同时主题提取是建立在微博信息分类和聚类的基础上，所以微博主题提取效果也不理想，因此提出了微博短文本关键词提取方法，主要过程分为以下几个模块：

(1)微博信息提取模块：返回的 JSON 格式中根节点下有三个字段"statuses"、"users"和"total_number"，其中"statuses"描述微博 ID 和微博状态信息。"users"中描述了每一位用户包括名字、微博描述、性别、关注数及粉丝数等各类详细信息，"total_number"描述了返回的所有微博的数量。本章采用正则表达式匹配"users"中微博详细信息中用户名字、微博内容和地点信息中提取发送微博的经纬度信息。

(2)文本数据预处理模块：微博信息中有一些冗余或无用的信息，主要包括超链接、停顿词等，本书采用分词工具将微博信息分为词项。通过建立停顿词词典去掉停顿词和采用正则表达式匹配超链接去掉超链接信息来规范微博信息。最后得到该微博信息的一组词项称为词袋。

(3)中文分词模块：中文分词是将一整段的中文文本基本正确地切分成词或词语，而词是中文中最小的语素单位。中文文本挖掘的前提工作是中文分词。本书采用新浪中文分词系统(Sina APP Engine,SAE)分词系统,它是一种包括词性标注、中文分词、新词识别的基于隐马尔可夫模型的汉语分词系统。分词服务主要用于中文语义分析,在本书中用于对处理后的微博内容进行分词并提取其中的名词作为关键词。分词服务请求采用以下形式的 HTTP 网址:http://segment.sae.sina.com.cn/urlclient.php?parameters,parameters 为请求参数,多个参数之间使用"&"分割,这些参数和其可能的值为:encoding(请求分词的文本的编码,可为 GB18030、UTF-8、UCS-2)、word_tag(可选,是否返回词性数据,0 表示不返回,1 表示返回)和 context(请求分词的文本)。此处选择返回 1 并返回名词词性的数据。

4. 三维注册与增强信息显示

增强现实系统的核心部分是三维注册与定位服务模块,该模块不仅能将现实物理环境的位置叠加成虚拟图像,还可以在显示设备的虚拟空间中任意操纵该图像。三维注册是为了得到真实世界坐标系和摄像机坐标系之间的位置关系,转换矩阵很好地描述了两个坐标系的转换关系。三维注册问题就是求出真实世界坐标系与摄像机坐标系间的三维变换矩阵。通过计算摄像头位姿来估算出待注册物体相对于摄像头的透视投影关系,使虚拟图像与真实图像无缝融合。本书采用了基于 GPS 和电子罗盘的三维注册技术。

从新浪微博得到数据后,对于虚拟信息的展示需要进行设计,在界面上显示的内容决定了用户的体验度,同时由于移动设备的屏幕尺寸有限,对于数据量比较大的新浪微博来说,本书提出了虚拟信息的显示设计和一种重叠检测适应算法以达到更好的用户体验。

本系统基于 Android 操作系统,需要智能手机所配备的摄像头和传感器。由于需要对附近的微博信息进行显示和关键词提取,对手机的内存有一定的要求。表 7-4 是本系统开发与测试过程中使用的设备参数配置情况,符合项目中的要求。

表 7-4 系统设备参数配置情况

参数	配置参数	参数	配置参数
手机型号	MIUI 4	操作系统	MIUI Android
CPU	主频 2.5GHz	内存	2GB
分辨率	1920×1080	图形处理器	Adreno 330
GPS	支持 GPS、A-GPS、GPS+GLONASS、北斗定位	传感器类型	电子罗盘、重力感应、陀螺仪

系统以增强现实的方式将当前位置附近的人的微博显示,并从数据中挖掘出用户微博讨论的主题词。当用户开启时,手机摄像头自动打开并显示当前所在场

景的真实场景，同时以虚拟标签的形式显示用户当前位置附近一定范围内的新浪微博信息，点击虚拟标签将显示包括用户名及其所发布的具体微博内容信息和距离当前位置的距离，同时根据附近的微博讨论的内容提取了三个热点关键词。显示微博的范围是以当前位置作为圆心、10～100km 为半径的圆，半径的大小可以在应用程序中进行调节。手机屏幕的左上角会显示附近微博分布在整个圆内的情况。测试结果如图 7-21～图 7-23 所示。

图 7-21　以虚拟标签的形式显示数据

图 7-22　与虚拟标签交互

图 7-23　微博关键词提取

7.4　本章小结

　　本章在总结分析了国内外增强现实发展现状与相关理论和技术的基础上，针对传统的社交网络平台用途单一、表现方式也比较单一的问题，提出了一种面向社交网络平台的移动增强现实系统方案。这是一种"预先社会化"的应用，结合新浪微博平台数据，用户可通过系统以增强现实的方式查看当前位置附近的人发的微博及其讨论的热点问题。通过增强现实的表现方式，用户可以利用更加新颖有趣的方式了解信息。

　　对于移动增强现实系统的跟踪注册问题，本章采用将基于硬件传感器的电子罗盘和 GPS 相互结合使用的方法。GPS 获取经纬度信息，电子罗盘获取移动设备的姿态。将真实场景、相机和虚拟标签定义在同一坐标系下，得到真实世界坐标系和摄像机坐标系之间的位置关系。系统计算摄像头位姿来估算待注册物体与摄像头之间的透视投影关系，让虚拟图像与真实图像能够无缝融合。

　　针对移动设备的增强现实显示问题，本章提出一种虚拟标签重叠自适应检测算法，将出现遮挡的虚拟标签进行处理，使它们均匀地分布在手机屏幕中。通过对中文微博的特征和传统的关键词提取算法的分析，提出了一种基于 HDP 模型的关键词提取算法，对用户当前位置周边的人群微博讨论的热点问题进行关键词提取。分词服务主要用于中文语义分析，在本章中用于对处理后的微博内容进行分词并提取其中的名词作为关键词，采用了基于隐马尔可夫模型的 SAE 分词系统。同时本章对 TextRank 算法和提出的基于 HDP 的关键词提取算法进行了比较和分析。

<h1 style="text-align:center">参 考 文 献</h1>

[1] Caudell T P, Mizell D W. Augmented reality: An application of heads-up display technology to manual manufacturing processes[C]. Proceedings of the 25th Hawaii International Conference on System Sciences, Kauai, 1992: 659-669.

[2] Weiser M. The computer for the 21st century[J]. Scientific American, 1991, 265 (3): 94-104.

[3] Milgram P, Kishino F. A taxonomy of mixed reality visual displays[J]. IEICE Transactions on Information and Systems, 1994, 77 (12): 1321-1329.

[4] Azuma R T. A survey of augmented reality[J]. Presence, 1997, 6 (4): 355-385.

[5] Furht B. Handbook of Augmented Reality[M]. New York: Springer, 2011: 3-46.

[6] 王巍, 王志强, 赵继军, 等. 基于移动平台的增强现实研究[J]. 计算机科学, 2015, 42 (11a): 510-549.

[7] Sutherland I E. A head-mounted three dimensional display[C]. Proceedings of the 1968 Fall Joint Computer Conference (Part I), San Francisco, 1968: 757-764.

[8] Feiner S, MacIntyre B, Hollerer T, et al. A touring machine: Prototyping 3D mobile augemented reality systems for exploring the urban environment[C]. Proceedings of the 1st International Symposium on Wearable Computers, Cambridge, 1997: 74-81.

[9] Hollerer T, Feiner S, Terauchi T, et al. Exploring MARS: Developing indoor and outdoor augmented reality system[J]. Computers & Graphics, 1999, 23 (6): 779-785.

[10] Newman J, Ingram D, Hopper A. Augmented reality in a wide area sentient environment[C]. Proceedings of the 2nd IEEE and ACM International Symposium on Augmented Reality, New York, 2001: 77-86.

[11] Cheok A D, Fong S W, Goh K H, et al. Human Computer Interaction with Mobile Devices and Services[M]. Berlin: Springer, 2003: 209-223.

[12] Wagner D, Schmalstieg D. ARToolKit Plus for pose tracking on mobile devices[C]. Proceedings of the 12th Computer Vision Winter Workshop, St. Lambrecht, 2007: 139-146.

[13] Henrysson A, Billinghurst M, Ollila M. Face to face collaborative AR on mobile phones[C]. Proceeding of the 4th IEEE/ACM International Symposium on Mixed and Augmented Reality, Vienna, 2005: 80-89.

[14] Morrison A, Oulasvirta A, Peltonen P, et al. Like bees around the hive: a comparative study of a mobile augmented reality map[C]. Proceeding of the 27th International Conference on Human Factors in Computing Systems, Boston, 2009: 1889-1898.

[15] Gam Gun[EB/OL]. [2015-3-11]. http://www.eoemarket.com/game/429043.html.

[16] WormAR-AugmentedRealityGame[EB/OL]. [2012-12-8].https://www.gamespot.com/worm-ar---augmented-reality-game/.

[17] Layar 浏览器[EB/OL]. [2012-5-12]. http://www.layer.com.

[18] Wikitude 浏览器[EB/OL]. [2012-5-15]. http://www.wikitude.com.

[19] PokemonGO[EB/OL]. [2019-8-21].https://pokemongo.com.

[20] Goggles[EB/OL]. [2014-4-22]. https://en.wikipedia.org/wiki/Goggles.

[21] 10 款最好的 Android 增强现实应用[EB/OL]. [2015-2-11]. http://digi.tech.qq.com/a/20150211/012136.htm.

[22] Brans E, Brombach B, Zeidler T, et al. Enabling mobile phones to support large-scale museum guidance[J]. IEEE Multimedia, 2007, 14(2): 16-25.

[23] Chen W C, Xiong Y G, Gao J, et al. Efficient extraction of robust image features on mobile devices[C]. Proceedings of IEEE/ACM International Symposium on Mixed and Augmented Reality, Nara, 2007: 287-288.

[24] Wagner D, Reitmayr G, Mulloni A, et al. Pose tracking from natural features on mobile phones[C]. Proceedings of the 7th IEEE/ACM International Symposium on Mixed and Augmented Reality, Cambridge, 2008: 125-134.

[25] Klein G, Murray D. Parallel tracking and mapping for small AR workspaces[C]. Proceedings of 6th IEEE and ACM International Symposium on Mixed and Augmented Reality, Nara, 2007: 225-234.

[26] 林倞, 杨珂, 王涌天, 等. 移动增强现实系统的关键技术研究[J]. 中国图象图形学报(A 辑), 2009, 14(3): 560-564.

[27] 陈靖, 王涌天, 林倞. 增强现实技术在 PDA 上的应用[J]. 光学技术, 2007, 33(1): 52-55.

[28] 李扬, 孙超, 张明敏, 等. 跟踪与匹配并行的增强现实注册方法[J]. 中国图象图形学报, 2011, 16(4): 680-685.

[29] 严雷, 杨晓刚, 郭鸿飞, 等. 结合图像识别的移动增强现实系统设计与应用[J]. 中国图象图形学报, 2016, 21(2): 184-191.

[30] 张珊. 基于移动增强现实的厨电零售应用用户体验研究与设计[D]. 杭州: 浙江大学, 2017.

[31] 段里亚. 移动增强现实大范围定位与注册关键技术研究[D]. 武汉: 华中科技大学, 2013.

[32] Azuma R, Neely H, Daily M, et al. Performance analysis of an outdoor augmented reality tracking system that relies upon a few mobile beacons[C]. Proceedings of the 5th IEEE and ACM International Symposium on Mixed and Augmented Reality, Santa Barbara, 2006: 101-104.

[33] Klinker G, Reicher T, Brugge B. Distributed user tracking concepts for augmented reality applications[C]. Proceedings of the IEEE and ACM International Symposium on Augmented Reality, Munich, 2000: 37-44.

[34] 陈灿鑫. 移动增强现实中跟踪注册的关键技术研究[D]. 广州: 华南理工大学, 2013.

[35] Lowe D G. Distinctive image features from scale-invariant keypoints[J]. International Journal of Computer Vision, 2004, 60(2): 91-110.

[36] Bay H, Tuytelaars T, Gool L V. Surf: Speeded up robust features[C]. Proceedings of the 9th European Conference on Computer Vision, Graz, 2006: 404-417.

[37] Wagner D, Mulloni A, Langlotz T, et al. Real-time panoramic mapping and tracking on mobile phones[C]. Proceedings of IEEE Virtual Reality Conference, VR 2010, Waltham, 2010: 211-218.

[38] Takacs G, Chandrasekhar V, Gelfand N, et al. Outdoors augmented reality on mobile phone using loxel-based visual feature organization[C]. Proceedings of the 1st International ACM Conference on Multimedia Information Retrieval, Vancouver, 2008: 427-434.

[39] Klein G, Murray D. Parallel tracking and mapping on a camera phone[C]. Proceedings of IEEE International Symposium on Mixed and Augmented Reality, Nara, 2009: 83-86.

[40] Calonder M, Lepetit V, Strecha C, et al. BRIEF: Binary robust independent elementary features[C]. European Conference on Computer Vision, Heraklion, 2010: 778-792.

[41] Rublee E, Rabaud V, Konolige K, et al. ORB: An efficient alternative to SIFT or SURF[C]. Proceedings of the IEEE International Conference on Computer Vision, Barcelona, 2011: 2564-2571.

[42] Leutenegger S, Chli M, Siegwart R Y. BRISK: Binary robust invariant scalable keypoints[C]. Proceedings of the IEEE International Conference on Computer Vision, Barcelona, 2011: 2548-2555.

[43] Alahi A, Ortiz R, Vandergheynst P. FREAK: Fast retina keypoint[C]. Proceedings of the IEEE Computer Society Conference on Computer Vision and Pattern Recognition, Providence, 2012: 510-517.

[44] State A, Hirota G, Chen D T, et al. Superior augmented reality registration by integrating landmark tracking and magnetic tracking[C]. Proceedings of the 23rd Annual Conference on Computer Graphics and Interactive Techniques, New Orleans, 1996: 429-438.

[45] Oskiper T, Chiu H P, Zhu Z W, et al. Stable vision-aided navigation for large-area augmented reality[C]. Proceedings of the IEEE Virtual Reality Conference, Singapore, 2011: 63-70.

[46] 陈靖, 王涌天, 刘越, 等. 适用于户外增强现实系统的混合跟踪定位算法[J]. 计算机辅助设计与图形学学报, 2010, 22(2): 204-209.

[47] Welch G, Bishop G. SCAAT: Incremental tracking within complete information[C]. Proceedings of the 25th Computer Graphics and Interactive Techniques, Los Angeles, 1997: 333-344.

[48] 张钰, 陈靖, 王涌天, 等. 增强现实浏览器的密集热点定位与显示[J]. 计算机应用, 2014, 34(5): 1435-1438.

[49] Hesch J A, Kottas D G, Bowman S L, et al. Consistency analysis and improvement of vision-aided inertial navigation[J]. IEEE Transactions on Robotics, 2014, 30(1): 158-176.

[50] Lalonde J F, Efros A A, Narasimhan S G. Webcam clip art: Appearance and illuminant transfer from time-lapse sequences[J]. ACM Transactions on Graphics, 2009, 28(5): 131: 1-131: 10.

[51] Fischer J, Regenbrecht H, Baratoff G. Detecting dynamic occlusion in front of static backgrounds for AR scenes[C]. Proceedings of the Workshop on Virtual Environments, Zurich, 2003: 153-161.

[52] 冯鑫淼. 基于安卓平台的移动增强现实应用的设计与实现[D]. 绵阳: 西南科技大学, 2016.

[53] 冯鑫淼, 吴亚东, 李秋生, 等. 社交网络平台增强现实系统的构建[J]. 西南科技大学学报, 2016, 31(3): 84-89.

[54] Mihalcea R, Tarau P. TextRank: Bringing Order into Texts[Z]. Texas: Department of Computer Science University of North Texas, 2004.

[55] 顾益军, 夏天. 融合 LDA 与 TextRank 的关键词抽取研究[J]. 现代图书情报技术, 2014, 30(7): 41-47.

第 8 章　人机交互在数据可视化中的应用

在大数据时代，各类信息技术的迅猛发展催生了一系列海量数据，这些数据具备体量巨大(volume)、类型繁多(variety)、时效性高(velocity)和价值高密度低(value)的 4V 特征。针对这类超大规模数据的分析挖掘有价值的信息，一方面需要从机器的角度出发，突出机器的计算能力和人工智能，以各类高性能处理算法、机器学习和数据挖掘算法来处理数据；另一方面从人作为分析主体和需求主体的角度出发，强调基于人机交互的、符合人的认知规律的分析方法，意图将人所具备的、机器并不擅长的认知能力融入分析过程中。借助数据可视化，可视分析方法来认知和理解数据。数据可视化系统除了视觉呈现部分，另外一个核心要素就是用户交互。交互的目的是让用户来操作视图和数据，从而帮助用户对数据构建认知模型并不断优化该模型。

交互技术的方法多种多样，交互硬件设备与交互环境也各不相同，在本书前面的章节中对人机交互技术进行了详细的系统性阐述，而本章的重点在于交互技术在数据可视化中的应用。本章简单介绍数据可视化的基础理论和模型，帮助读者了解可视化领域；为了更好地理解和使用各种交互技术建立理论基础，定义数据可视化中交互设计需要遵循的准则；以基本操作分类为基础介绍数据可视化交互技术的不同分类方法；从交互分析任务的角度出发详细介绍各类常见的数据可视化交互技术的原理与实现方法；同时对可视化中用到的不同硬件设备和对应的交互技术进行介绍；以网络安全可视化和多媒体数据可视化两个可视化案例为基础，详细阐述可视化原型系统中的交互模型设计与应用方法，深入探究数据的深层隐含信息与特征之间的关联性，提高用户对复杂数据的认知深度。

8.1　数据可视化概述

人类感知万物的关键手段是眼睛，可视化通过人眼提供了一种最直观的展示方式——"一幅图胜过千万言"。可视化可以增强人们对大量信息分析时的认知体验，有助于产生新的想法和分析经验；帮助用户通过认知数据，发现这些数据所反映的性质。Card 等提出，可视化提高人们的感知作用主要集中在以下六个方面：①增强对资源的认知和记忆；②降低对信息的搜索代价；③有助于强化识别能力；④有助于推理；⑤易于感性的认知；⑥将抽象的信息转换到可操作的媒介中[1]。数据可视化是一种通过交互式可视化界面来辅助用户对大规模复杂数据集进行分析推理的科学与技术，将数据中各种抽象的信息转化为图形信息，并通过各种图形交互技术，使得人们加深对信息的理解和认识。数据可视化作为一门跨学科的新兴学科方向，涵盖数据挖掘、计算机图形学、人机交互、高性能计算等多个领域，主要包括四部分核心内容[2]：①分析推理技术，向用户提供深入的洞察力，以直接支持评估、计划和决策；②视觉呈现与交互技术，利用人类视觉系统与大脑直接联系的高带宽通道，对使用者提供同时对大量信息进行观察、探索和理解的技术支撑；③数据表示和转换技术，将各种包含冲突内容和动态变化的数据转换为可支持可视化和分析的数据表示形式；④支持产生、表达和传播分析结果的技术，将可视分析的结果转化为背景中的交流信息，来达到与不同受众间的有效信息交流。数据可视化领域整合了新的基于不同计算方法和理论的工具，提供先进的交互技术和可视表达能力，允许人与信息之间的交流，通过使用可视分析技术，从大规模、动态、不确定甚至包含相互冲突的数据中整合信息，获取对复杂情景的更深层的理解，在海量数据分析、社会关系分析、安全保障、应急事件分析处理决策等方面发挥重要作用[3]。

　　数据可视化不是一个单独的算法，而是一个流程。除了视觉映射外，也需要设计并实现其他关键环节如数据处理和变换、硬件支持、用户交互等，这些环节是解决实际问题必不可少的步骤，且直接影响最终可视化的感知效果。可视化流程以数据流向为主线，整个过程可以看成数据流经一系列处理模块得到转换的迭代循环过程。如图 8-1 所示，对提炼的数据模型，用户可以借助交互式可视化结果对模型进行修正，同时优化的模型可以作为对可视化结果进行交互分析的理论支撑。

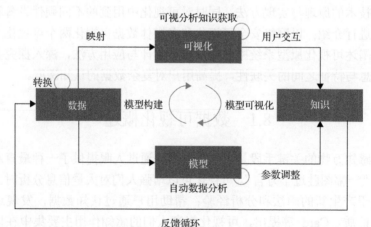

图 8-1　可视化流程概念图

数据可视化流程中的核心要素包括四个方面[4]：

(1)数据采集。数据是可视化对象。数据可以通过仪器采样、调查记录、模拟计算等方式采集。数据的采集直接决定了数据的格式、维度、尺寸、分辨率和精确度等重要性质，并在很大程度上决定了可视化结果的质量。

(2)数据处理和变换。数据的处理和变换可以认为是可视化的前期处理，一方面原始数据不可避免地含有噪声和误差，另一方面数据的模式和特征往往被隐藏。而可视化需要将难以理解的原始数据变换成用户可以理解的模式和特征并显示出来。这个过程包括去噪、数据清洗、数据规范、数据归类、异构数据融合以及数据特征提取等，为之后的可视化映射做准备。

(3)数据可视化呈现。数据可视化呈现整个可视化流程的核心。该步骤将数据的数值、空间坐标、不同位置数据间的联系等映射为可视化视觉通道的不同元素，如标记、位置、形状、大小和颜色等。这种映射的最终目的是让用户可以通过可视化洞察数据和数据背后隐含的现象和规律。因此，可视化映射的设计不是一个孤立的过程，而是和数据、感知、人机交互等方面互相依托、共同实现的。如何从巨大的呈现多样性空间中选择最合适的编码形式以适应数据本身的属性和目标任务是目前的主要研究热点问题。

(4)用户交互。用户交互是用户通过与系统之间的对话和互动来操作和理解数据的过程。交互操作有效缓解了有限的可视化空间和数据过载之间的矛盾，帮助拓展可视化中信息表达的空间，从而解决有限空间与数据量和复杂度之间的差距。同时用户交互能让用户更好地参与对数据的理解和分析，帮助用户探索数据，提高视觉认知。

数据可视化从提出以来经过多年的发展，已经取得了显著的成果，在一定程度上解决了大量复杂数据和有效分析手段之间的矛盾。但随着数据规模剧增、数据属性与数据维度的复杂性增强，直接对其进行可视化会导致视觉遮挡、认知混乱等问题，无法有效减少领域分析人员的负担。针对上述问题并结合领域需求，总结目前大数据可视化研究中主要存在的挑战表现在以下方面[5]：

(1)多源、异构、非完整、非一致、非准确数据的集成与接口。大数据可视化与可视分析所依赖的基础是数据，而大数据时代数据的来源众多，且多来自于异构环境。即使获得数据源，得到数据的完整性、一致性、准确性都难以保证，数据质量的不确定问题将直接影响可视分析的科学性和准确性。大数据的集成和接口问题将是大数据可视分析面临的第一个挑战。

(2)匹配心理映像的可视化表征设计与评估。可视化领域经过几十年的发展，积累了大量各具特色的可视化表征，这将为大数据可视化提供有力的支持。然而大量的可视化表征的创造仅仅在于追求技术角度的创新，忽视了可视化领域的本源——符合人的认知规律和心理映像。针对大数据所固有的特点，未来仍将涌现更多的可视化表征。同时目前仍缺乏公认的科学评价机制，对可视化表征设计的合理性、自然性、直观性及有效性等进行评估。如何创造匹配心理映像的大数据可视化表征，真正能够让分析者一眼看穿大数据，将是面临的最大挑战。

(3)最大限度发挥人、机各自优势的人机交互与最优化协作求解。人和计算机各自拥有无可替代的优势，人具有计算机所不具备的视觉系统以及强大的感知认知能力，并且具有非逻辑理性的直觉判断和分析解读能力；而计算机拥有巨大的存储系统和强大的数据处理能力，能够根据数据挖掘模型在短时间内完成大规模的计算量。因此，大数据可视分析的过程就是充分利用各自优势并且紧密协作的过程，各种交互技术如何最优地匹配具体的分析任务，仍有待深入的研究与验证。

(4)以用户为中心的系统设计与开发方法论、框架以及工具。可视化领域大量极具潜力的创新技术，之所以未能从学术界推广至产业界，一个重要的原因是缺乏简单易行的、以用户为中心的系统设计与开发方法论、框架及工具。如何使最终用户快捷方便地、自助式地实现大数据可视分析系统，满足自己的个性化需求，将是大数据可视分析走向大范围应用并充分发挥价值的关键问题。

(5)可扩展性问题。大数据的数据规模目前已经呈现爆炸式增长，数据量的无限积累与数据的持续演化，导致普通计算机的处理能力难以达到理想的范围。大数据可视分析系统应具有很好的可扩展性，即感知扩展性和交互扩展性只取决于可视化的精度而不依赖数据规模的大小，以支持实时的可视化与交互操作。因此，如何对于超高维数据降维以降低数据规模、如何结合大规模并行处理方法与超级计算机、如何将目前有价值的可视化算法和人机交互技术提升和拓展到大数据领域，将是未来最严峻的挑战。

8.2　数据可视化中的交互准则

可视化系统设计过程中对交互方式的选择，除了需要符合数据类别和完成数据分析的任务外，还需要遵守一些普遍适用的准则，这些准则对交互的有效性和完整性起到了至关重要的作用。例如，交互涉及一系列的动作，不仅是点击鼠标等物理动作，而且包括对所见进行解释从而增强心理模型的认知成本。这样的动作是否有用？是否需要修正？是否存在不同类别的交互技术？如果存在，是否需要对不同的交互技术应用不同的设计指导原则？是否存在使某些交互技术优于其他技术的数据集？是否存在使某些交互技术优于其他技术的任务？而要回答关于交互设计的这些问题，首先需要讨论一下数据可视化系统设计中的交互设计准则。

1. 交互延时

交互延时是指从用户操作的发生到系统返回结果所经过的时间，是决定交互有效性最重要的因素之一。延时的长短在很大程度上决定了一个可视化系统的用户体验度和可用性。延时是否过长是一个相对主观的判断，用户对延时的忍耐度随着时间变长而降低，但这种降低的过程不是线性渐变，只有当延时超过某一阈值时，用户的忍耐度才会突然降低，系统的用户体验度也突然变差。对不同类型的交互操作，用户能够忍受的交互延时也不同。交互延时具体分为操作延时、反馈延时和系统更新延时：

（1）操作延时是指对可视化对象的交互耗时，以鼠标选择交互方式为例，鼠标悬停的操作延时小于鼠标点击的操作延时。

（2）反馈延时是指用户对于不同信息显示机制的反应时间。当用户关注的对象的详细信息呈现在屏幕一侧时，用户需要将目光从对象移动到屏幕一侧来读取信息。与之相比，通过浮动窗口的方式显示详细信息所需要的反馈延时则更短。但后一种方法可能会造成对其他可视化对象的遮挡，增加视觉复杂度。

（3）系统更新延迟是指可视化前端完成渲染更新的时间。当数据量较小且存放在本地计算机上时，更新基本能够做到实时处理。而对于大规模数据集，重新渲染需要相当长的时间，同时数据基本上保存在远端服务器，可视化前端与服务器端的数据传输通信也需要耗费时间。在可视化系统的用户交互设计中，延时是必须优先考虑的重要因素之一，选择合适的交互操作以及视觉反馈，从而确保延时在用户可接受的范围内，便于用户高效地与可视化系统开展交互并完成分析任务，提高系统的可用性。

2. 交互成本

交互操作可以提高可视化系统的效率，支持用户探索更大的信息空间，帮助用户处理更多的数据，完成更复杂的任务。然而实现交互操作本身也需要额外成本，用户也需要花费更多的时间和精力去浏览和探索数据。主要的交互成本[6]包括：

（1）决策成本。用户在选择数据子集和交互选项时需要花费的精力。

（2）系统资源成本。用户从一系列可行的操作或者从系统提供的大量可视化表达方案中选取恰当对象时所花费的时间。

（3）操作成本。用户在展示屏幕上做出如鼠标拖拽等动作时花费的时间。

（4）解读成本。用户在进行交互后出现预期之外的结果，或者可视化结果呈现变换过程不连贯及多个视图之间协同关联更新中导致的用户解读障碍。

（5）认知成本。由对象重叠混乱或者鼠标悬停弹出提示框等因素造成的用户认知困难、精力分散等交互障碍。

（6）状态转换成本。用户在交互性探索过程中，当交互无法回退到某一次的结果时，用户会在重构状态中浪费时间。

3. 交互场景变化

交互操作容易引起可视化场景的变化，需要用户的视觉记忆和先验知识去关联不同场景，避免认知中断或错误。通常可视化系统需要通过一些辅助手段将需要用户记忆的信息在系统中保存并显示，以减轻用户的认知负担。例如，在大规模网络拓扑结构可视化系统中会在屏幕一角的小窗口里显示当前视图在整个拓扑结构中的位置，从而极大地帮助用户对局部网络节点的精确选择与局部拓扑结构分析。

(1)动画技术。动画技术通常被用来帮助减轻交互中场景变化对用户造成的负担，对于时变数据，通过连续的动画过渡维持用户脑海中的图像记忆并与当前场景进行比较，帮助用户基于时间流的方式直观了解变化过程，增强对复杂过程的时变认知。

(2)自主场景切换。支持用户自主地在场景之间来回切换，通过反复观察加强对两个场景的记忆，用户能更准确地发现变化。但由于用户大脑和感知系统的局限性，只能够关注焦点区域内的变化，经常产生变化盲区。因此，需要预先定义用户进行关注的变化，通过高亮、着色等交互突出显示，让用户的注意力集中到该区域。

设计和选择合适的交互模式要从任务和目标出发，只有综合考虑交互延时、交互成本和场景变化这些因素对交互有效性的影响，才能实现用户与可视化系统之间更人性化的交互，提高系统的分析效率和用户体验度。

8.3　数据可视化中的交互分类

分类学可以帮助用户更好地理解交互的设计空间及各种交互之间的关联和区别。早期的分类方法以低阶的基本交互操作为基础。Shneiderman 早期提出可视化信息搜索的基本原则，归纳了几种最基本交互操作，包括概览、缩放、过滤、按需提供细节、关联、记录和提取[7]。Kein 提出了五类交互模式，包括投影、过滤、缩放、失真变形和链接与刷动等[8]。也有按照操作数据的类型为标准进行分类，Chuah 和 Roth 将交互类型划分为图形操作、集合操作及数据操作[9]。其中图形操作包括图形表示以及对可视化对象进行操作，主要是对视觉表现层面的交互；集合操作包括创建、删除和归纳数据对象组成的集合；数据操作是针对单个数据对象的增减等交互。

Ward 和 Yang 在按照交互操作分类的基础上进一步提出了更完善的框架，定义交互操作为符合操作空间的组合[10]。其中操作符包括导航、选择和变形三类，操作空间包括屏幕空间、数据值空间、数据结构空间、属性空间、对象空间和可视化结构空间六种。大多可视化中交互技术都可以安装上面描述的操作符和操作空间表示。例如，对可视化数据按照其数据值进行过滤就是在数据值空间中做选择操作；高亮操作是在屏幕空间中的选择操作。王松等综合近几年数据可视化方面的交互研究，将交互操作划分为：①焦点+上下文交互，致力于显示用户兴趣焦点部分的细节信息，同时体现焦点和周边的关系关联，整合当前聚焦点的细节信息与概览部分的上下文信息。②直接交互，通过直观的交互方式直接操作于可视化绘制结果，提高交互效率与交互结果的可预测性，降低用户认知困难、精力分散等交互障碍。③关联性交互，借助可视分析技术，深入探究复杂数据的深层隐含信息与特征之间的关联性，采用多视图等表达方式帮助用户同时观察数据的不同属性，支持从不同角度和不同显示方式观察数据，提高对大规模复杂数据的认知深度[11]。

上述从交互操作和属性进行的分类有助于对交互技术的研究和理解。但是从设计可视化系统的角度出发，研究人员通常根据整个系统要完成的用户任务来选择交互技术。因此，有用的分类方式按照功能对交互技术进行分类，对操作模式不同但完成任务相同的交互技术归为一类。Yi 等提出一种包含七大类的交互任务：①选择，标出感兴趣的数据对象；②导航，展示不同空间位置或不同层级的可视化结果；③重配，展示不同的可视化配置；④编码，展示不同的视觉表现；⑤抽象/具体，展示概览或细节信息；⑥过滤，根据条件展示部分数据；⑦关联，展示相关数据[12]。

8.4　数据可视化中的交互技术

交互技术多种多样，而可视化系统中采用的交互技术通常为某种特定的可视化设计。对于某种交互技术的具体算法与实现，本书在前面的专题章节中进行了详细的阐述。本节将按照上面分类的顺序介绍基本的五种交互方法(选择、导航、重配、编码、过滤)的基本思路、特性、适用的范围与研究方向，同时重点介绍概览+细节(包含抽象/具体设计思想)、焦点+上下文和关联性交互三种常用的交互方法。

8.4.1　选择

当数据以复杂多样化的可视化表达方式呈现给用户时，需要有一种交互方式标记用户感兴趣的区域或元素以便跟踪其变化情况。通过鼠标或其他交互硬件对区域进行框选或对元素对象进行选择是最常见的一种交互方法。在大多可视化系统中选择操作面临各种问题，如由于数据规模的扩大导致的元素遮挡和视觉混乱等问题，选择元素变得困难，一般可以将堆叠的区域和对象放大来便于选择。有时选择后会通过标签等呈现方式展示提示性信息，选择多个元素之后的标签如何在视图上陈列。理想的标签应该具有易解读、明确的指引性以及互相不遮挡的特性。选择交互案例示意如图 8-2 所示。

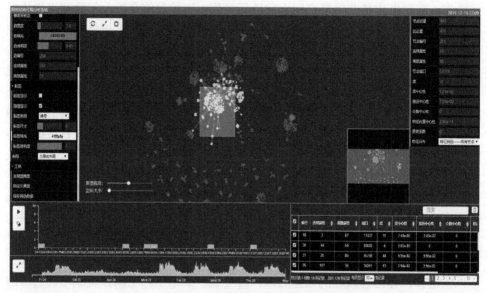

图 8-2　选择交互案例示意(网络结构可视化系统)

8.4.2　导航

　　导航是可视化系统中最常见的交互手段之一。由于屏幕空间的有限性以及人眼可观察区域的局限性,通常只能显示从选定视点出发可见的局部数据,并通过改变视点的位置观察其他部分的数据。类似在空间中的某个视点放置一个指向特定方向的虚拟相机,相机所捕捉到的图像是当前的可视化视图,当相机位置或朝向发生变化时,所呈现的图像也发生变化。尤其是三维数据场可视化中,导航交互相当于在三维空间中移动视点,从而达到观察整个数据空间的目标。导航交互包含缩放、平移和旋转三个基本动作:①缩放,使视点靠近或远离当前视觉平面,从空间感知角度,靠近导致呈现的内容减少,但呈现的对象尺寸增大更清晰;远离视觉平面能够展示更多的内容,而展示的元素会变小。②平移,使视点沿着与某个平面平行的方向移动,支持平行方向和竖直方向的移动。③旋转,使视点方向的虚拟相机绕自身轴线旋转。利用数据和可视化的特定结构进行导航可以更有效地完成信息检索任务。目前导航交互的最大挑战在于视点移动和场景变换过程中用户能否时刻掌握自己在整个数据空间中所处的位置,从而综合若干场景形成对整个数据的感知。如图 8-3 所示,借助导航交互和渐变动画实现场景转换,该医学影像数据可视化系统能够有效呈现特定局部区域的切面、剖面和截面效果图,从而实现对疑似病区的精确定位。

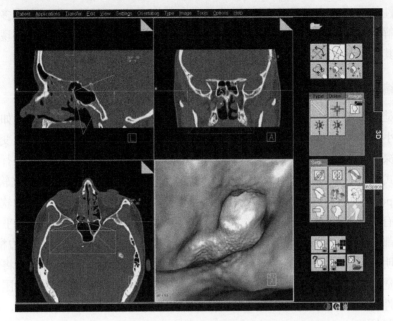

图 8-3　导航交互案例示意(医学影像数据可视化系统)

8.4.3　重配

重配是指为用户提供不同的数据观察视角,常见的方式包括数据排列、视图重组等(图 8-4)。针对空间位置距离过大导致两个对象在视觉上关联性被降低等问题,重组视图是在保持基本表述和数据显示不变的前提下,重组元素的位置和顺序来拉近关注属性,增强用户的分析效率。例如,目前大部分可视化系统都支持多视图呈现,不同视图从不同属性层面传递不同的数据信息,对不同子视图对应

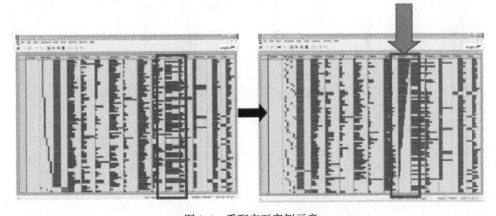

图 8-4　重配交互案例示意

数据属性的选择，会得到不同的属性关联和数据对比，从而加深对多维多属性数据的理解认知。数据排列基于表格数据大小通过对表格进行列变换，实现对数据集按照其中的某一属性升序或降序排列，方便用户的统计分析过程。

8.4.4　编码

　　视觉编码的核心内容是交互式地改变数据元素的可视化映射方式，如改变颜色、大小、方向、纹理、形状等，通过使用不同的可视化表达方式来改变视觉外观，加深用户对数据的理解。目前的大多可视化作品都支持通过交互进行详细的编码样式修改，如图 8-5 所示，Cytoscape 是一个开源的图分析和可视化软件包，Cytoscape 提供了直观的界面，可用来创建可视化及可视化交互，与其他软件包相比，具有更加广泛的视觉特性，灵活的映射、注释和交互式输出。几乎任何视觉特性都可以被映射到数据，包括大小、颜色、节点边框颜色、节点边框宽度、节点透明度、边的线条类型、边的透明度等。使用连续映射时，对于将数据连接到视觉特性，Cytoscape 提供了强大的交互控制功能，允许将数据范围应用到视觉特性范围。其最初是专注于生物网络的可视化和相关数据的融合，随着功能的不断扩展，Cytoscape 已经成了面向各种复杂网络的可视化工具。不过强项依然是生物网络，最吸引的人是众多的插件和强悍的数据融合能力及其强悍的互动能力。

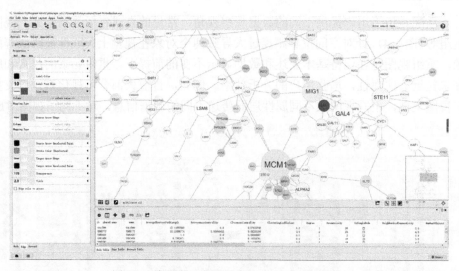

图 8-5　编码交互案例示意(Cytoscape 主界面)

8.4.5　过滤

　　过滤指通过设置约束条件实现信息查询，在传统的过滤操作中，用户输入的过滤条件和系统返回的信息检索结果都是以文字列表的形式，如关键词查询或通过 SQL 查询数据库等。可视化通过视觉编码将数据以视图呈现给用户，使之对数据的整体特性有所了解并能进行过滤操作。在过滤交互的过程中，将视觉编码和交互紧密迭代进行，动态实时地更新过滤结果，以达到过滤结果对条件的实时响应、用户对结果快速评价的目的，从而加速信息获取效率。传统的动态查询方式中所有属性的过滤控件都是标准的图形界面组件，如按钮、组合框、文本框等虽然能够保证交互操作的完成，但是提供给用户的信息非常有限，而且所有属性的过滤控件之间都不相互关联，当用户对某个属性进行过滤时，并不会对其余属性的过滤控件产生影响。而实际情况是属性和属性之间往往存在联系，而且这些联系能够加速用户获取信息的效率。而可视化交互过滤中常用的工具有平行坐标、直方图刷取、散点矩阵、传输函数等。以平行坐标为例，将 N 维数据属性空间通过 N 条平行且等距的轴线映射到二维平面上，每一条轴线代表一个属性维，轴线上的取值范围从对应属性的最小值到最大值均匀分布，每一个数据项都可以依据其属性取值而用一条跨越 N 条平行轴的线段表示，折线同基本坐标轴相交，折线在基本坐标轴上的取值即相应的属性取值。通过这种方式，N 维空间上的数据点和平行坐标中的折线之间就建立起了一一对应关系。同时允许用户任意拖动轴的排列顺序实现坐标轴交换，避开线之间的过分重叠或者扭曲，便于用户对任意两个维度属性进行对比分析，从而更好地呈现数据间的关系。支持刷取操作，通过改变颜色、形状、透明度等编码方式过滤凸显数据子集。支持动态增减坐标轴数量，便于用户分析某些特定维度之间隐藏的关系而避免其他维度的干扰。如图 8-6 所示，Guo 等将平行坐标应用于飓风模拟数据分析过程中，平行坐标可以展示数据在每个维度上的数值分布，同时可以表现两个相邻维度间的相关性[13]。用户可以通过刷取工具和套索工具做一些尝试，借助多维尺度分析维度投影和传递函数进而找出风眼等具有一定特性的区域。

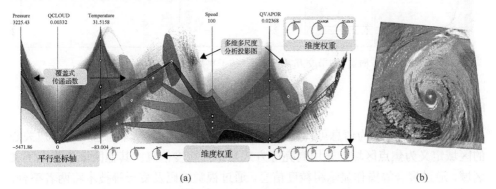

(a)　　　　　　　　　　　　　　　　　(b)

图 8-6　过滤交互案例示意（基于平行坐标的多变量体可视化）

8.4.6　概览+细节

概览+细节的基本思想是在资源有限的条件下同时显示概览和细节信息。概览指不需要任何平移、滚动或尺度缩放，在一个视图上集中显示所有的对象。概览+细节的交互模式基本思想是在主视图显示全局概览的同时，将细节部分在相邻视图或本视图上进行展示。这种交互思想符合用户探索数据的行为模式，概览为用户提供一个整体印象，对数据的结构等全局信息有一个大体的判断，随后用户可以深入获取更多细节，在不同尺度下呈现不同的结构信息。James 等解决了数据规模达到几十万个节点和数百万条边的动态网络可视化问题，为了发现和跟踪重要的网络元素，他们提出兴趣度的概念，量化每个时间步上每个图形元素的兴趣程度，充分考虑动态图中相邻结构信息、节点或者边的属性数值以及它们随时间的变化[14]。如图 8-7 所示，为了有效地分析全局概览和局部细节两个层次，文献[14]在分析局部改变的同时保持全局动态网络的抽象视图。这样具有高兴趣度的元素在细节层次上被跟踪，低兴趣度的元素只在全局概览层次上整体显示时被跟踪。

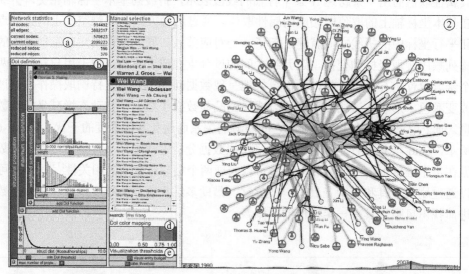

图 8-7　概览+细节交互案例示意(基于兴趣度的动态网络可视化)

8.4.7　焦点+上下文

焦点+上下文作为信息可视化领域的常用交互方式，其基本思想是将用户关心的区域定义为焦点区域，采用高亮等方式显示细粒度信息；其他区域作为上下文区域，通过聚合等操作显示粗粒度信息。通过视觉编码及变形等技术将两者整合，最终为用户提供一种随着交互动态变化的视觉表达方式，致力于显示用户兴趣焦点部分的细节信息，同时体现焦点和周边的关系关联，整合当前聚焦点的细节信息与概览部分的上下文信息。变形技术是焦点+上下文交互的核心过程，通过对可视化生成图像或者可视化结构进行变形，达到视图局部细节尺度不同的效果，如图 8-8 所示，Tao 等近期提出一种新颖的焦点+上下文流场可视化变形框架，在一个完整视图下压缩上下文区域的同时有效减少焦点区域的视觉遮挡与混乱问题[15]。对流场体空间进行块划分，通过对划分块进行变形来操纵流线位置，从而修改流线密度，实现在不同区域放大多个焦点流线的同时，通过最优化变形最大限度地减少失真。鱼眼变换也是一种基于焦点+上下文技术的常用交互手段，它使用一种焦距极短并且视角接近于 180°的镜头，在突出正前方物体的基础上，覆盖角度所及的范围最广。通过鱼眼技术在数据可视化分析过程中可以根据用户关注的焦点进行有针对性的缩放，从而揭示局部区域内细节信息。针对规模特别庞大的图结构，Gansner 等提出拓扑鱼眼技术，先计算出复杂网络拓扑结构在不同尺度下简化后的结构表达，当用户指定了关注区域后，不同层级的简化结构表达被混合显示，以达到从关注区域至外沿细节不断减少的效果，最后在关注区域实施鱼眼式的径向放大，从而既保持足够的细节信息，又不丢失原图结构粗略的轮廓[16]。如图 8-9 所示，当透镜接近颗粒时，颗粒开始分解，完全被透镜覆盖的区域显示具体而准确的图结构。其他常用的变形技术有多焦点视图[17]、边透镜[18]、魔术透镜[19]等。

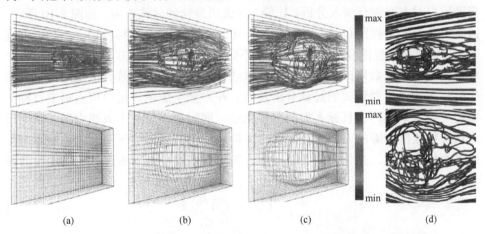

图 8-8　焦点+上下文交互案例示意(基于焦点+上下文变形框架的流线绘制)

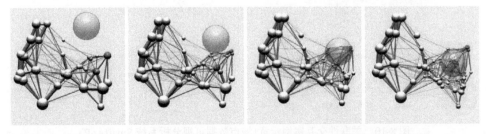

图 8-9　焦点+上下文交互案例示意(基于局部聚类特征的图结构交互浏览)

8.4.8　关联性交互

多变量可视化领域的交互基本上已经形成，其以多关联视图为基础，分析视图用于显示和分析属性关系，主呈现视图用于显示复杂数据的结构特征等全局信息，使用高维传输函数和画刷及其衍生技术为特征选取技术，以焦点+上下文或其他变种为数据和特征显示方法的基本框架。关联性交互是多变量可视化交互的基础和重要的手段，在分析变量之间的相互关系以及建立数据空间和各种抽象空间的联系方面，有着无可替代的作用。近年来，多变量大规模时变数据越来越复杂，数据分析越来越抽象，大多研究工作的研究重心逐渐偏向于对数据属性之间的关系和变化趋势的分析。一般的设计思路结合焦点+上下文思想，采用多视图多模块协同交互分析技术，设计不同尺度、多个属性的视图对复杂数据进行全方面展示，并依据交互式可视分析中的互连刷选技术结合逻辑组合实现特征局部化、局部分析与多变量分析，从多个层次对多维时变复杂数据进行立体剖析。Liu 等基于海量出租车轨迹数据设计开发的户外广告位置选取可视分析系统 SmartAdP，该系统由方案生成与方案探索两部分组成[20]。方案生成用于帮助用户设定一系列数据挖掘模型的参数，并基于轨迹数据推荐广告牌投放位置和投放方案；方案探索帮助用户对方案进行深入分析、比较，并选出最佳的候选方案。如图 8-10 所示，该系统包含 6 个视图(A 候选地点视图、B 地图视图、C 指标视图、D 相似度视图、E 地理信息视图和 F 排序视图)，不同视图之间协同关联，整个分析过程中单个视图中的参数修改、属性选择或框选等操作，都会导致其他视图的更新变化，从而实现多种形式的过滤分析功能。在方案生成中，用户可以指定目标区域引导系统识别广告目标人群的出行轨迹，同时根据轨迹生成热力图，帮助用户选择放置广告牌的方案区域。用户可以通过不同视图尝试不同的参数组合生成多个候选方案，并借助地图视图和方案的排序视图对方案进行粗略的比较和

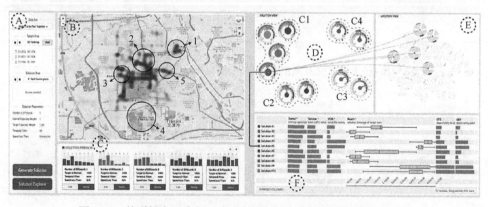

图 8-10　关联性交互案例示意(城市数据可视分析系统 SmartAdP)

评估。在方案探索中，借助相似度视图、地图视图和排序视图，将方案的不同属性用各个视觉通道编码成类似汽车仪表盘的图标，并按方案选择位置的相似度布局，根据地理分布紧凑性分析方案中每个位置的具体性能，最后支持根据单个属性或多个属性的加权排序，用户可以根据客观因素或个人喜好调整不同属性的权重，从而确定最优方案。

8.5　数据可视化中的交互硬件设备

　　传统的交互设备包括鼠标、键盘及各类手柄，能实现如移动、点击、拖拽和快捷键控制等基本操作，这些操作是实现导航、选择、缩放、参数修改等交互技术的基本。但是这些交互操作都是在二维空间中实现的，能够控制的是二维可视化元素。如果可视化的媒介是三维的显示空间，所有的交互操作都要基于三维坐标来实现；如果可视化结果显示在大屏或户外场景等特殊环境，这些传统的交互设备就不再适用。在本节中将分别介绍传统交互设备之外的人机交互硬件设备及其对应的交互技术，如多点触控技术、肢体识别及沉浸式模拟等，重点探究这些硬件交互技术的核心思想、适用环境与应用案例。

8.5.1　多点触控技术

　　多点触控技术是一个从硬件到软件的有机整体，如图 8-11 所示，硬件部分负责信号收集，软件部分在硬件平台采集数据的基础上进行触点的检测/定位、跟踪、手势定义与识别，最后将识别出的手势映射为面向具体应用的用户指令。其中身份识别技术贯穿整个软件实现过程。目前，多点触控的硬件平台有电容式、红外式、激光平面、发光二极管平面多点触摸技术等。多点触控平台在识别和定位出多个触点后，还需要对每个触点进行跟踪，记录每个触点的轨迹信息，再进行基于轨迹的动态手势识别，才能实现基于手势的自由交互。多点触控技术最大的优点就是能实现基于手势的自由交互，手势定义是其中的关键基础。实际应用中用户的手势与应用背景是紧密相关的，所以在强调通用性的同时也应重视应用的导向作用。手势的定义过程应当首先要知道用户意图，即在特定的应用环境下用户想要完成何种语义功能，然后确定用户要实现的功能通过何种手势来完成，并将手势分解为多个原子手势的组合，最终用户的一个意图被转换为一系列原子手势在特定关系下的组合。多点触控手势定义和识别方法在前面的章节中已进行了介绍，此处不再赘述。本节重点介绍多点触控技术在数据可视化中的使用。

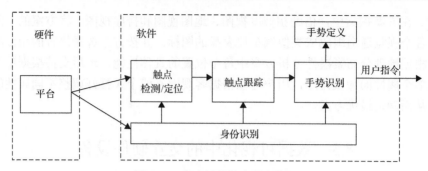

图 8-11　多点触控技术基本流程

　　基于多点触控技术实现的直接交互方式通过直接操作可视化绘制结果进行更深层次的挖掘与分析，有效地提高交互效率与交互结果的可预测性，降低用户认知困难、精力分散等交互障碍。Frisch 等在交互式显示屏上采用多点触控和笔手势实现对网络拓扑图的交互式结构编辑和草图绘制[21]。如图 8-12 所示，以网络图分析需求为核心设计了比手势集合，包括创建图元素(节点、边)、选择和移动节点、删除图元素、修改边类型、成比例缩放和移动等。Schmidt 等对图可视化中的多点触屏交互技术进行了深入的研究[22]。针对节点-链接的布局方式，设计了一系列的交互集合实现对网络图中边的探索分析，有效解决节点-链路布局中边数目过多造成的视觉遮挡。交互操作包括接触拉动、接触定位、接触波动、接触绑定和透镜扭曲：①接触拉动操作是指在保持两个节点之间关联性的前提下，允许用户同时抓取一条边或多条边来改变连接轨迹，从而减少用户关注区域的视觉遮挡并呈现更清晰的连接关系。②接触定位操作是指对边的弧度进行重新修改从而获取更清晰的分析空间。用户选择边拖动到自定义位置并维持 1.5s 以上时间，直到出现"大头针"的标识来实现在当前位置的固定。③接触波动充分利用人眼动作感知的显著性，用一种新的呈现方式展示一条边或多条边的连接关系。支持用户选择单个节点或边执行波动操作，则该节点的所有连接边或被选择的该条边产生逐步衰减的振动动画。④接触绑定操作是对选择的多条边进行路径绑定来避免视觉干扰，并突显群体节点之间的连接关系。通过定义简单的两指漏斗形手势去选择需要绑定的边，而两个接触点沿着相同的方向移动可以延长捆绑的长度或包含更多的边去绑定。⑤透镜扭曲操作先定义一个圆形接口对象，包含在该圆形区域内的节点及其关联的边位置不变，其他非关联边通过弯曲变形操作移动到圆形以外区域。通过透镜扭曲能够重点呈现单个节点或节点组的关联关系和方向性，有效避免视觉遮挡、元素覆盖等问题。Kister 等将可被检测位置的移动设备和大屏结合起来，利用了移动设备交互自然和大屏幕显示信息丰富的优点，设计了一套全面的交互模型支持对网络图的交互、分析任务，包括选择、展示细节、焦点转换、交互式透镜、数据编辑等[23]。用户通过触摸、点击、移动等肢体动作直接操控移动设备，从而实现对大屏幕显示场景的探索式交互。在科学可视化领域，Tong 等将一种直接接触式交互技术引入流线可视化变形与探索中，提出一种定制的视点相关性变形算法和交互性可视化工具来有效减少三维矢量和张量场中流线绘制过程中产生的视觉混乱现象[24]，如图 8-13 所示，通过非重叠的交互姿势支持导航/缩放、剖切面交互、内部探测、种子点位置修改、时变数据演化分析等操作控制观察视角和可视化流线深度信息，提高流场分析效率方面的有效性。

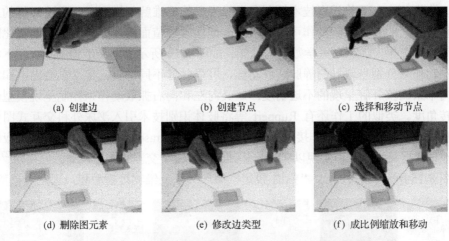

| (a) 创建边 | (b) 创建节点 | (c) 选择和移动节点 |
| (d) 删除图元素 | (e) 修改边类型 | (f) 成比例缩放和移动 |

图 8-12　基于多点触控和笔手势的社交网络图交互分析

图 8-13　基于多点触控的流线深度交互式探索

8.5.2　肢体识别

借助 Kinect 等体感交互设备获取人体的深度、彩色及骨骼信息，对采集的数据进行处理完成肢体动作识别与控制是人机交互方向的重要分支。其中肢体识别部分目前采用的方法有模式匹配、特征聚类、机器学习等方法，在前面的章节中对关于动作识别的算法进行了详细的介绍，此处不再赘述。本节重点介绍数据可视化系统与肢体识别交互技术的有效结合与应用。对于类似触摸屏这类的小场景呈现介质，多点触控交互技术能够完整地完成用户需要的交互功能，但应用到大屏幕、户外场景等特殊环境下，多点触控这类交互技术难以完成具体分析任务，必须借助肢体识别交互技术。Liu 等将肢体识别交互技术引入到医学数据可视化中，借助 Kinect 手势识别技术控制和操纵患者的三维解剖模型[25]。通过 L 形的屏幕和自定义的九种手势动作可以无接触式地修改等值面绘制的参数，从而优化医学可视化效果，加深对医学数据的认知。如图 8-14 所示，定义手指朝上、朝下和朝左动作来分别呈现肝门静脉、肝动脉、肝静脉等不同部位；定义掌心向上和掌心向下来调整肝脏呈现的不透明度；定义向左和向右抓取动作来控制呈现模型的旋转角度。类似的工作还有 Ruppert 等将肢体识别技术引入泌尿外科交互式图像可视化中，来满足手术室非接触式的操作要求[26]。Petrasova 等将肢体识别技术应用到地理数据可视化中，实现以实物为基础的环境模型交互式构建和动态可视化[27]。如图 8-15 所示，通过一个"扫描-投影"循环关联三维物理模型和地理空间模型，

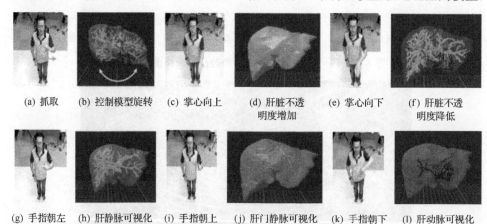

(a) 抓取　　(b) 控制模型旋转　　(c) 掌心向上　　(d) 肝脏不透　　(e) 掌心向下　　(f) 肝脏不透
　　　　　　　　　　　　　　　　　　　　　　　明度增加　　　　　　　　　　　　明度降低

(g) 手指朝左　　(h) 肝静脉可视化　　(i) 手指朝上　　(j) 肝门静脉可视化　　(k) 手指朝下　　(l) 肝动脉可视化

图 8-14　基于肢体识别的医学数据可视化

图 8-15　基于肢体识别的地理数据可视化
①实体模型；②三维扫描仪；③安装在天花板上的投影仪；④计算机

支持用户通过手势交互修改物理模型,通过模型雕刻生成地理空间模型的输入,最后将地理空间模型的结果通过图片或动画的方式投影到物理模型上,并借助反复的循环迭代来直观评估不同场景的影响,包括人为改变和自然景观变化。

8.5.3 沉浸式模拟

沉浸式模拟通过在深度信息增强的虚拟环境中支持直接交互数据,为用户提供一种更具体的主动学习方式。Dede 的研究表明,沉浸式模拟借助多维视角、情境学习和场景变换,能够帮助用户个体更好地理解并保留空间信息,有效地分析复杂现象[28]。虚拟现实技术与数据可视化技术的结合,从本质上拓展了人机交互手段,有效地提高了分析和理解大规模复杂空间数据的效率和质量。借助直观的立体成像、三维交互、立体听觉和三维触觉反馈等保证用户在虚拟环境中的沉浸感,一定程度上避免计算机界面造成用户注意力的分散,提高空间数据可视化质量以及分析和理解空间数据的效率。Tong 等将沉浸式模拟引入到三维图可视化中,以 Oculus Rift + Leap Motion 为开发平台,借助空间变形模型和镜头形状模型,在有效解决视觉遮挡等现象的同时,可保持三维空间结构特征[29];并在沉浸式环境下凸显深度信息,为解决三维图可视化中视觉遮挡与覆盖问题提供了新的思路,如图 8-16 所示。在此基础上,Huang 等针对沉浸式环境中的手势交互问题,从直觉感受、操作可行性和符合人体工程学三个角度出发设计了八种手势交互动作,并通过引入虚拟弹簧模型缓解原始手势异常抖动等问题[30];最后从精确度、操作难度、完成时间和用户体验等方面验证沉浸式模拟下手势交互在探索网络结构可视化方面的有效性。Cordeil 等通过实验证明了头戴式设备(head mounted display system,HMD)在完成分析任务的效率和沉浸式肢体交互性能上的优越性,如图 8-17 所示[31]。Quam 等将沉浸式模拟引入到医学数据可视化中[32],如图 8-18 所示,针对特定病患数据提出包括数据读取、数据处理、可视化绘制、高分辨率立体呈现的半自动化工作流程,沉浸式绘制显示受不良动脉血流动力学影响的临床后遗症,从而帮助医学专家挖掘分析潜在的临床效果。同时随着虚拟现实技术的火热发展,沉浸式模拟将成为未

图 8-16　沉浸式环境下交互式探索

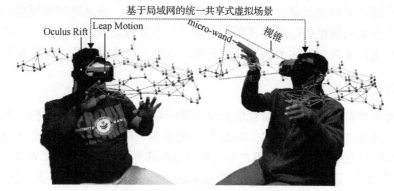

(a) 用户使用Oculus Rift进行独立探索和合作

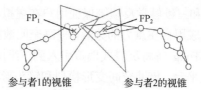

(b) 用户的关注点

图 8-17　基于交互协作的沉浸式网络可视分析

图 8-18　针对特定病患数据的半自动化沉浸式可视化

来可视化展示的主流方式，先进的增强现实技术如何借助输入设备和显示屏与可视化绘制过程完美结合，通过沉浸式模拟和交互提高数据可视化质量以及分析和理解复杂空间数据的效率等方面开展深入研究势在必行。

8.6　网络安全可视化中交互设计：以网络流量
日志数据可视化系统为例

引入可视分析技术建立网络安全可视分析系统，研究大规模动态网络可视化技术、多样化网络布局与特征呈现技术、多维关联对比协同可视分析技术及网络安全态势感知可视化技术，借助人的视觉处理能力实现对大规模网络拓扑结构的特征挖掘和演化过程分析，从而对网络数据拓扑结构及其特征分析结果建立立体感知模型，有效提高用户对大规模网络数据拓扑结构及其演变过程的分析效率和准确率。观察网络安全数据中隐含的信息，有效减轻分析人员的认知负担，使得异常检测和特征分析变得更为直观，便于探索网络攻击事件关联和复杂攻击模式，提高对网络安全态势的察觉和理解效率。本节中以网络流量日志数据可视化系统为例，详细介绍网络安全可视化系统中交互设计的研究。

8.6.1　网络安全可视化理论基础

网络安全产品在长时间的运行中，会产生大量的安全数据信息，这些信息通常包含着入侵者的非法入侵踪迹[33]，对于监测网络活动，识别网络异常是十分有意义的。这些网络数据帮助网络管理人员掌握网络状况，分析网络异常产生的原因。然而，网络数据量的爆炸式增长给网络安全管理人员的分析监测带来了极大的困难，攻击手段和方法的改进使得各监测系统的有效性不断降低，大量的漏报、误报和冗余信息也增加了安全管理人员的压力和负担。如何改变安全管理人员的分析方法，提高分析的效率与准确性是当前网络安全领域一个重要且迫切需要解决的问题。网络安全可视化技术[34]的产生为这一问题的解决带来了曙光，网络安全可视化是信息可视化中的一个新型研究领域，它利用人类视觉对模型和结构的获取能力，将抽象的网络和系统数据以图形图像的方式展现出来，帮助分析人员分析网络状况，识别网络异常、入侵，预测网络安全事件发展趋势。它不仅能有效解决传统分析方法在处理海量信息时面临的认知负担过重、缺乏对网络安全全局的认识、交互性不强、不能对网络安全事件提前预测和防御等一系列问题，而且通过在人与数据之间实现图像通信，使人们能观察到网络安全数据中隐含的模式，为揭示规律和发现潜在的安全威胁提供有力的支持。

2004 年，美国国土安全部委托西北太平洋国家实验室成立国家可视化分析中心（National Visualization and Analytics Center，NVAC），围绕可视分析方法用于保护国土安全展开战略性合作。他们搭建了多套完善的用于事态感知的可视分析系统，有代表性的包括 IN-SPIRE、Starlight 等。IN-SPIRE 针对通用的文本数据，包括新闻、社交媒体、网络日志等，提供一套完善的基于文本的可视分析方案。它允许用户从多个角度，提供文本分布、聚类、过滤与感知等功能，让用户从海量文本数据中挖掘有效的信息。Starlight 提供了一套网络空间的可视分析解决方案，提供包含 IP、端口、连接、用户等一系列视图链接分析，允许用户分析多层次的网络链接、多步骤的攻击事件等。对应地，欧盟资助的研究项目 VIS-SENSE 聚焦于利用可视分析技术加强网络安全。他们设计了一套支持多源网络安全事件的可视分析系统，其中包含动态网络、时变事件分析与异常检测，并提供大屏幕对大量 IP 信息进行事态感知与分析。许多高校建立相关研究中心对可视分析进行研究。例如，加利福尼亚大学戴维斯分校的可视化和交互研究中心（Visualization and Interface Design Innovation，VIDI）将可视分析应用到多个领域，其中包括了社交网络、网络安全等。他们提出了基于时间线的 StoryLine 系列工作，可以有效地提供时间、人物关系、层次地点与事件的事态感知。德国斯图加特大学的可视化和交互系统研究所的研究内容中包括通过社交媒体数据如 Twitter 分析用户行为。他们通过开发 ScatterBlogs 及其后续工作，提供了一个基于时空的交互可视分析系统，针对社交媒体数据提供了一套完整的事态感知流程，用户可以进行语义上的主题分析和空间上的聚类分析，以支持异常事件的发现与探索分析。

目前网络安全可视化在网络安全中的应用分为网络监控、异常检测、特征分析、关联分析和态势感知五类，如下所示：

(1) 可视化的网络监控主要研究如何按照时间顺序，将主机和端口等监控对象、流量和事件等监控内容使用图形图像的方式表达出来，以帮助分析人员快速了解网络运行状态。Plonka 提出的 FlowScan 系统使用堆叠图可视化某校园网流量的时序变化情况，不同网络协议的流量用不同颜色编码，在进行统计时还区分了流入和流出的流量[35]。同时为了实现整体和细节的统一，将描述网络整体状态变化的时序图形与描述某时段网络具体状态的监控图形联动起来。

(2) 可视化的异常检测是通过对网络状态和网络访问等信息的图形化表示，帮助分析人员从"正常状态"中快速准确地发现"异常情况"。Zhao 等将热力图引入到流量监控系统中，可以直观当前时刻有一些流量热点主机出现，友好的拓扑布局还可以帮助分析人员迅速定位热点主机和观察子网分布特点[36]。

(3) 可视化的特征分析是将复杂的特征描述转化为图形模式，通过人类视觉对图形模式的强大识别能力，帮助分析人员快速完成特征发现和模式匹配。特征分析对象包括流量、行为和事件。Mansman 等提出一种主机行为分析方法，将各种网络服务分布在四周，根据主机在不同时间对各种网络服务的访问顺序绘制出相应的路径，具有相同行为模式的主机路径将会呈现出形态的相似性和位置聚集效果，异常的主机行为路径得以凸显[37]。

(4) 可视化的关联分析将网络攻击现有的事件信息合理地组织起来，建立基于上下文关系的可视分析，帮助分析人员发现网络安全事件之间的关联，理解当前的网络安全形势，尽量将网络危机化解在早期阶段。事件之间的关联一般存在于类型、位置和时间三个维度，成为 3W（what，where，when）模型。Foresti 等采用 3W 模型和雷达图来分析事件关联[38]，圆的内部是主机布局，圆周上每段圆弧代表一种事件类型，时间维度从内到外用多个圆环表示，通过交互选择，用户可以轻松组合 what、where、when 三个维度去寻找事件关联。

(5)可视化的态势感知通过提供描绘大规模网络状态和海量事件的高层次视图，帮助用户更快地察觉和理解网络安全态势、缩短决策时间。AnNetTe 融合了 NetFlow、IPS 和 BigBrother 三种数据[39]，通过提供描绘健康指标、报警数量、流量、IP 和端口活跃度等网络状态变化的一组时间线来刻画网络安全态势，并通过提供分层的弦图与平行坐标轴来交互分析用户选中时段的细节信息。

8.6.2　网络安全可视化系统框架设计

多视图协同分析通过数据的某一特征将多个不同的视图结合在一起，进行数据的多角度可视展示，能更加全面生动地向用户传达信息，简化用户操作。多视图协同分析使用户以多种角度看待分析数据，解决了单视图分析定位异常不具体的问题，帮助用户更深层次地对网络流量数据进行分析，提高分析效率，从而快速精确地定位网络异常。目前的异常检测系统通常都是直接给出分析的结果，分析过程中缺乏人机交互行为，让机器成为分析主导，因此存在较高的漏报率和误报率。而通过交互式的可视化分析处理海量数据，能使人的主观分析能力和先进的计算机技术相结合，在不断的交互过程中，充分利用二者所长，既利用了计算机处理数据的快捷性，也使得用户发挥了数据分析的能力，最终用户能够对数据进行有效的管理和分析。基于此，本节设计了多视图协同交互可视分析系统，本系统架构如图 8-19 所示。

该可视分析系统根据安全分析人员对安全数据的分析处理习惯和步骤，设计了对数据从整体到局部的分析流程[40]，定义了三类视图。A 全局流量视图（total flow view）：用来展示整体的流量信息并提供交互功能，从而帮助用户快速定位异常；B 动态监测视图（dynamic detection view）：主要用于进一步定位异常所属的攻击模式[41]，视图根据分析数据的几个主元进行数据维度的划分[42]，再根据不同的模式分别提供一对一、一对多、多对多的对应视图模式；C 动态分析视图（dynamic analysis view）：展示异常发生的详细信息，如发生异常的主机 IP、端口、文件类型。其中 A 视图主要是用来展示流量的整体变化情况，方便管理人员掌握网络动态，同时让安全管理人员以最快的速度发现异常。因此，A 视图主要采用时间线技术，时序图是数据可视化研究中常用的可视技术之一，适用于较大的二维数据集，通过时序图不仅可以表示某时刻数据的流量情况，还可以详细地展示数据随时间的变化情况，能快速定位异常情况。B 视图进一步定位异常发生的攻击模式，如多对一、一对多或多对多等模式，缩小安全管理员的分析范围，可以对异常发生的原因做初步的判断。因此，B 视图主要采用平行坐标轴技术，平行坐标轴是一种常见的多维数据可视化技术，它能够清晰地展示各维度的取值及其分布，能够支持多维协同快速过滤，且较为节省屏幕空间。C 视图的作用是详细分析主机、端口的相关信息，显示主机及相关端口是否被使用，为锁定异常提供细节信息，

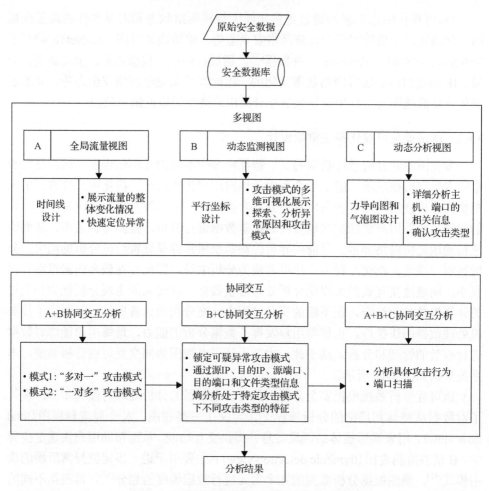

图 8-19　多视图协同交互可视分析系统框架图

确认攻击类型。C 视图主要采用力导向图和气泡图设计展示。力导向图能够自动进行聚类,显示出各点之间的相似关系,并用颜色的深浅来表示端口的活跃程度。气泡图利用一系列的气泡来展示信息,使用不同尺寸的气泡区分不同重要性或者大小的区域。气泡图的图形符号包含椭圆形、圆形、主题图形、高光圆形、高光主题、云形、连接线与高光椭圆等。

　　本系统从全局到细节层层分析,进行多视图协同分析,对抽象信息进行直观的表示,脱离网络数据分散特征的局限性,使用户能够更有效地观察、研究、浏览、探索、过滤、操作和理解网络状态信息,并与之进行交互,本系统提供多视图、多层次、多角度的数据展示与交互分析来识别网络流量数据中的网络异常,使复杂的网络数据更加生动形象地展示在用户面前,便于用户理解分析网络流量情况,从而辅助用户做出正确的决策。

(1)A+B 协同交互分析。A 视图与 B 视图的协同交互分析是先通过 A 视图对整体流量进行刻画之后，管理人员大概掌握了网络的动态，管理人员经过分析对比，可以发现流量异常点。此时再通过 B 视图对异常可疑点进行攻击模式的分析，以确定是属于"一对多"与"多对一"中哪一类的攻击。因此，A+B 协同交互分析来提高安全管理人员发现、分析异常的效率。

(2)B+C 协同交互分析。B 视图与 C 视图的协同交互分析是先根据 B 视图来判断异常流量所属的攻击模式，确定"多对一"或是"一对多"的攻击模式，缩小分析人员对异常分析范围。一旦锁定可疑异常的攻击模式，便根据 C 视图分析出可疑点的特定特征，如端口比较活跃、大量其他主机均与特定主机有连接。因此，通过 B+C 协同交互分析可以分析出处于特定攻击模式下不同攻击类型的特征。

(3)A+B+C 协同交互分析。A 视图、B 视图与 C 视图协同交互分析先通过 A 视图对全局流量进行刻画之后，管理人员大概掌握了网络的动态，管理人员经过分析对比，可以发现流量异常的可疑点，用户可以定位到异常。然后使用 B 视图对异常可疑点进行攻击模式的分析，以确定是属于"一对多"与"多对一"中哪一类的攻击。确定攻击模式后，最后再根据 C 视图分析出此模式下的异常具体属于哪一种攻击。因此，A+B+C 协同交互分析可以帮助用户快速从全局到细节的分析，快速地发现在信息内部的特征和规律，进而更加便捷地得到全面且清晰的认知，得出较为准确的分析结果，从而辅助用户更好地掌握网络安全状况，做出正确决策。

8.6.3　数据采集与预处理

本系统以 ChinaVis 2016 数据可视分析挑战赛提供的安全日志数据为测试数据，该测试数据为 WeSuCom 公司的网络监控日志数据，其时间跨度为 2 个月，共有 200 多万条记录。与只关注网络层活动的传统 TCPflow 数据不同的是，该监控日志是将网络数据包在应用层、网络层和链路层的相关信息抓取下来，更为丰富和全面，可以从多层次多角度反映数据在网络中的流动过程。在 IP 网络中，应用层负责将需要传输的数据拆分成一个或多个数据包，网络层负责在源地址和目的地址间建立逻辑连接，链路层负责为逻辑连接建立实际的传输通道，每次成功的网络连接都会完成若干数据包的传输。监控日志中每一行记录描述了一次网络连接数据传输在链路层、网络层和应用层的相关信息，具体字段如下：

(1)应用层数据项包括 ID(记录序号)、IPSMALLTYPE(IP 业务类型，主要包括 66 和 67，分别代表 TCP 和 UDP)、FILELEN(该次网络连接所传输数据的总长度)、FILEAFFIX(此次网络连接可能传输的文件类型，若为 unk 表示未知文件类型)、ISCRACKED(监控系统判断数据包是否有损坏)共五个维度。

(2)网络层数据项包括 STARTTIME(开始时间)、SRCIP(源 IP)、DSTIP(目的

IP)、SCRPORT(源端口)、DSTPORT(目的端口)共五个维度。

(3)链路层数据项包括 VPI1、VCI1、ATMAAL1TYPE 共三个维度,VPI1 和 VCI1 是链路层"虚拟管道"的标识,ATMAAL1TYPE 是这个虚拟线路中传输数据的属性。

以用户 A 发送一封邮件给用户 B 为例,该邮件首先在应用层被拆分成多个数据包,然后在网络层建立逻辑网络连接,最后这些数据包在光纤链路层介质中经过"虚拟管道"进行实际传输。上述三个层次的具体过程如下:

(1)该邮件在应用层会被分解成多个数据包进行传输,多个数据包可组成一个网络连接。WeSuCom 公司部署的网络监控设备会尽量将属于同一个连接的数据包信息组装起来,但是也存在组装失败的情况。因此,日志数据中可能存在一些表示离散数据包的记录,这些未能有效组装的离散数据包可能是由于数据丢失或者初始运行的错误产生的。ID 记录序号是递增的,但序号不一定连续,中间可能会由于组装连接失败或者丢失数据而不连续;FILEAFFIX 是此次连接可能传输的文件类型(目前大部分是未知 unk,也有一些 exe、bmp、jpg 等类型的数据);ISCRACKED 标识了此次连接中是否有数据包被损坏,该标识可以反映此次通信的质量。

(2)按照应用层协议规则处理之后,该邮件的数据包进入了网络层,网络层是以 IP 地址标识网络实体的位置,并以端口来区分不同的应用,即说明这封邮件的数据包要从网络中哪儿发向哪儿,记录的信息包括源 IP(SRCIP)、源端口(SCRPORT)、目的 IP(DSTIP)和目的端口(DSTPORT),以及开始时间(STARTTIME)。

(3)一根链路层的光纤会包含多路"虚拟管道",数据包走管道实现链路层传输,VPI1、VCI1 是"虚拟管道"的标识,ATMAAL1TYPE 给出了这个虚拟管道中传输数据的属性。通常用户 A 发给用户 B 的这封邮件的所有数据包都会走同一个管道。虚拟管道是可以动态配置的,例如,一路语音开始时占用了 64KB 的虚拟管道,其功能类似于一条专门的电话线。在下一时刻,该路虚拟管道可能和另一个虚拟管道合并成 128KB 进行传输,也可以多个合并来传输网页数据。

另外,由于设备或某些不可抗拒的原因,某些时段获取的数据记录可能是空的,即日志数据缺少某些时间的记录,这是进行流量分析时要考虑的因素。数据中也可能存在某些字段值采集异常的情况,常见的一种异常是某一行的记录中由于某个字段的数据没有来得及写入而造成该行部分内容的错位,这类数据可认为是噪声,分析时需进行剔除。基于以上问题,对数据进行重新清洗、整合并存入 MySQL 数据库中。

8.6.4 可视化及交互技术

在可视化层面,支持用户从整体到细节、细节到整体的循环探索方式,如图 8-20

所示。用户可通过交互，选择感兴趣的超节点，逐层深入，分析探究超节点的内部结构，直至最原始的节点，或是返回整体结构，分析其在整个图数据中的作用。整体界面将包括全局视图和子视图两大部分。全局视图，展示最终的聚类结果，支持用户快速方便地切换分析对象，保持用户对整体图数据结构的认识；子视图，展示超节点内部的细节信息，支持用户深入分析研究图数据内部结构，结合全局数据，方便用户时时定位节点在整体数据中的位置，分析其作用。

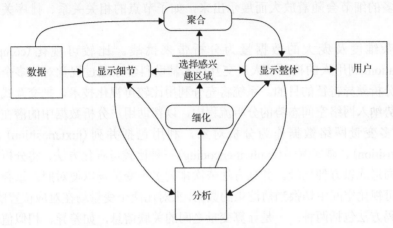

图 8-20　整体-细节循环探索流程

　　为将局部图数据的特征清晰明了地展现出来，尝试不同的经典算法，包括放射状树形布局算法、力导向布局算法、层次结构布局算法等。根据数据的特征，选取符合美学标准的方法，例如，树形布局算法适合布局具有层次关系的数据；力导向布局算法在一般网状结构的数据，效果相对很好；层次结构布局算法目的是突出图的层次结构或者一个有向图的流动方向。结合友好的交互方式，展示局部图数据的特征，支持用户进行分析与探索。

　　对于时变的层次结构数据，首先提供多层次多尺度的时间轴，让用户可以分析年、月、日、小时、分钟等不同尺度的时变状态。层次结构视图与时间视图联动。其中一个重要的技术难点是保证时变过程中，节点的拓扑保证最小的变化。对于无拓扑变化的数据不存在此问题。另一个对于不同节点的时变特征，可视化设计的过程需要在层次结构上映射大致的时变趋势，例如，利用较小空间的趋势图(sparkline)来映射重要子节点时变特征。通过图标的形式可以增加用户对层次结构时变数据的理解。

　　对于时空的层次结构数据，为了能够揭示复杂的数据内涵，方便观察者理解网络的内在结构，引入复杂网络中的一个重要特征，即社区结构，能够刻画网络中的连边关系的局部聚集特性。基于社区结构的网络布局算法，首先利用复杂网络社区发现算法对网络中的节点进行社区划分，并将一个社区抽象为一个节点，以社区间的关联为边构建新的网络；在此基础上，运用物理类比方法确定社区中心点的位置，并根据社区的规模确定社区的区域范围，最后运用条件择优的方式填充社区内部节点以完成网络拓扑的布局。

对于时变层次数据可视化，需要提供强大的交互能力进行探索。需要支持对树图的基本操作包括选中、高亮、缩放、漫游等。对于支持全局+细节的探索方式，语义缩放(semantic zooming)的技术可能被使用，即对细节的探索在缩放的过程中，更多的细节会随着放大而展示出来，如子节点的相关关系、排序关系及时间线。

复杂维度及庞大的数据量为分析带来挑战。比较可视化(comparative visualization)利用人的视觉及人机交互技术辅助科学家通过视觉对比多个数据场来达到分析差异特征的目的。系统将充分利用比较可视化技术，把交互式可视分析的优势纳入网络空间态势的分析流程中，以帮助用户分析数据中的潜在特征信息。将多变量网络数据作为分析对象，利用包括并列(juxtaposition)、重叠(superposition)、显式编码(explicit encoding)三种比较可视化方法，将分析对象组织成不同形式以方便比较。并列方法依次排列多个变量场以便对照。重叠方法允许同一可视化空间中切换当前渲染的数据，来对比两个变量场在对应位置的差异。显式编码方法包括两种：一是计算变量之间的关联信息，如差异、相似值等，再通过地图、直方图等多种视觉编码在可视化结果中展示这些特征信息；二是利用高维数据聚类方法提取多变量场差异区域作为特征，在可视化界面中高亮区域引导用户关注特征所在位置。这三种可视化方法分别利用了视觉记忆、空间位置对应以及预处理计算的能力，把分析对象联系在一起，各有所长，互相弥补。此外，利用交互手段作为辅助：用户改变时间轴以改动当下所渲染变量场的时刻信息，或直接通过连续拖动当前时刻以产生实时流畅序列动画效果来观察变量场的差异变化。总之，通过这些比较可视化手段和辅助交互，用户可以更高效地定位多变量场之间差异并分析特征区域内数值分布，以发现多变量之间的联系。

支持多视图多尺度协同交互的系统界面设计，抽象网络安全人员检测网络异常的过程，提出自顶向下的ODSP分析流程模型，即网络整体时序分析(overview)、网络主体时序分析(detail)、相似性网络主体分析(similarity)以及时序短期预测(prediction)四个部分，如图8-21所示。以ODSP分析流程模型为指导，综合考虑简单易用、自动化与可视化结合、界面利用率等因素，采用多视图多尺度协同交互的界面设计，包括各种可视化表征、用于支持分析过程的元素及用于操纵可视化表征变换的图形控件等，借助可视分析手段，使异常检测和特征分析更为直观，同时支持用户自主探测事件关联和复杂攻击模式，有效提升网络安全态势感知效率。

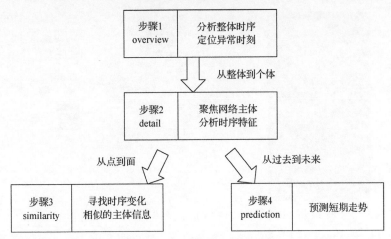

图 8-21　ODSP 分析流程模型

8.6.5　实验结果与分析

为了验证本算法的有效性和实用性，本节设计了一个基于网络流量日志数据的网络安全可视分析系统 KAVASS，以 WeSuCom 公司 200 多万条网络监控日志数据为测试数据进行实验分析。该系统为 B/S 模式，浏览器端使用 JavaScript 实现，服务器端使用 PHP 实现。服务器端使用 MySQL 数据库管理数据，使用 Apache 作为 Web 服务器，D3.js 渲染可视化组件并实现可视交互功能。服务器端和浏览器端使用 WebSocket 进行通信。

KAVASS 界面如图 8-22 所示，包含两个页面：网络角色分配页面和模式发现页面，两个页面之间支持协同交互操作。网络角色分配页面中包含多个不同的可视化视图，在力导向图中用户可以选择节点集来实现网络段搜索和过滤，在树图中用户可以观察所选 IP 的详细信息。在模式发现页面中，用户选择单个 IP，气泡图呈现该网络角色分配的结果；分层树图展示该 IP 的整体连接状态；直方图表示该网络传输的详细信息。使用力导向算法布局网络中所有节点，用户能够快速地发现节点的权重和其他节点的连接情况。通过选择相应的节点，能够发现节点之间数据交互使用的协议和相应的交互数量。用户能够根据节点的各种属性对网络节点进行分类，从而确定其网络角色。从节点的数据交互时序特征，能够发现其中的人类行为模式。

根据本方案所提出的分析模式，使用 A+B+C 协同交互分析模式进行多视图协同分析。针对本次的实验数据，首先 A 视图中的时间线展现了如图 8-23 所示的时序流量数据，用户可使用在 A 视图中的右上角三角形按钮选择观察这段时间每天的流量情况，发现 7 月 31 日这一天的流量通信次数突增，是正常通信次数的 4

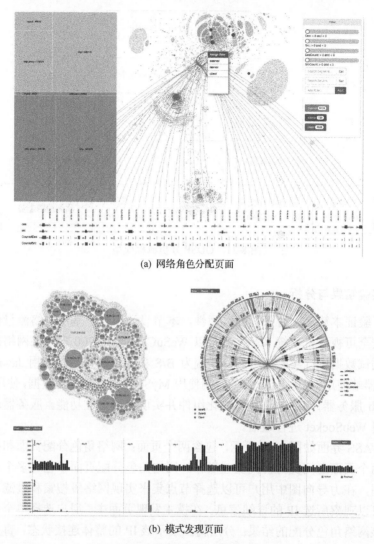

(a) 网络角色分配页面

(b) 模式发现页面

图 8-22　KAVASS 界面图

倍左右，此处可能发生了攻击。选中 7 月 31 日一天的流量观察这一天每一个时段的流量情况，根据 A 视图的结果可以发现 7 月 31 日 13:00 到 13:30 之间该公司流量异常，于是定位到了流量异常点。

　　用户此时结合 B 视图可以进一步分析出流量异常点所属的攻击模式。选中异常后系统自动分析出攻击模式如图 8-24 所示，观察 B 视图发现多个源端口对同一目的端口进行了通信，根据 A+B 协同交互分析结果发现此次攻击属于"多对一"的攻击模式。因此，猜测攻击类型很有可能是 DDoS 攻击，为确定攻击类型，需要结合 C 视图进行进一步的分析。

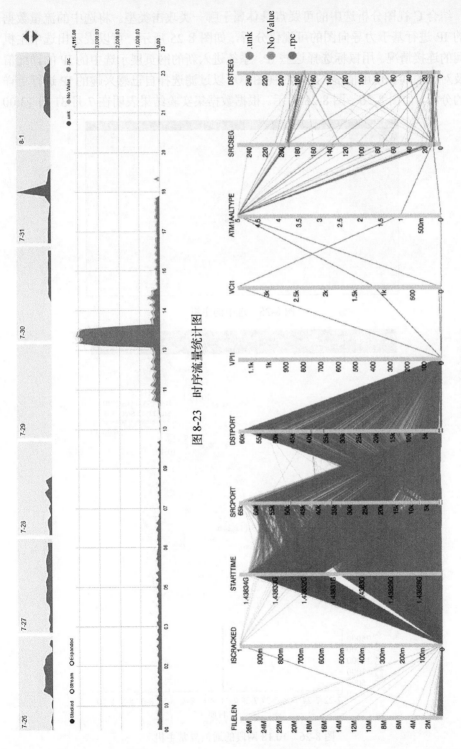

图 8-23　时序流量统计图

图 8-24　攻击模式分析图

结合 C 视图分析选中的可疑点具体属于哪一类攻击类型。将选中的流量数据中的 IP 进行基于力导向图的可视化分析，如图 8-25 所示，可以表示出选中主机之间的连接情况。用鼠标选择这些 IP，系统进入新的网页展示选中的 IP 的详细信息及对应的端口使用情况，在新的视图中可以过滤选择自己感兴趣的 IP 进行更详细的分析，如图 8-26～图 8-28 所示。根据数据集实验结果表明在 7 月 31 日 13:00

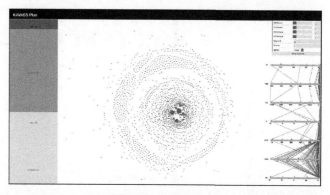

图 8-25　选中的主机

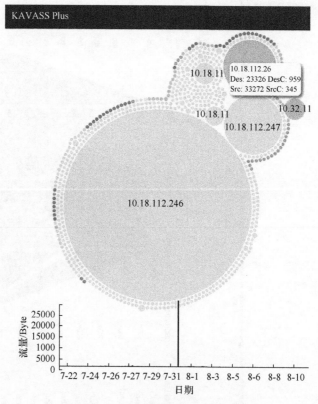

图 8-26　10.18 网段的通信异常主机

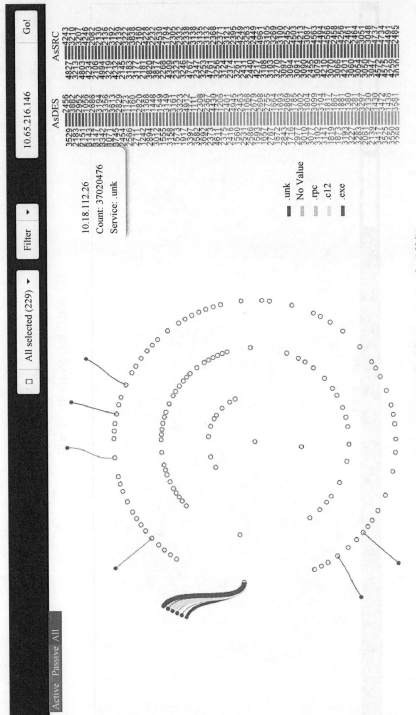

图 8-27　10.65.216.146主要问10.18.112.26发送数据

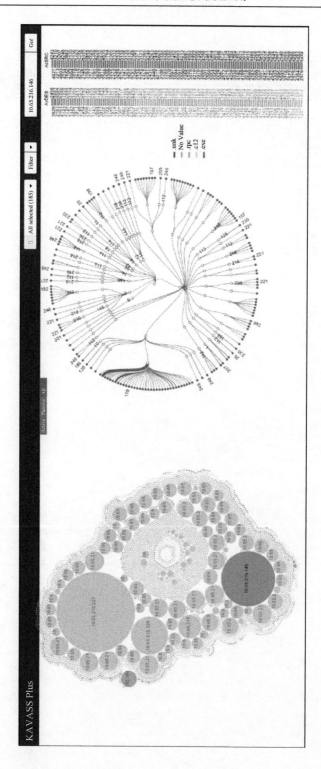

图 8-28　10.65网段的通信异常主机

到 13:30 之间该公司流量异常,进一步分析发现此段时间的攻击模式为"多对一",更进一步分析发现 10.65 和 10.18 网段间的通信次数在当日有明显的异常,发现两个网络内通信次数异常的主要原因是 10.65.216.146 向 10.18.112.26 发起了大量的通信,攻击类型很有可能为 DDoS 攻击。

8.7　多媒体数据可视化中交互设计:以视频可视化系统为例

在计算机系统中,组合两种或两种以上媒体的一种人机交互式信息交流和传播媒体称为多媒体。涉及的媒体种类包括直接作用于人感官的文字、图像、视频、语音,即多种信息载体的表现形式和传递方式。多媒体数据可视化是将可视化技术引入到多维数据分析中,借助可视分析的视觉感官优势帮助用户更好地从大量的图像、视频等数据集中发现一些隐藏的特征模式,快速地定位/过滤感兴趣的数据内容,合理地管理大规模多媒体数据集等。本节中以视频可视化系统为例,详细介绍多媒体数据可视化系统中交互设计的研究。

8.7.1　视频可视化理论基础

视频可视化旨在从原始视频数据集中提取有意义的信息,并采用适当的视觉表达形式传达给用户。视频可视化涉及视频结构和关键帧的抽取、视频语义的理解以及视频特征和语义的可视化与分析。当用户在海量的视频信息中查询、浏览、快速理解自己感兴趣节目的难度越来越大时,可视化及可视分析的处理方案能够发挥巨大的作用。一般来说,常用的视频可视化方法分为三类:①基于单幅图像的可视化方法;②基于体绘制的可视化方法;③基于结构划分的可视化方法。

基于单幅图像的视频可视化方法依据计算机视觉的相关理论运用巧妙的布局技术,将关键帧图像序列合成到最终的一帧图片,通过观察最终生成的一幅图片认识视频。Yeung 采用简洁画报做成的摘要(compact pictorial summary)实现对视频内容的简单概括[43]。这种方法本身具有很强的局限性,对画报模板的要求比较高,很难满足复杂多变、种类繁多的海量视频。Pritch 等针对监控视频数据采用相似活动聚集(clustered synopsis)的可视化手段,先对不同时间段运动轨迹的抽象描述,接着对多个时间段发生的不同动作进行叠加[44]。这种方法可以广泛应用于视频检索中的事件检测。基于整体图像的视频可视化方法一般手段都是对关键帧序列的裁剪和组合,生成最终的一幅或几幅图像,用户通过观察最后生成的图像快速了解视频的主要内容。该类方法的不足之处在于关键帧数目的限制,较难处理关键帧数目过多的视频,而且只能通过静态的可视化方式展示,缺少用户交互功能,并不利于用户快速抓住视频信息。

基于体绘制的视频可视化方法主要思想是提取帧图像序列的特征绘制成不同

规则的三维几何形状。Daniel 和 Chen 提出了这种方法，整体过程分为底层特征提取、组合运算和体绘制三个部分[45]，最终形成了五种几何体：左偏结构、右偏结构、横向结构、纵向结构，以及马蹄形结构，其中马蹄形结构能够较好地节省空间。该类视频可视化方式表现形式绚丽，主要用于新闻播报类的视频数据。单条新闻活动具有大多相同的底层特征，最终表现出帧图像聚集的效果。但由于特征提取和组合计算部分时间复杂度太大和 3D 渲染等因素，需要较高的硬件配置，很难满足实时性的要求。

基于结构划分的视频可视化通过一种新颖的方式将视频的关键帧图片进行重新布局，在满足对视频内容加速理解的同时，当关键帧数目过多时，能有效避免帧间重叠、覆盖现象。Goeau 等提出了视频目录表（table of video contents，TOVC）来可视化电视节目视频内容[46]。其中主干部分是每次从主持人预报镜头中提取的帧图像序列，与属于同一事件的帧序列组成的叶子结构组成完整健壮的枝干。这样的枝干设计直接明了地展示了视频的整体框架和细节构成，有助于用户对视频内容有整体了解，加速用户浏览、过滤电视节目视频。Falchuk 等模仿经典可视化表现方式树形图，将关键帧序列以树状结构呈现[47]。其中在第一层以较大的尺寸摆放抽取程度最大的帧序列，在外一层摆放抽取程度次于它的关键帧序列，随着半径增加对应帧图像大小在减小，从而最大限度地利用画布面积。按照这一原理定义利用率最高的数量层，将当前选中帧在层的中心区域显示，增加缩放、选择等交互功能，方便用户根据需求切换帧，适用于空间尺寸有限的展示屏幕。Jankunkelly 和 Ma 采用 MoireGraphs 样式呈现视频帧图像，MoireGraphs 通过能够聚焦和辐射的雷达图（focus+context radial graph）展示并添加丰富的交互操作[48]。雷达图有着多个层次。通过聚焦功能实现对感兴趣图像层的放大和查看操作，通过辐射功能实现对内层图像的衍生和增加，同时能够进行空间变换、层背景色更改等交互，多种不同的方式凸显用户关注的内容。这类视频可视化的方式具有丰富的创意和强烈的表现方式，从图像所反映内容的角度区分和呈现帧图像，加速浏览、过滤视频进度。

综上所述，目前存在的主要难题是大规模布局图片，如何能够最大限度地利用屏幕空间，减少摆放时出现的重叠、遮盖现象，减少人工参与，完全实现全自动化布局；同时定义更具人性化的交互手段，在完成视频内容可视化展示的同时实现可视分析功能。

8.7.2　视频可视化系统框架设计

视频可视化作为信息可视化的一种，参考典型的信息可视化模型[49]，其基本流程如图 8-29 所示。将原始视频可视化表示给用户的过程中需要进行数据变换、数据映射和视图变换。数据变换对原始视频的底层特征进行提取，建立视频特征库；数据映射是对视频特征数据进行对应映射，将特征以用户能够理解的图形图像列表等方式呈现出来；视图变换用于定义最适合用户观看的视图模式。在三个步骤中都结合人机交互操作，通过用户干预不断完善整体过程。其中的特征提取、数据映射和人性化的交互手段是目前主要的难点问题。

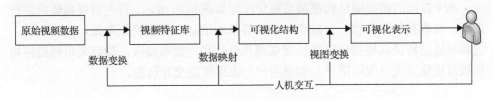

图 8-29　视频可视化基本流程

而视频数据具有时间相关性强、数据量大和结构复杂等特点，具体如下：

(1) 与时间密切相关。视频是基于时间的线性信息流，是一种三维数据，既包含空间特性，又具有时间特性，使得对视频数据的处理时，不仅要考虑视频帧的二维空间特性，还要考虑视频帧之间的时间关系。

(2) 数据量大。视频是连续的图像变化，根据视觉暂留原理，每秒至少 24 帧视频数据才能够呈现出平滑连续的视觉效果。

(3) 信息结构复杂。视频数据作为一种表达信息的综合媒体，包括颜色、纹理、形状、空间关系等信息以及每个事件对应的人物、地点、过程等描述的高层语义信息。

结合视频数据特点，为了创建表现力强，效率高的视频可视化方法，提出以下设计原则[50]：

(1) 体现视频结构特征。为了体现视频内容的结构特征，根据格式塔心理学原则[51]，设计过程中遵循毗邻法则，将位置上比较邻近的特征归并为一个整体；相似法则，将视觉特征(形状、纹理、颜色等)比较相近的部分聚类；连通法则，当各个图元有相关性时，将其连通，并可视化图元间的联系。减少非必要数据的空间占用，增加空间利用率，在图中表现更多的信息保持整体结构的清晰，有助于用户直观认知。

(2) 突出关键区域。根据注意机制视觉模型，人眼视觉系统在观察感知一幅图像时，先将感兴趣的对象从背景中分离出来，在一段时间内人眼将更多地集中在重要特征区域，这些区域对图像的理解影响较大。因此，根据人眼视觉特性，加速用户理解的过程，视频可视化中要对视频关键帧重点体现。

(3) 体现视频时间顺序。视频是基于时间的线性信息流。不包含时间顺序，只包含空间特性的视频帧图像是离散的，增加了用户的理解难度，因此，视频可视化仍需要反映整个事件发生的时间顺序，从而帮助用户更好地理解视频内容。

(4) 良好的交互性。交互性[52]是指用户对虚拟环境内物体的可操作程度和用户从虚拟环境中得到的反馈的自然程度。优秀的可视化设计必须包含良好的交互体验，通过对界面和行为进行交互设计，让系统与用户之间建立一种有机关系，在转化的过程中用户能够根据需求获取信息，并对用户感兴趣区域进行有效的扩展和延伸。

　　本节提出的螺旋圈结构视频可视化流程如图 8-30 所示。首先对视频数据进行处理，获取视频的名称、分辨率、帧率等基本信息，提取视频图像运动、纹理、色彩等底层特征。根据底层特征完成镜头分割和关键帧提取，最后采用螺旋结构视频可视化方式呈现给用户，实现用户与表现图的交互过程。

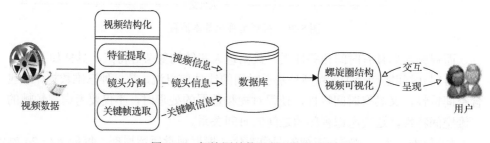

图 8-30　螺旋圈结构视频可视化流程

8.7.3　数据采集与预处理

　　视频本身具有时间性和空间性，作为目前最主流的信息媒介，与文本数据和静态图像相比，在传递信息方面视频具有其他媒体不能代替的优势。视频数据的主要特点如下：

　　(1)数据量极大。视频由连续的单帧图像组成，以分辨率为 800×600 的 RGB(24bit/像素)图像为例，图像大小为 1.4MB 左右，按照标准的 PAL 视频格式计算，每秒有 35MB 左右的视频数据。随着视频数据的海量增长，需要的存储空间将无法估计。因此，研究人员提出了各种压缩算法存储视频数据，这些压缩算法导致了多种视频编码格式的产生，在一定程度上缓解了对视频数据的存储空间压力。随着压缩方法的不同，对于同一视频生成的画面也不一样。各种类型的视频格式增加了视频内容识别的难度。

　　(2)视频内容丰富多样。视频在展示大量内容信息时具有多种多样的表现形式。传递的信息不仅包含颜色、纹理、形状、运动等底层视觉特征，还包含故事情节、文字、时间、场景等高层语义特征。而这些特征一般都不能用客观的数字定义和简单的文字标签来解释和阐述，从而造成了对视频信息的理解常常具有很强的主观性和不确定性。

　　(3)信息结构复杂。与文本和图像的数据结构不同，视频信息是一种三维数据，既具有时间特性，又包含空间特性。文本数据作为一维数据，特征单一，基于关键字的检索技术已经很成熟。与文本数据相比，图像数据结构复杂，一般采用抽象图像底层的视觉特征实现图像相似度计算。视频结合了图像和时间特征，对视频的检索在实现图像内容识别的同时需要综合考虑时变特征。

关键帧是镜头中代表该镜头主要内容的帧，关键帧提取就是依据镜头内容的复杂程度，从镜头中提取一个或多个关键帧，从而压缩视频内容，减少检索的时间复杂度。关键帧提取是指根据镜头内容的复杂程度，可以从一个镜头中提取一个或多个帧图像来反映镜头的主要内容。目前主流的关键帧提取方法仍然遵循比较保守的原则，并坚持"宁错勿缺"的方针。在此原则的基础上，不同的关键帧提取方法根据参考特征因子的不同以及自身算法的特性，定义了各自不同的提取准则。而且，对于不同类型的视频数据，对应的提取准则也各不相同。对于场景结构复杂，包含内容丰富的镜头，往往一帧图像不能反映镜头的主要内容；对于多个时间短、内容相似的镜头分别提取的关键帧可能内容大致相同，导致提取冗余现象。因此，关键帧序列必须能够比较完整地总结视频的主体内容，用于关键帧选取的准则主要是考虑关键帧之间的相异性。本节提出两种视频关键帧提取方法：基于图像主色彩的视频关键帧提取方法[53]和基于全变分(total variation, TV)模型的视频关键帧提取方法[54]。

1. 基于图像主色彩的视频关键帧提取方法

本节提出的基于图像主色彩的视频关键帧提取方法如图 8-31 所示。对视频帧图像采用基于八叉树结构的色彩量化算法提取图像主色彩，然后通过主颜色特征的相似度计算实现镜头边界检测。为了减少时间复杂度，对于切变镜头，提取镜头序列中间帧作为代表帧；对于渐变镜头，提取与镜头起始帧帧差最大的帧作为该镜头的代表帧，从而得到与镜头数相等的代表帧序列。最后对代表帧序列进行 K-Means 聚类，得到符合给定数目的视频关键帧序列。

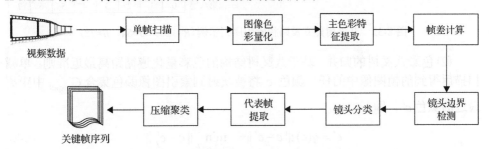

图 8-31　基于图像主色彩的视频关键帧提取流程

本节中对单帧图像的色彩量化主要分为以下三个步骤：

(1)色彩八叉树的建立。设 c_i 是颜色空间中的一个三维向量，可以是 RGB、HSV 等颜色空间(本节中为 RGB 颜色空间)，$C_{\text{input}} = \{c_i, i = 1, 2, \cdots, N\}$ 表示单帧扫描后得到的帧图像颜色的集合，其中 N 表示颜色的数目，$C_{output} = \{c'_j, j = 1, 2, \cdots, K\}$ $(K \ll N)$ 表示色彩量化后得到的索引图像的颜色集合，即单帧图像的主色彩特征。主色彩提取是一个映射过程：

$$q : C_{input} \to C_{output} \tag{8-1}$$

因此，首先建立帧图像颜色的集合 C_{input}，从根节点开始，取 R、G、B 分量二进制值的第 7 位，组合在一起形成一个 3 位的主色彩位值，主色彩位值范围为 0～7，分别对应于 8 个子节点；寻找到下一层节点后，取 R、G、B 值的下一位进行组合，得到主色彩位值；以此类推，就可查找到每种颜色对应的叶子节点，从而建立八叉树。如图 8-32 所示，以 $R=123$、$G=54$、$B=78$ 的像素点为例插入八叉树结构，以此类推，将所有的 R、G、B 值逐层插入到八叉树中，在每个节点上，记录所有经过节点的 R、G、B 值的总和以及 R、G、B 颜色个数。

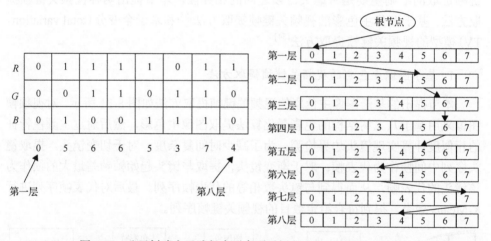

图 8-32　八叉树建立及路径索引序列示例（$R=123$，$G=54$，$B=78$）

（2）色彩八叉树的归并。基于八叉树结构的色彩量化遵循距离最近准则：单帧扫描后得到的帧图像中的任一颜色 c 将被映射到索引图像颜色集合 C_{output} 中距离最近的颜色 c'，即

$$c' = q(c) : \| c - c' \| = \min_{j=1,2,\cdots,k} \| c - c'_j \| \tag{8-2}$$

同时，在颜色集合 C_{input} 中得到 K 个聚类 S_k：

$$S_k = \{ c \in C_{input} \mid q(c) = c'_k \}, \quad k = 1, 2, \cdots, K \tag{8-3}$$

其中，c'_k 为 K 个聚类的聚类中心（本节中 $K=256$），它们组成索引图像的颜色集合。在插入的过程中，如果叶子节点数超过了总颜色数 K，依据距离最近准则归并一些叶子节点。如图 8-33 所示，本节中从最底层叶子节点开始合并，按节点计数值小的优先合并策略，将其叶子节点的所有 R、G、B 分量以及节点计数全部记录到该节点中，并删除其所有叶子节点，以此进行，直到合并后的叶子节点数符合要求为止。

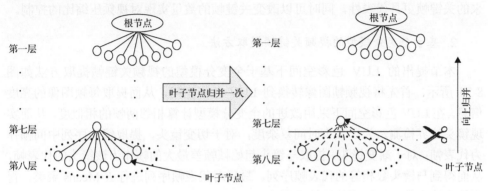

图 8-33　八叉树叶子节点的归并

假设要建立的是一个完全八叉树，每层的节点数为 $8^i (i=1,2,\cdots,8)$ 个，叶子节点数为 8^8 个，为了将叶子节点数压缩到 256 个，则至少需要归并到第三层。经过分析论证，即使在最坏情况(建立的是完全八叉树)下最多经过 7 次归并可以保证只有 256 个叶子节点。此时，取出叶子节点中的 R、G、B 分量的平均值(分量总和、节点个数)，得到调色板颜色值。

(3)主色彩量化。重新扫描单帧图像，由每个像素的颜色值查找到色彩八叉树中对应的叶子节点，用叶子节点中记录的调色板索引值表示该像素，从而提取出该单帧图像的主色彩特征，并用主色彩特征重新表示图像，得到色彩量化后的新图像。24 位的 BMP 图色彩量化为 256 色的图效果如图 8-34 所示。

(a) 原图像　　　　　　　　(b) 色彩八叉树结构　　　　　　　(c) 压缩后图像

图 8-34　基于八叉树结构的色彩量化

图 8-34(a) 为 24 位的真彩图，大小为 768KB；图 8-34(b) 是归并后叶子节点数为 256 的八叉树结构图；图 8-34(c) 为色彩量化后的 256 色索引颜色图，大小仅

为 257KB，但图像主色彩保持。采用上述方法提取主色彩所产生的图像质量层次感丰富，质量好，特别是空间耗费低，所占用存储量与图像复杂度无关，执行速度高。

对比不同算法提取出的关键帧序列可以看出，基于图像主色彩的视频关键帧提取算法在保持一定的压缩比的前提下，能有效地找出代表视频主要内容和运动信息的关键帧，避免了提取相似度较高的帧造成关键帧冗余的现象，使得提取出来的关键帧更具代表性，同时可以改变关键帧的数量实现对视频压缩比的控制。

2. 基于全变分模型的视频关键帧提取方法

本节提出的 LUV 色彩空间下基于全变分模型的视频关键帧提取方法如图 8-35 所示。首先将视频帧图像转换到 LUV 色彩空间，从而提取每帧图像的亮度信息。在 LUV 色彩空间下采用改进的全变分模型计算相邻两帧的相似度，从而实现镜头边界检测。为了减少时间复杂度，对于切变镜头，提取镜头序列中间帧作为代表帧；对于渐变镜头，提取与镜头起始帧帧差最大的帧作为该镜头的代表帧，从而得到与镜头数相等的代表帧序列。最后对代表帧序列进行 K-Means 聚类，得到符合给定数目的视频关键帧序列。

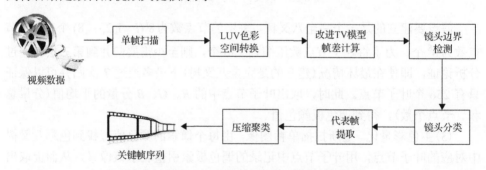

图 8-35　基于全变分模型的视频关键帧提取流程

1994 年，Rudin、Osher 和 Fatemi（ROF）提出了全变分各向异性扩散模型，并且采用图像函数的全变分模型作为衡量"最优"的尺度[54]。函数的全变分模型定义为

$$\mathrm{TV}(u) = \int_{\Omega} |\nabla u| \mathrm{d}x \tag{8-4}$$

其中，Ω 表示图像域；∇ 表示梯度。对于超平面上的不连续函数，TV 的定义仍然具有意义，能够完整地保存图像的边缘信息。

根据全变分模型去噪正则化条件，得到全变分泛函最小化的两个约束条件，根据约束条件并引入拉格朗日乘子 λ 的方法来定义一个新的能量泛函：

$$E(u) = \iint_{\Omega} |\nabla u| \mathrm{d}x\mathrm{d}y + \frac{\lambda}{2} \iint_{\Omega} (u - u_0)^2 \mathrm{d}x\mathrm{d}y \tag{8-5}$$

利用变分法和欧拉-拉格朗日方程求解，令

$$F = |\nabla u| + \frac{\lambda}{2}(u - u_0)^2$$

$$\lambda(u - u_0) - \frac{\partial}{\partial x}\left(\frac{\frac{\partial u}{\partial x}}{|\nabla u|}\right) - \frac{\partial}{\partial y}\left(\frac{\frac{\partial u}{\partial y}}{|\nabla u|}\right) = 0$$

$$\lambda(u - u_0) - \Delta u = 0$$

其中，$\Delta u = -\nabla\left(\dfrac{\nabla u}{|\nabla u|}\right)$，$\nabla = \left(\dfrac{\partial}{\partial x}, \dfrac{\partial}{\partial y}\right)$ 表示梯度算子，Δu 用来控制模型的扩散性

能。实质上这是一个非线性各向异性扩散方程，扩散系数 $\dfrac{1}{|\Delta u|}$ 控制着该扩散方程

的扩散行为，并且整体变分仅在边缘的切线方向扩散，保留了图像细节。大量的研究表明全变分模型适用于图像分割、图像修复等多个图形图像处理方面，较好地解决了恢复图像细节和抑制噪声之间的矛盾。

将全变分模型引入到视频镜头边界检测中，令 u_0 和 u 分别代表视频两帧图像，则两帧的全变分差定义为

$$\text{TV}_d = \left\|\text{TV}(u) - \text{TV}(u_0)\right\|_1 \tag{8-6}$$

其中，$\|\cdot\|_1$ 代表 L_1 范数；$\text{TV}(u)$ 表示图像 u 的 TV 值，定义为

$$\text{TV}(u) = \sum_{(i,j)\in\Omega}\left(\sqrt{(u_{i,j} - u_{i+1,j})^2 + (u_{i,j} - u_{i,j+1})^2}\right) \tag{8-7}$$

其中，$u_{i,j}$ 表示像素点 (i,j) 的亮度信息 L。TV_d 能够很好地评估两帧图像整体结构的变化，但它不是一个规范化的公式，不能作为一个描述图像质量主观感受的评价标准。因此，根据 $\left\|\text{TV}(u) - \text{TV}(u_0)\right\|_1^2 > 0$，规范化的两帧图像结构感知距离可以被定义为

$$d = \frac{1}{N}\sum_{(i,j)\in\Omega}\frac{2\sqrt{(u_{i,j} - u_{i+1,j})^2 + (u_{i,j} - u_{i,j+1})^2}\sqrt{(u_{0i,j} - u_{0i+1,j})^2 + (u_{0i,j} - u_{0i,j+1})^2} + c}{(u_{i,j} - u_{i+1,j})^2 + (u_{i,j} - u_{i,j+1})^2 + (u_{0i,j} - u_{0i+1,j})^2 + (u_{0i,j} - u_{0i,j+1})^2 + c} \tag{8-8}$$

其中，N 为图像的尺寸大小；c 是一个常数值，本节中定义为 75；可以看出 $d \in (0,1]$。

采用基于全变分模型的相似性度量方法来实现镜头边界检测，并提取与分割

的镜头数目相等的代表帧序列,最后同样采用 K-Means 聚类算法将代表帧序列压缩至要求的数量以达到一定的压缩比,同时消除冗余现象。具体流程如下:

步骤 1　利用式(8-8)依次计算相邻两帧图像之间的结构感知距离,记为 $d_i(i=1,2,\cdots,N-1)$,其中 N 代表当前视频的总帧数,根据得到的距离计算距离改变幅度 $\text{diff}_{\text{curr}}=|d_i-d_{i+1}|$。

步骤 2　镜头分割:

$$\text{VideoShot}=\begin{cases}1, & \text{diff}_{\text{curr}}\geqslant\theta\\0, & \text{diff}_{\text{curr}}<\theta\end{cases} \tag{8-9}$$

其中,θ 为设定的阈值,经过反复实验此处一般设定为 0.03,当 $\text{diff}_{\text{curr}}$ 超过 θ 时认为镜头发生了切换。为了减少时间复杂度,对于非渐变镜头都默认其是普通镜头,不对镜头的渐变方式进行过多深入的分析,只提取与该镜头起始帧距离最大即图像内容变化程度最高的帧作为该镜头的代表帧,从而可得到与分割的镜头数目相等的代表帧序列。

步骤 3　考虑到分割的镜头过多时可能导致生成的关键帧冗余选取,压缩率不高,因此对该序列进行 K-Means 聚类,K-Means 聚类法是经过反复迭代将数据集划分成 K 个部分,本节中通过 K-Means 聚类法将代表帧序列压缩至要求的数量以达到一定的压缩比,同时消除冗余现象。

对比不同算法提取出的关键帧序列可以看出,基于全变分模型的视频关键帧提取方法在保持一定压缩比的前提下,能有效找出代表视频主要内容和运动信息的关键帧,避免了提取相似度较高的帧造成关键帧冗余的现象,使得提取出来的关键帧更具代表性,同时可以改变关键帧的数量实现对视频压缩比的控制。

8.7.4　可视化及交互技术

1. 视频结构化

首先根据视频帧图像的底层特征对视频流中的连续帧进行切分,划成若干语义段落单元,即单个镜头;然后从镜头中提取对应的关键帧,以代表镜头的主要内容,从而减少视频存储、分类和索引的空间,提高视频的使用效率。视频结构化主要步骤包括镜头分割和关键帧提取,具体步骤如图 8-36 所示。本节中对视频数据进行单帧扫描后,可以通过基于图像主色彩的相似性度量方法或者基于全变分模型的相似性度量方法来计算相邻帧差,从而进行镜头边界检测,将视频分割成相应的镜头序列。对镜头序列进行镜头分类,对于不同类型的镜头采用对应的方法提取代表帧,最后对代表帧序列进行压缩聚类生成关键帧序列。

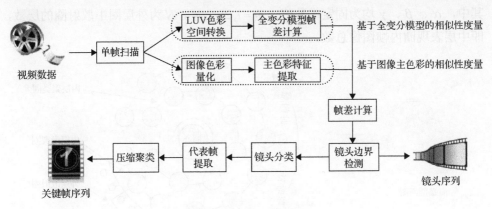

图 8-36　视频结构化流程

2. 螺旋圈结构视频可视化

在分析视频数据特点的基础上，提出了视频数据可视化的设计原则，并根据该原则以及对视频关键帧的聚类分析，提出一种螺旋圈结构的视频内容可视化方法。该方法采用基于图像主色彩的视频结构化完成镜头分割和关键帧提取，将结构化的视频内容可视化为圈心、内层聚类圈、中层表现圈和外层散射圈 4 个层次，圈心部分主要展示视频的名称、分辨率、帧率等基本信息，内层聚类圈用于绘制聚类后的关键帧序列，中层表现圈用于绘制每个镜头提取的代表帧序列，外层散射圈用于绘制每个代表帧对应的镜头内容细节。

1) 层次化的螺旋圈结构

遵循视频可视化设计准则中提出的体现结构特征的设计原则，优秀的可视化表现方式既能够反映整体结构，又能够根据需要查看细节信息。在设计表现图时引入了层次结构来描述信息详细程度不同的视频内容。受海螺形状的启发，采用一种螺旋圈结构的表现形式来展示视频内容，如图 8-37 所示。

从图 8-37 中可以看出，螺旋圈结构表现图分为四个层次：圈心、内层聚类圈、中层表现圈和外层散射圈，每层圈由帧图像以圈心为圆点，按照相同的半径绘制得到。设圈心的半径为 R_c，内层聚类圈的半径为 R_i，内层聚类圈内的帧图像半径为 r_i，中层表现圈的半径为 R_m，中层表现圈内的帧图像半径为 r_m，外层散射圈中按顺时针方向第 ω 个散射圈半径为 R_o^ω，外层散射圈内的帧图像半径为 r_o。螺旋圈结构表现图的绘制半径为

$$\begin{cases} R_i = R_c + r_i + \alpha \\ R_m = R_i + r_i + r_m + \beta \\ R_o^\omega = R_m + r_m + (2\omega - 1) \times r_o + \omega \times \gamma \end{cases} \qquad (8\text{-}10)$$

其中，α、β、γ 均为固定常数值；$\omega = 1, 2, \cdots, N$，N 为外层圈中散射圈的层数，即中层表现圈内帧图像总数。

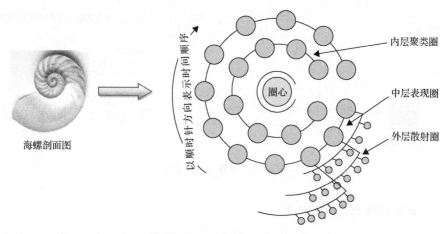

图 8-37 螺旋圈结构表现图

层次化的螺旋圈结构表现图按照从内往外的顺序绘制，绘制流程如图 8-38 所示。首先从视频结构化后的视频数据库中提取视频的名称、分辨率、帧率等基本信息在圈心展示，使用户对视频内容有一个概括性了解。然后提取结构化过程中聚类后得到的关键帧序列组成内层聚类圈，通过观察内层聚类圈，用户能够快速理解视频的主要内容。接着提取每个镜头对应的代表帧序列绘制中层表现圈，代表帧的数目决定了外层散射圈的层数。最后绘制外层散射圈，每层散射圈反映每个代表帧对应镜头的具体细节。采用层次化的螺旋圈结构展示，提高了屏幕空间利用率，表现图简洁清晰，易于理解，有效避免了太多视频帧可能造成的重叠覆盖现象。

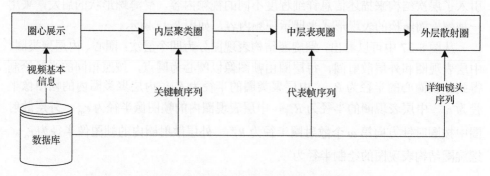

图 8-38 层次化的螺旋圈结构绘制流程

2) 尺寸递减的圆形图像展示

本节遵循提出的关键区域突出的原则，设计尺寸递减的圆形图像展示，对于选择性注意机制有：①在确定的视觉范围，通过非均匀采样模拟生物视网膜的非均匀信息的表示和对数压缩特性，将视野范围划分成中央区和周边区，通过非均匀采样中心坐标的改变来模拟眼动；②在中央区进一步对感兴趣的区域做精细的模式匹配和识别，模拟瞳孔的聚焦作用。参考该模型，先将视频帧图像划分为中央区和周边区，提取帧图像的中央区，使得所有表现图中的图片均以圆形样式呈现。同时每个层次按照对视频整体内容影响作用的高低决定该层圆形图片的半径，内层聚类圈和中层表现圈的帧图像对于用户理解视频内容影响较大，视频帧尺寸设置较大以凸显，对于影响较小的散射圈的镜头具体序列，单帧图像尺寸压缩较小。从艺术的角度上，将原始的矩形图像裁剪为圆形图像与螺旋圈结构融合，设计更为美观，虽然最终以静态平面图像呈现，却给用户一种顺时针旋转的运动错觉，增强用户的视觉体验。从技术的角度，视频图像中央区提取如图 8-39 所示，只保留整幅画面的核心部分，避免其他区域的干扰影响，是用户浏览时的视觉集中区域。

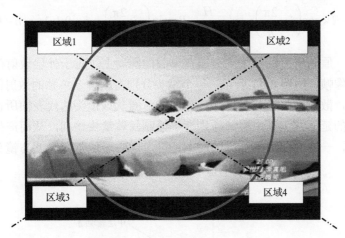

图 8-39　视频图像中央区提取

3）基于时间顺序的动态螺旋绘制

　　本节遵循提出的体现视频数据时间特性的原则，表现图采用基于时间顺序的动态螺旋绘制。整体结构按照从内往外的绘制流程，每层圈内部按顺时针方向表示时间顺序。本节中每层圈中的图片按照顺时针顺序沿该层圈的圆周逐个显示，其中对于内层聚类圈显示的关键帧和中层表现圈的代表帧图像的绘制遵循等分原则，如图 8-40 所示，设单层圈的半径为 R，以圈心为原点，设需要绘制的图像总数目为 n，则按照时间顺序绘制的图像 i 的圆心坐标为

$$x = R \times \cos\left(i \times \frac{2\pi}{n}\right), \ y = R \times \sin\left(i \times \frac{2\pi}{n}\right) \tag{8-11}$$

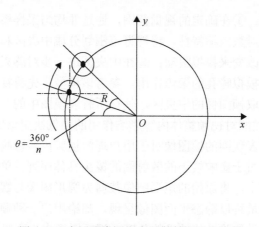

图 8-40 内层聚类圈和中层散射圈图像绘制

设整个屏幕宽度为 W，高度为 H，则实际绘制过程中图像 i 的圆形坐标为

$$x' = \frac{W}{2} - R \times \cos\left(i \times \frac{2\pi}{n}\right), \ \ y' = \frac{H}{2} - R \times \sin\left(i \times \frac{2\pi}{n}\right), \ \ i = 0,1,2,\cdots,n-1 \qquad (8\text{-}12)$$

按照这一原则所有图像平均分布在单圈的圆周上。对于外层散射圈显示的镜头的具体图像帧，如图 8-41 所示，每个镜头分别占据一个单独的散射圈，从起始代表帧开始，散射圈半径逐层递增，每层散射圈从该镜头的代表帧所在圆周位置的同一半径的延伸线上采用毗邻原则逐个绘制具体镜头序列，从而产生一种动态播放的效果，一方面保留了视频的时间特性，同时展现了代表帧与镜头序列间的因果关系。

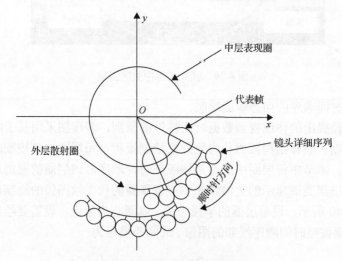

图 8-41 外层散射圈图像绘制

4) 人性化交互设计

本节遵循提出的体现良好交互性的原则，对表现图添加人性化的交互设计。表现图中能够根据用户的需要查询用户感兴趣帧图像的原始图片，整体表现图的尺寸能够手动调节以满足用户对图像尺寸的不同要求，同时在动态绘制的过程中用户可以通过交互控制动画的暂停与播放。若用户要求快速了解视频的主要内容，只需控制表现图动态绘制底层聚类圈的图像，若用户需要完整地分析和理解视频的详细内容和结构特征，则需等待表现图完整的绘制结束。

8.7.5　实验结果与分析

为了验证本方法的有效性，在 Intel Core i5(2.67GHz)、4GB 内存的 Windows 7 x64 环境下，在 Visual Studio 2008 平台上实现该方法。该方法可应用于不同类型(广告、体育、新闻、电影、卡通等)、不同长度(几十秒至几小时)、不同分辨率的大量视频数据。选取了广告和新闻两段典型的视频数据进行结构化预处理，并按照螺旋圈结构视频可视化方法进行可视化展示，最后对结果进行了详细的对比和分析。最后设计开发视频可视化分析系统(video visualization analysis system, VVAS)，帮助用户快速、直观地理解视频内容。

以广告视频为例，图 8-42 展示了视频可视化表现图的绘制过程，其中(a)在圈心区域展示了基本的视频信息，(b)在内层聚类圈展示了最终的关键帧序列，(c)在中层表现圈绘制代表镜头序列，(d)在外层散射圈绘制每个代表帧所对应的镜头的详细内容。图 8-43 展示了新闻类视频可视化表现图的绘制过程。图 8-44 展示了在可视化展示中的交互设计，其中(a)、(b)为用户可以通过鼠标滑轮实现表现图的缩放，(c)为用户通过点击图片查看原始图像。图 8-45 和图 8-46 分别为抽取的新闻视频和体育视频片段通过螺旋圈结构视频可视化方法生成的完成图。

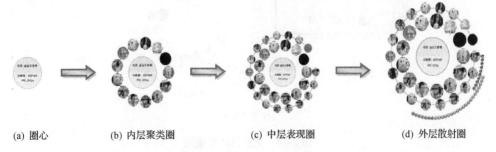

(a) 圈心　　　　　(b) 内层聚类圈　　　　　(c) 中层表现圈　　　　　(d) 外层散射圈

图 8-42　视频可视化表现图绘制流程图(广告视频)

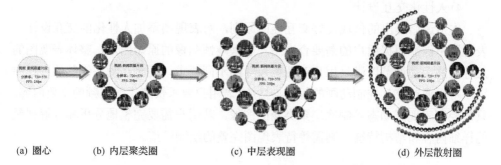

(a) 圈心   (b) 内层聚类圈   (c) 中层表现圈   (d) 外层散射圈

图 8-43   视频可视化表现图绘制流程图(新闻类视频)

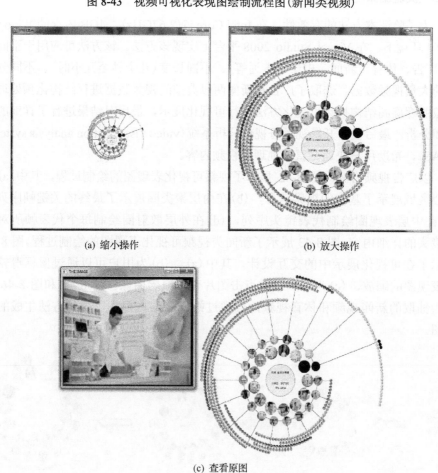

(a) 缩小操作   (b) 放大操作

(c) 查看原图

图 8-44   交互设计效果图

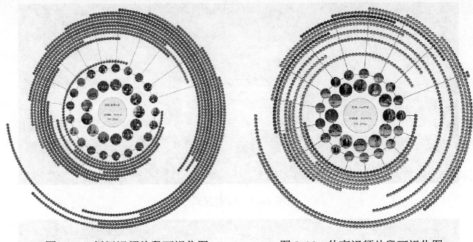

图 8-45　新闻视频片段可视化图　　　　　图 8-46　体育视频片段可视化图

　　为了验证本节提出的可视化表现方式的适用性，对于数据集中的不同类型的视频数据，另外采用通用的直观展示、探索方式和引导方式[55]三种表现方式来展示视频内容。直观展示法中每个镜头以文件夹的形式保存，每个镜头提取的代表帧存放在镜头文件夹的同一层，对代表帧进行聚类得到的关键帧存放在上一层文件夹中，如图 8-47 所示。根据观察顺序、观察视角对观察者认知感受的不同影响设计了探索方式和引导方式，只展示视频关键帧的内容，并通过交互方式浏览和回放，如图 8-48 和图 8-49 所示。在探索方式下，左右排列的两帧关键帧之间内容变化程序剧烈，带给用户的视觉冲击感更强，给用户更多的想象空间；引导方式下左右排列的两帧内容过渡平滑，更适合用户一步一步把握视频信息。

图 8-47　直观展示

图 8-48　探索方式

图 8-49　引导方式

对于四种类型的视频，设计了视频可视化方式用户体验调查问卷，同时邀请了 30 名志愿者完成了用户测试的工作，通过 30 名志愿者根据个人喜好对不同表现方式的选择进行统计，其中对方式的选择均为不定项选择，结果如表 8-1 所示。

表 8-1　用户测试统计比例　　　　　　　　　　（单位：%）

测试项目	表现方式			
	直观展示	探索方式	引导方式	本节方法
表现视频主要内容	40.00	30.00	16.67	83.33
体现视频本身结构	13.33	30.00	26.67	100.00
体现时间顺序	10.00	26.67	33.33	93.33
交互功能方便实用	0.00	40.00	55.60	90.00
布局合理设计美观	6.67	43.33	43.33	83.33
帮助理解视频内容	33.33	16.67	30.00	80.00
用户感兴趣	10.00	20.00	33.33	83.33

由表可知，相比于其他三种表现方式，本节提出的可视化方法能够很好地遵循上述设计原则，同时能够大规模自动布局图片，避免了图片间的相互遮掩，同时具有良好的交互性能，用户能够根据自己的兴趣查看视频细节，本节提出的方法更能够得到用户的青睐。

VVAS 采用 Visual Studio 2008 作为主开发平台，并采用 MVC(model view controller，模型-视图-控制器)架构，在视频结构化处理模块中采用 MFC+ OpenCV 2.1 的开发环境。镜头分割序列结构的展示采用经典的树状图。在关键帧序列的展示模块为了提高展示的速率采用多线程编程。可视化展示方面采用 OpenGL+ Flash CS4 结合的技术动态绘制。VVAS 整体效果图如图 8-50 所示。其中区域 A 为视频播放模块，控制原始视频的播放等操作；区域 B 展示视频的基本信息，如视频名称、分辨率、总帧数等；区域 C 主要控制视频结构化模块，并显示视频镜头序列的整体结构；区域 D 显示关键帧提取的结果；区域 E 视频内容可视化。实验表明该系统能够清晰、直观地呈现视频内容和整体结构，帮助用户快速理解视频内容。

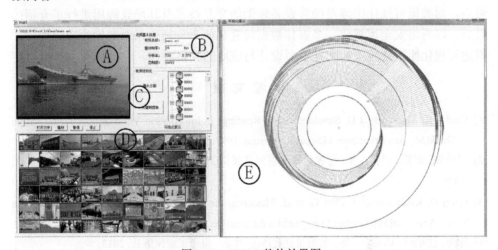

图 8-50　VVAS 整体效果图

A：原始视频播放，B：视频基本信息展示，C：视频结构化方式选择，D：关键帧结果显示，E：可视化展示

视频可视分析系统中关键帧提取模块提供本节中详细介绍的基于图像主色彩和基于全变分模型两种视频关键帧提取方法供用户选择。对于镜头划分后的结果，该系统采用经典的树形结构展示，通过层次结构表现视频整体框架和内部细节，最后压缩聚类得到的关键帧排列在原始视频正下方的位置。同时提供可视化展示模块对视频内容进行可视绘制与可视分析。该系统采用的镜头分割和关键帧提取方法时间复杂度和空间复杂度都大大降低，基本上实现了系统实时性的要求，同时提供了结构新颖、满足需求的可视化表现方式，展示效果脱离视频本身线性时

间顺序的局限性。该系统可以应用于视频摘要快速生成、视频内容架构分析、视频检索等多个领域，既可以单独使用作为视频编辑人员用于辅助视频制作处理的视频分析工具，又可以用于各类主流视频网站生成具有交互功能的视频摘要，以便于用户浏览和筛选，也可以融入基于内容的视频检索系统中作为可视化交互工具，缩短用户理解视频内容的时间。而目前市场上针对视频可视化的分析工具少之又少，因此视频可视分析系统具有重要的研究意义和广阔的发展空间。

8.8　本章小结

本章介绍了人机交互技术在数据可视化中的应用。首先，依据数据可视化的基础理论和分析需求讨论了目前数据可视化系统中交互设计需要遵循的三大准则，并简要介绍数据可视化交互技术的不同分类策略；其次，从交互分析任务的角度出发，详细阐述了五类常规交互技术(选择、导航、重配、编码、过滤)和三类语义交互技术(概览+细节、焦点+上下文、关联性交互)的基本原理与实现方法；然后，对数据可视化中涉及硬件设备辅助的交互技术及其场景应用进行了介绍；最后，以网络安全可视化、多媒体数据可视化两个可视化系统案例为应用场景，阐述可视化原型系统中的交互模型设计与应用的完整流程。

参 考 文 献

[1] Card S K, Mackinlay J D, Shneiderman B. Readings in Information Visualization: Using Vision to Think[M]. San Francisco: Morgan Kaufmann, 1999: 39-56.

[2] 袁晓如, 张昕, 肖何, 等. 可视化研究前沿及展望[J]. 科研信息化技术与应用, 2011, 2(4): 3-13.

[3] Keim D, Kohlhammer J, Ellis G, et al. Mastering the Information Age-Solving Problems with Visual Analytics[M]. Goslar: Eurographics Association, 2010.

[4] 陈为, 沈则潜, 陶煜波, 等. 数据可视化[M]. 北京: 电子工业出版社, 2013.

[5] 任磊, 杜一, 马帅, 等. 大数据可视分析综述[J]. 软件学报, 2014, 25(9):1909-1936.

[6] Lam H. A framework of interaction costs in information visualization[J]. IEEE Transactions on Visualization & Computer Graphics, 2008, 14(6): 1149-1156.

[7] Shneiderman B. The eye have it: A task by data type taxonomy for information visualization[C]. Proceedings of IEEE Symposium on Visual Languages, Boulder, 1996: 336-343.

[8] Kein D A. Information visualization and visual data mining[J]. IEEE Transactions on Visualization and Computer Graphics, 2014, 20(3): 377-390.

[9] Chuah M C, Roth S F. On the semantics of interactive visualizations[C]. Proceedings of IEEE Symposium on Information Visualization, San Francisco, 1996: 29-36.

[10] Ward M O, Yang J. Interaction spaces in data and information visualization[C]. Proceedings of the 6th Joint Eurographics/IEEE TCVG Symposium on Visualization, Konstanz, 2004: 137-146.

[11] 王松, 吴斌, 吴亚东. 感知增强类流场可视化方法研究与发展[J]. 计算机辅助设计与图形学学报, 2018, 30(1): 30-43.

[12] Yi J S, Kang Y A, Stasko J T, et al. Toward a deeper understanding of the role of interaction in information visualization[J]. IEEE Transactions on Visualization and Computer Graphics, 2007, 13(6): 1224-1231.

[13] Guo H Q, Xiao H, Yuan X R. Scalable multivariate volume visualization and analysis based on dimension projection and parallel coordinates[J]. IEEE Transactions on Visualization and Computer Graphics, 2012, 18(9): 1397-1410.

[14] James A, Steffen H, Heidrun S, et al. A modular degree-of-interest specification for the visual analysis of large dynamic networks[J]. IEEE Transactions on Visualization and Computer Graphics, 2014, 20(3): 337-350.

[15] Tao J, Wang C, Shene C K, et al. A deformation framework for focus+context flow visualization[J]. IEEE Transactions on Visualization and Computer Graphics, 2014, 20(1): 42-55.

[16] Gansner E R, Koren Y, North S C. Topological fisheye views for visualizing large graphs[J]. IEEE Transactions on Visualization and Computer Graphics, 2005, 20(5): 740-754.

[17] Feng K C, Wang C, Shen H W, et al. Coherent time-varing graph drawing with multifocus+context interaction[J]. IEEE Transactions on Visualization and Computer Graphics, 2012, 18(8): 1330-1342.

[18] Wong N, Carpendale S, Greenberg S. Edgelens: An interactive method for managing edge congestion in graphs[C]. Proceedings of IEEE Symposium on Information Visualization, London, 2003: 51-58.

[19] Wang L J, Zhao Y, Mueller K, et al. The magic volume lens: an interactive focus+context technique for volume rendering[C]. Proceedings of IEEE Visualization, Minneapolis, 2005: 367-374.

[20] Liu D Y, Weng D, Li Y H, et al. SmartAdP: Visual analytics of large-scale taxi trajectories for selecting billboard locations[J]. IEEE Transactions on Visualization and Computer Graphics, 2017, 23(1): 1-10.

[21] Frisch M, Heydekorn J, Dachselt R. Diagram editing on interactive displays using multi-touch and pen gestures[C]. Proceedings of the 6th International Conference on Diagrammatic Representation and Inference, Portland, 2010: 182-196.

[22] Schmidt S, Nacenta M A, Dachselt R, et al. A set of multi-touch graph interaction techniques[C]. Proceedings of ACM International Conference on Interactive Tabletops and Surfaces, Soarbrücken, 2010: 113-116.

[23] Kister U, Klamka K, Tominski C, et al. GRASP: Combining spatially-aware mobile devices and a display wall for graph visualization and interaction[J]. Computer Graphics Forum, 2017, 36(3): 503-514.

[24] Tong X, Edwards J, Chen C M, et al. View-dependent streamline deformation and exploration[J]. IEEE Transactions on Visualization and Computer Graphics, 2016, 22(7): 1788-1801.

[25] Liu J, Fujii R, Tateyama T, et al. Kinect-based gesture recognition for touchless visualization of medical images[J]. International Journal of Computer Electrical Engineering, 2017, 9(2): 421-429.

[26] Ruppert G, Reis L, Amorim P, et al. Touchless gesture user interface for interactive image visualization in urological surgery[J]. Journal of Urology, 2012, 30(5): 687-691.

[27] Petrasova A, Harmon B A, Petras V, et al. GIS-based environmental modeling with tangible interaction and dynamic visualization[C]. Proceedings of International Congress on Environmental Modelling and Software, California, 2014: 81-89.

[28] Dede C. Immersive interface for engagement and learning[J]. Science, 2009, 323(5910): 66-69.

[29] Tong X, Li C, Shen H W. GlyphLens: View-dependent occlusion management in the interactive glyph visualization[J]. IEEE Transactions on Visualization and Computer Graphics, 2017, 23(1): 891-900.

[30] Huang Y J, Fujiwara T, Lin Y X, et al. A gesture system for graph visualization in virtual reality environments[C]. Proceedings of IEEE VGTC Pacific Visualization Symposium, Seoul, 2017: 41-45.

[31] Cordeil M, Dwyer T, Klein K, et al. Immersive collaborative analysis of network connectivity: CAVE-style or head-mounted display?[J]. IEEE Transactions on Visualization and Computer Graphics, 2016, 23(1): 441-450.

[32] Quam D J, Gundert T J, Ellwein L, et al. Immersive visualization for enhanced computational fluid dynamics analysis[J]. Journal of Biomechanical Engineering, 2014, 137(3): 1-12.

[33] Li Q S, Wu Y D, Wang S, et al. VisTravel: Visualizing tourism network opinion from the user generated content[J]. Journal of Visualization, 2016, 19(3): 489-502.

[34] 赵颖, 樊晓平, 周芳芳, 等. 网络安全数据可视化综述[J]. 计算机辅助设计与图形学学报, 2014, 26(5): 687-697.

[35] Plonka D. FlowScan: A network traffic flow reporting and visualization tool[C]. Proceedings of Large Installation System Administration Conference, San Jose, 2000: 305-317.

[36] Zhao Y, Liang X, Wang Y, et al. MVSec: A novel multi-view visualization system for network security[C]. Proceedings of Visual Analytics Science and Technology, Atlanta, 2013: 7-8.

[37] Mansman F, Meier L, Keim D A. Visualization of Host Behavior for Network Security[M]. Berlin: Springer, 2008.

[38] Foresti S, Agutter J. VisAlert: From idea to Product[C]. Proceeding of the Workshop on Visualization for Computer Security, Sacramento, 2007: 159-174.

[39] Chen S, Merkle F, Schaefer H, et al. AnNetTe collaboration oriented visualization of network data[C]. Proceedings of Visual Analytics Science and Technology, Atlanta, 2013: 1-2.

[40] 赵颖, 王权, 黄叶子, 等. 多视图合作的网络流量时序数据可视分析[J]. 软件学报, 2016, 27(5): 1188-1198.

[41] 黄林, 吴志杰, 黄晓芳, 等. 一种改进的多源异构告警聚合方案[J]. 计算机应用研究, 2014, 31(2): 579-582.

[42] Boschetti A, Salgarelli L, Muelder C, et al. TVi: A visual querying system for network monitoring and anomaly detection[C]. Proceedings of the 8th International Symposium on Visualization for Cyber Security, Pittsburgh, 2011: 1-10.

[43] Yeung M M. Video visualization for compact presentation and fast browsing of pictorial content[J]. IEEE Transactions on Circuits and Systems for Video Technology, 1997, 7(5): 771-785.

[44] Pritch Y, Ravacha A, Peleg S. Nonchronological video synopsis and indexing[J]. IEEE Transactions on Pattern Analysis and Machine Intelligence, 2008, 30(11): 1971-1984.

[45] Daniel G, Chen M. Video visualization[C]. Proceedings of IEEE Visualization, London, 2003: 409-416.

[46] Goeau H, Thievre J, Viaud M L, et al. Interactive visualization tool with graphic table of video contents[C]. Proceedings of IEEE International Conference on Multimedia and Expo, Beijing, 2007: 807-810.

[47] Falchuk B, Glasman A, Glasman K. A tool for video content understanding on mobile smartphones[C]. Proceedings of International Conference on Human Computer Interaction with Mobile Devices and Services, Amsterdam, 2008: 307-310.

[48] Jankunkelly T J, Ma K L. MoireGraphs: Radial focus+context visualization and interaction for graphs with visual nodes[C]. Proceedings of IEEE Symposium on Information Visualization, Seattle, 2003: 59-66.

[49] Haber R B, McNabb D A. Visualization idioms: A conceptual model for scientific visualization systems[M]//Nielson G M, Shriver B, Rosenblum L J. Visualization in Scientific Computing. New York: IEEE Computer Society Press Tutorial, 1990: 74-93.

[50] 王松, 韩永国, 吴亚东, 等. 一种螺旋圈结构视频可视化方法[J]. 计算机辅助设计与图形学学报, 2014, 26(7): 1041-1050.

[51] Moore P, Fitz C. Gestalt theory and instructional design[J]. Journal of Technical Writing and Communication, 1993, 23(2): 137-157.

[52] Robertson G G, Card S K, Mackinlay J D. Information visualization using 3D interactive animation[J]. Communications of the ACM, 1993, 36(4): 57-71.

[53] 王松, 韩永国, 吴亚东, 等. 基于图像主色彩的视频关键帧提取方法[J]. 计算机应用, 2013, 33(9): 2631-2635.

[54] Wu Y D, Wang S, Lin S Q, et al. A total variation based spiral video visualization method[C]. Proceedings of the 7th IEEE Pacific Visualization Symposium, Yokohama, 2014: 325-329.

[55] Gonzalez F, Sbert M, Feixas M. Viewpoint-based ambient occlusion[J]. IEEE Computer Graphics and Application, 2008, 28(2): 44-51.